Elektromotoren

für

Wechselstrom und Drehstrom.

Von

G. Roessler,

Professor an der Königl. Technischen Hochschule zu Berlin.

Mit 89 in den Text gedruckten Figuren.

Berlin.   1901.   München.

Julius Springer.   R. Oldenbourg.

Buchdruckerei von Gustav Schade (Otto Francke) in Berlin N.

Vorwort.

Das vorliegende Buch bildet einen Auszug aus den Vorlesungen über Wechselstromtechnik und Elektrische Kraftübertragung, welche ich an der Kgl. Technischen Hochschule in Berlin halte, und zugleich die Fortsetzung des von mir im Jahre 1899 veröffentlichten Buches über Gleichstrom-Motoren. Wie letzteres dient es dem Zwecke, dem Ingenieur, welcher Elektromotoren in seinen Anlagen verwendet, die Betriebseigenschaften derselben in möglichst einfacher, aber doch streng wissenschaftlicher Weise vorzuführen und zu erklären.

Auch im vorliegenden Buche habe ich versucht, alle Betrachtungen unmittelbar an die Naturvorgänge anzuschliessen und die Verwendung mathematischer Zwischenrechnungen möglichst einzuschränken. Die Benutzung der letzteren scheint mir, wie ich im Vorwort des älteren Buches darzulegen versucht habe, gerade für den Unterricht des Ingenieurs dann nicht berechtigt, wenn sie den die Naturvorgänge verfolgenden Gedankengang unterbricht und Ausgangspunkt und Ziel unvermittelt nebeneinandersetzt. In der „reinen" Wissenschaft, die nur exakt lösbare Probleme in Angriff nimmt, hat jede zum Erfolge führende wissenschaftliche Methode Berechtigung. Der Ingenieur indess, der oft rechnerisch exakt gar nicht zu verfolgende Naturerscheinungen technisch zu verwenden hat, muss sich daran gewöhnen, mit innerer Intuition zu arbeiten, das Richtige gewissermaassen herauszufühlen. Intuition kann er aber nur gewinnen, wenn er bei seinen Studien die Naturvorgänge nicht einen Augenblick aus dem Auge lässt, selbst dann, wenn die Brücke einer mathematischen Zwischenrechnung schneller zum Ziele führte. Trotzdem behält meines Erachtens die mathematische Formel für den mechanisch geschulten Verstand uneingeschränkten Werth, wenn sie nur als präcisestes Resumé eines langen Gedankenganges benutzt wird, denn so aufgefasst und verstanden, bildet sie gewissermaassen das Steno-

gramm eines ganzen Denkprocesses und die sicherste Grundlage für weitere Schlussfolgerungen. In diesem Sinne habe ich
die Mathematik im vorliegenden Buche zu benutzen gesucht.
Bei so einfachem Zwecke ist das mathematische Werkzeug denn
auch sehr einfach geworden. Zur Förderung der Anschaulich-
keit ist die Rechnung überall, wo es angängig war, durch die
graphische Darstellung unterstützt.

Den Zusammenhang zwischen dem vorliegenden Buche
und dem Buche über Gleichstrom-Motoren habe ich zu wahren
gesucht, indem ich an geeigneten Stellen auf die in dem letzteren vorkommenden Erörterungen verwiesen habe. Diese
Hinweise sind gekennzeichnet durch ein vorgesetztes G. vor
der Nummer der Figur, Gleichung oder Seite, auf welche verwiesen werden soll. Andererseits aber habe ich mich auch
bemüht, das vorliegende Buch so selbständig zu gestalten,
dass es ohne Kenntniss des anderen von Gleichstromtechnikern
verstanden werden kann. In der äusseren Einrichtung weicht
das neue Buch von dem älteren in einem Punkte ab, nämlich
darin, dass die Gleichungen hier nicht laufend, sondern ab-
schnittweise numerirt sind. Wird auf eine in einem anderen
der IX Abschnitte stehende Gleichung verwiesen, so ist neben
der Nummer der Gleichung auch die Nummer ihrer Seite angegeben, bei Gleichungen desselben Abschnittes dagegen nur
die Nummer der Gleichung selbst. In dem vorliegenden etwas
umfangreicheren Werke schien mir dieses Verfahren die Orien-
tirung zu erleichtern.

Wie in dem älteren Buche, so ist auch in dem vorliegenden neben der Verwendung des Wechselstromes und
Drehstromes in den Motoren die Erzeugung dieser Stromarten
eingehend besprochen. Das Buch behandelt also eigentlich Motoren und Generatoren. In den Titel sind indessen wiederum nur
die Motoren aufgenommen worden, um den Zweck des Buches
klar hervortreten zu lassen.

Berlin, im Juni 1901.

G. Roessler.

Inhalts-Verzeichniss.

IX. Parallelschaltung von Wechselstrom- und Drehstrom - Maschinen.

I. Grundgesetze der asynchronen Drehfeldmotoren.

Die Wirkung magnetischer Drehfelder auf kurzgeschlossene Anker.

Die Eigenschaft des Gleichstrom-Motors, eines Kommutators zu bedürfen, welcher der Funkenbildung ausgesetzt ist und auch mechanisch den empfindlichsten Theil der Maschine bildet, hat den Wunsch rege gemacht, Motoren zu konstruiren, bei denen der Ankerstrom nicht von aussen zugeführt, sondern durch Induktion erzeugt wird. Mit der Stromzuführung von aussen fallen, so ist der Gedanke, auch die Zuführungsorgane am Anker weg, und nur die feststehenden Feldmagnete bedürfen zu ihrer Erregung noch einer Stromzufuhr, die aber durch feststehende Klemmen ohne jede Funkenbildung bewerkstelligt werden kann.

Um den Begriff des kommutatorlosen Ankers schärfer zu fixiren, denken wir uns von dem Anker eines Gleichstrom-Motors (G. S. 46 Fig. 21) den Kommutator abgenommen und die vorher an zwei benachbarte Segmente angeschlossenen Enden einer Ankerwindung nach entsprechender Verkürzung direkt mit einander verbunden, so dass schliesslich lauter einzelne, von einander getrennte und in sich kurzgeschlossene Windungen entstehen, wie in Fig. 1 dargestellt ist. Wir bezeichnen einen solchen Anker als einen Kurzschlussanker.

Kann dieser Anker, so lautet die im Sinne des oben ausgesprochenen Gedankens aufzuwerfende Frage, wenn er sich im feststehenden Magnetfelde dreht, durch Induktion allein weiter getrieben werden? — Wir werden sogleich sehen, dass dies nicht der Fall ist.

In einem feststehenden Magnetfelde rotirend, erfährt dieser Anker Induktion wie der Anker einer Dynamomaschine. Die Zugkraft, welche seine stromdurchflossenen Windungen dadurch ausüben,

wirkt nicht im Sinne, sondern entgegengesetzt der vorhandenen Dre-
hung, denn wirkte sie in gleicher Richtung, so würde durch sie die
Drehung beschleunigt werden, damit stiegen aber auch die inducirte
E.M.K. und der Strom, hiermit weiter das Drehmoment, eine neue
Beschleunigung träte ein, kurz der Anker würde durch ein leises
Andrehen von selbst auf unendlich grosse Geschwindigkeiten kommen
und unendlich grosse Stromstärken in sich erzeugen, was nach dem
Gesetz von der Erhaltung der Energie nicht möglich ist. Das Dreh-
moment des inducirten Stromes wirkt vielmehr dem antreibenden
Moment entgegen: in der That, denn diese entgegenwirkende elektro-

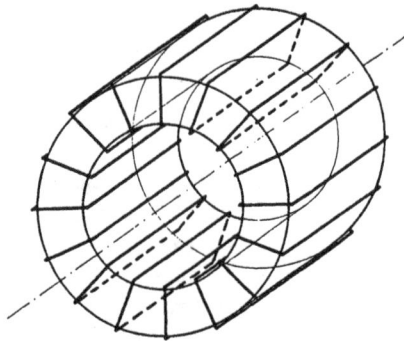

Fig. 1.

magnetische Zugkraft ist es gerade, welche beim Antrieb einer Dy-
namo zu überwinden ist und einen der elektrischen Arbeitsleistung
des Stromes äquivalenten mechanischen Arbeitsaufwand fordert. So
würde also der künstlich angedrehte Kurzschlussanker beim Aufhören
der antreibenden Kraft nicht nur durch den passiven Widerstand
der mechanischen Reibung, sondern auch durch das von den inducirten Strömen gebildete Drehmoment gebremst werden.

In den Elektrotechnischen Vorlesungen an der Technischen Hoch-
schule zu Berlin pflegt dies durch den in Fig. 2 dargestellten, vom
Verfasser angegebenen Apparat demonstrirt zu werden.   Dieser
Apparat besteht aus einer drehbaren Eisenscheibe, welche im Felde
eines zweipoligen, ebenfalls drehbaren Elektromagnets gelegen ist.
Beide Körper sind auf besonderen Achsen gesetzt und können durch
Kurbeln beliebig gegen einander gedreht oder verstellt werden. Jede
Achse trägt ferner einen Stellring mit eingebohrter Vertiefung, in

welche ein am Lager angebrachter Haken zum Festklemmen der
Achse eingedrückt werden kann. Die Eisenscheibe ist mit mehreren
in sich geschlossenen flachen Spulen bedeckt, welche von einander
völlig getrennt diametral über die Scheibe gewickelt sind und mit
dieser zusammen einen Kurzschlussanker bilden. Für die Stromzufuhr zu dem Elektromagnet sind auf der Achse desselben rechts
zwei von einander isolirte geschlossene messingne Schleifringe (Fig. 3)
aufgesetzt und mit den Enden der Wickelung verbunden; auf diesen

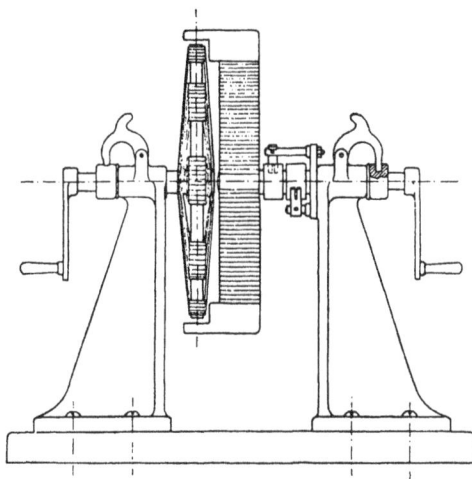

Fig. 2.

Ringen schleifen feststehende Bürsten, welche den Strom zu- und
wieder abführen.

Wenn man bei diesem Apparat die Achse des Elektromagnets
festklemmt, die bewickelte Scheibe mit der Hand andreht und den
Elektromagnet dabei noch nicht erregt, so läuft die Scheibe nach
der Zurückziehung der Hand zunächst noch weiter bis sie infolge
der mechanischen Reibung langsam anhält. Wenn man aber den
Elektromagnet während des Auslaufens erregt, so steht die Scheibe
plötzlich und mit einem Ruck still. Ein durch Induktion kontinuirlich betriebener Motor ist also auf diese Weise nicht herstellbar.

Dennoch gelingt es auf Grund folgender Ueberlegungen und
Experimente allein durch Induktion auf einen Kurzschlussanker Zug-

kräfte zu übertragen, welche ihn dauernd zu drehen und dabei beliebige Kräfte zu überwinden im Stande sind.   Wenn man nämlich
bei dem oben geschilderten Versuche die Achse des Elektromagnets
nicht ganz festklemmt, sodass dieser in dem Augenblick, wo er
erregt wird, den Anker nicht ganz festzuhalten vermag, so wird er
von dem Anker ein Stückchen mitgerissen, denn nach dem Gesetze
von der Gleichheit der Wirkung und Gegenwirkung übt der bewegte Körper auf den feststehenden dieselbe Zugkraft aus, mit der
der feststehende den bewegten zurückzuhalten sucht.   Wird der
Elektromagnet überhaupt nicht festgehalten, so muss er von dem
gedrehten Anker aus demselben Grunde dauernd mitgenommen
werden; die beiden Achsen sind dann durch elektromagnetische In-

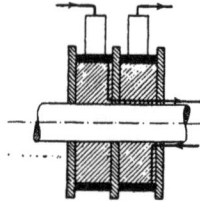

Fig. 3.

duktion an einander gekuppelt. Der Versuch bestätigt diese Ueberlegung vollkommen: Ob man den Anker nach rechts oder links dreht,
der Elektromagnet folgt ihm in gleicher Richtung nach.

Genau die entsprechende Erscheinung kann man beobachten,
wenn man umgekehrt den Anker festklemmt und den Elektromagnet
rotiren lässt. Die elektromagnetischen Vorgänge sind hierbei genau
dieselben, weil die Art der Relativbewegung zwischen Magnet und
Anker die gleiche ist.   Magnet und Anker sind daher wieder elektromagnetisch gekuppelt; der stillstehende Anker sucht den gedrehten
Feldmagnet zu bremsen und dreht sich ihm nach, wenn er ihn nicht
bremsen kann.   Der Versuch bestätigt auch diese Schlussfolgerung:
Der Anker folgt dem gedrehten Magnet in jeder Richtung nach.

Bei der zuletzt geschilderten Betriebsweise bildet der in Fig. 2
dargestellte Apparat in der That die Lösung des Problems, einen
Kurzschlussanker allein durch elektromagnetische Induktion in Bewegung zu setzen.   Das wirksame Agens ist dabei das Magnetfeld
des rotirenden Elektromagnets, d. i., wie man sich auszudrücken

pflegt, ein „magnetisches Drehfeld". Allerdings bildet diese Vorrichtung keinen Motor im eigentlichen Sinne, welcher aus sich selbst heraus Bewegung erzeugte, sondern nur eine Uebertragungsvorrichtung für eine vorhandene Bewegung, eine „elektromagnetische Induktionskupplung". Trotzdem ist es von grossem Interesse und Werth, die Gesetze für den Antrieb des Ankers durch das Drehfeld näher zu betrachten, da später gezeigt werden wird, dass es möglich ist, durch feststehende, von besonderen Stromarten umflossene Magnetringe, solche Drehfelder zu erzeugen, also auf Grund der geschilderten Erscheinung wirkliche Motoren zu konstruiren. Aus diesem Grunde soll die Wirkungsweise des Drehfeldes im Folgenden näher studirt werden.

Ueber den Vorgang der Arbeitsübertragung von der Elektromagnetachse auf die Ankerachse lässt sich sogleich Folgendes aussagen:

Erstens: Das Drehmoment, mit welchem die Magnetwelle betrieben wird, überträgt sich ganz und ohne Verlust auf die Ankerwelle, denn die elektromagnetische Zugkraft, welche die Uebertragung bewirkt, entsteht durch Wechselwirkung zwischen Magnetpolen und Ankerströmen und wirkt auf Magnet und Anker mit gleicher Stärke. Auch die Hebelarme, an welchen beide Zugkräfte angreifen, sind praktisch einander genau gleich, wenn der Luftabstand zwischen Magnetpolen und Anker gering ist; denn im Magnet sind für die Bildung der Zugkraft wirksam nur die inneren, dem Anker zugewandten Polflächen, welche die magnetischen Kräfte in den Anker ausstrahlen, und im Anker sind wirksam nur die auf der Mantelfläche direkt vor den Polen gelegenen, der Achse parallelen Drahtstücke (G. S. 43)[1]).

Zweitens: Die Geschwindigkeit beider Wellen muss verschieden sein, denn bei gleicher Geschwindigkeit wäre keine relative Bewegung zwischen Magnetpolen und Anker vorhanden, der inducirte Strom und infolgedessen auch die elektromagnetische Zugkraft wären daher gleich Null. Ein Fall genau gleicher Tourenzahl wäre nur denkbar bei absolutem, idealem Leerlauf des Ankers ohne passive

---

[1]) Der genau genommen vorhandene geringe Unterschied der Hebelarme beider Kräfte wird dadurch ausgeglichen, dass die Kraftlinien radial in den Anker eintreten, und daher an dessen Oberfläche in demselben Verhältniss dichter sind, wie der Hebelarm kleiner ist.

Widerstände. Würde eine völlig leerlaufende Ankerwelle plötzlich durch einen aufgeworfenen Riemen belastet, so müsste ihre Tourenzahl sogleich nachlassen und geringer werden als die der Magnetpole, bis durch die relative Bewegung zwischen Magnet und Anker der für die Herstellung der verlangten Zugkraft notwendige Strom im Anker inducirt würde.

Bezeichnet man die Winkelgeschwindigkeit der Magnetpole mit ω_1, die des Ankers mit ω_2 und das gemeinsame Drehmoment mit D, so ist also die zum Antrieb der Magnetpole aufgewendete Arbeitsleistung

$$A = D\,\omega_1$$

und diejenige, welche der rotirende Anker leistet

$$A_2 = D\,\omega_2,$$

wobei $\omega_2 < \omega_1$ ist. Die Differenz von A und A_2 bedeutet einen Verlust an Arbeit, welcher sein Aequivalent offenbar nur in derjenigen Arbeit haben kann, die zur Erhaltung des Stromes in der Ankerwickelung oder zum Durchtrieb der elektrischen Massen durch die Ankerwindungen sekundlich aufzuwenden ist. Dieser Arbeitsaufwand zeigt sich bekanntlich in einer Erwärmung der durchflossenen Drähte und beträgt für einen Draht vom Widerstande w Ohm bei einer Stromstärke von J Amp. $J^2\,w$ Watt. Wird der Verlust in der ganzen Ankerwickelung mit Q bezeichnet, so ist also

$$Q = A - A_2 \quad \text{oder} \quad A = Q + A_2.$$

Nach der letzten dieser beiden Gleichungen bedeutet A nicht nur die von den Magnetpolen geleistete, sondern auch die totale auf den Anker übertragene Arbeit als die Summe aus derjenigen, welche in seiner Drahtwickelung verloren geht und der, welche er als mechanische Arbeit weitergiebt, die letztere natürlich einschliesslich der nicht nutzbar zu machenden Reibungsarbeit in den Lagern etc. Die vorliegende elektromagnetische Induktionskupplung arbeitet also in voller Analogie mit einer schlüpfenden mechanischen Reibungskupplung. Der elektromagnetischen Induktion im einen Falle entspricht die direkte Berührung der reibenden Flächen im anderen, in beiden wird die volle Zugkraft der einen Fläche auf die andere übertragen. Der Arbeitsverlust liegt hier wie da nur an der Tourendifferenz der beiden Wellen und findet sich als Wärme an den Stellen wieder, welche die Uebertragung der Bewegung vermitteln.

Der Ausdruck „Schlüpfung" für die Differenz $\omega_1 - \omega_2$ ist auch in der Theorie der Drehfeldmotoren gebräuchlich. Der Bruch

$$\frac{\omega_1 - \omega_2}{\omega_1}$$

heisst das „Schlüpfungsverhältniss", er ist für die Theorie von besonderem Interesse, denn es ist nach den obigen Gleichungen

$$\frac{\omega_1 - \omega_2}{\omega_1} = \frac{Q}{A} :$$

d. h. der Verlust im Anker verhält sich zur totalen auf den Anker übertragenen Arbeit wie der Tourennachlass des Ankers zur Tourenzahl des Drehfeldes, oder das Schlüpfungsverhältniss, ausgedrückt in Procenten, giebt direkt den procentischen Werth des Verlustes im Anker als Theil der ganzen dem Anker zugeführten Arbeit an.

Für das Drehmoment ergiebt sich aus

$$Q = A - A_2 = D\,\omega_1 - D\,\omega_2$$

der Werth

$$D = \frac{Q}{\omega_1 - \omega_2} . \quad . \quad . \quad . \quad . \quad . \quad . \quad . \quad (1)$$

Es ist hervorzuheben, dass alle diese Beziehungen ohne irgend welche specielle Annahme über die Konfiguration des Magnetfeldes oder über die Art der Ankerwickelung Gültigkeit haben. Sie leiten sich allein her aus dem Gesetz von der Erhaltung der Energie.

Ankerstromwärme und Drehmoment.

Gl. 1 giebt ein Mittel, D auf dem Umwege über Q zu berechnen. Da beide Grössen, D sowohl wie Q, für die Beurtheilung eines Drehfeldmotors von gleicher Wichtigkeit sind, ist es gerechtfertigt, diesen kleinen Umweg einzuschlagen. Demgemäss soll zunächst die Berechnung von Q vorgenommen werden.

Der Effektverlust Q in sämmtlichen in sich geschlossenen Windungen des Kurzschlussankers, Fig. 1, ergiebt sich aus dem Verluste in einer Windung, der bei der Stromstärke J und beim Widerstande w den Werth $J^2 w$ hat. Sind n Windungen vom Widerstande w im Ganzen vorhanden, so ist also $Q = n\,J^2 w$. Demgemäss ist es die nächste Aufgabe, den Strom J zu berechnen, dieser aber ergiebt sich aus der E.M.K., welche in jeder Windung inducirt wird.

Nach der ausführlichen Darstellung im Buche über Gleichstrom-
Motoren (G. S. 56) hat die E.M.K., welche in einer Windung des
in Fig. 1 dargestellten Ankers durch die Drehung im magnetischen
Felde der Pole hervorgebracht wird, ihren Sitz nur in denjenigen
Leitern, die auf dem äusseren Mantel parallel zur Achse liegen,
wenn die Pole selbst um diesen Mantel herum gruppirt sind („Aussenpole“).   Die radialen Leiter dagegen und die inneren achsialen
sind unwirksam.   Auch beim Motoranker sind die „äusseren achsialen
Drähte“ die allein wirksamen Theile der Windungen; nur sie erfahren die den Anker antreibende tangentiale Zugkraft (G. S. 43).
Ist l die Länge dieser wirksamen Leiter oder die Länge des Ankers
selbst, ferner $\mathfrak{B}_r$ die radiale magnetische Feldintensität an der
Stelle irgend eines der äusseren achsialen Drähte und g die Geschwindigkeit seiner Bewegung im magnetischen Felde, so ist die
E.M.K., welche in ihm und damit auch in der ganzen Windung inducirt wird (G. S. 56 Gl. 29)

$$e' = \mathfrak{B}_r\,l\,g \ . \ . \ . \ . \ . \ . \ . \ . \ . \ (2)$$

Im Falle der Induktionskupplung, wobei sowohl Magnetfeld
wie Anker sich drehen, bedeutet g natürlich die relative Geschwindigkeit des Ankers gegenüber dem Magnetfeld, diejenige, mit welcher
das letztere voraneilt oder mit welcher der erstere zurückbleibt,
gemessen am äusseren Umfang des Ankers in cm.   Da l eine konstante Dimension des Ankers ist, so ist die inducirte E.M.K. bei
gleichförmiger Drehung der Kupplung nur abhängig von $\mathfrak{B}_r$, d. h.
von der Vertheilung der radialen Komponenten des Magnetfeldes
um den Anker.

Bei einem Magnetgestell von beliebiger Polzahl, bei dem Nordpole und Südpole abwechselnd auf einander folgen, treten abwechselnd
Kraftlinien in den Anker ein und wieder aus.   Die magnetische Intensität ist am grössten in der Mitte der Pole und ist null in den in der
Mitte zwischen zwei Polen gelegenen neutralen Achsen.   Trägt man
die Grösse der radialen Kräfte radial von der Ankerperipherie nach
aussen auf und verbindet die Endpunkte durch Kurven, so erhält
man ein sehr übersichtliches Bild von der magnetischen Kraftvertheilung.   Für ein 4-poliges Magnetgestell (Fig. 4) wird diese
Vertheilung z. B. wie in der Fig. 5[1]).

---

[1]) Fig. 4 und 5 sind dem Buche des Verfassers über Gleichstrom-
Motoren entnommen (G. S. 24, Fig. 9 und G. S. 45, Fig. 19).

Wegen der Proportionalität der in jeder Windung inducirten E.M.K. e' mit $\mathfrak{B}_r$ giebt die Kurve für die Vertheilung der radialen magnetischen Kraft gleichzeitig auch ein Bild von der Veränderung von e' mit der Lage der Windung im magnetischen Felde. Fasst

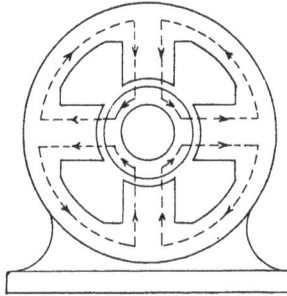

Fig. 4.

man irgend einen achsialen Draht der Ankeroberfläche ins Auge, und denkt man sich das Magnetfeld oder seine Vertheilungskurve mit der Geschwindigkeit der Schlüpfung daran vorübereilen, so

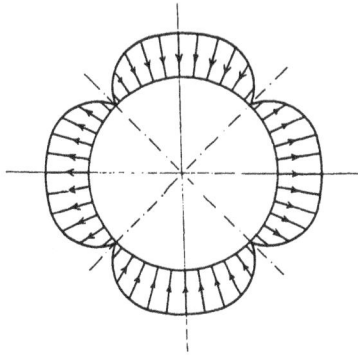

Fig. 5.

ändert sich die in diesem Drahte inducirte E.M.K. gerade so wie die radialen Ordinaten der Vertheilungscurve, sie wechselt also in gleichen Zeitintervallen ihre Richtung und bei jeder Richtung periodisch auch ihre Grösse. Was für die E.M.K. gilt, gilt natürlich zugleich auch für den von ihr hervorgerufenen Strom $J = \dfrac{e'}{w}$,

denn dieser ist in jedem Augenblick der E.M.K. proportional. Der
Strom schiesst also in jeder Windung in gleichmässigem Tempo hin
und her. Er schwillt von null aus auf einen Maximalwerth an,
nimmt dann wieder bis null ab, ändert seine Richtung, steigt auch
in der neuen Richtung auf die Höhe eines Maximalwerthes und
geht schliesslich wieder auf null herab, um denselben Vorgang aufs
Neue zu beginnen. Ein solcher Strom heisst ein Wechselstrom.

Noch deutlicher lassen sich die geschilderten Vorgänge offenbar
darstellen, wenn man die Peripherie des Ankers abwickelt. Die
bisher radial gezeichneten Ordinaten für die Kurve der magnetischen
Kraft stehen dann vertikal auf der Abwickelungslinie, welche zur
Abscisse wird, und die Richtung der magnetischen Kraft kann durch

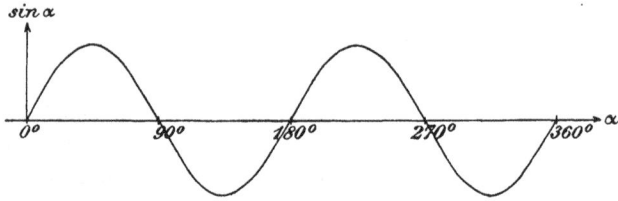

Fig. 6.

positive und negative Ordinaten unterschieden werden. In Fig. 6
ist diese Abwickelung vorgenommen. Um dabei von dem Werthe
des Ankerdurchmessers unabhängig zu werden, ist es zweckmässiger,
nicht den abgewickelten Ankerumfang selbst, sondern die dazu
gehörigen Centriwinkel als Abscissen zu betrachten. So stellt dann
also die Kurve in Fig. 6 schliesslich 1. die räumliche Vertheilung
der radialen Komponenten der magnetischen Kraft als Funktion der
Centriwinkel des Ankers und 2. die zeitliche Veränderung dieser
Kraft, der E.M.K. und der Stromstärke in jeder Ankerwindung dar,
als Ausgang in beiden Fällen einen Punkt benutzend, wo $\mathfrak{B}_r$, e' und
J gleich null sind. In ihrer Eigenschaft als Darstellung der Stromstärke als Funktion der Zeit heisst diese Kurve „Stromkurve" des
Wechselstromes. Um die Abhängigkeit von der Zeit auch äusserlich zum Ausdruck zu bringen, sollen die Grössen e' und J von jetzt
an mit dem Index t (tempus) versehen, also e'_t und J_t geschrieben
werden.

Für alle über das Verhalten der Drehfeldmotoren anzustellenden
Rechnungen ist es nothwendig, eine Annahme über die Art der Ver-

theilung der magnetischen Kraft um den Anker, d. h. über die Gestalt der Kurve $\mathfrak{B}_r$ zu machen. Es entspricht den praktischen Verhältnissen mit genügender Genauigkeit, wenn für diese Kurve die Sinusform vorausgesetzt wird. Wenn nur zwei Magnetpole vorhanden sind, so ist dann $\mathfrak{B}_r = \mathfrak{B}_{max} \sin \alpha$, wobei $\mathfrak{B}_{max}$ der Maximalwerth der Feldstärke ist und auch Amplitude oder Vektor der Sinuskurve genannt wird. Zwischen $\alpha = 0^0$ und $\alpha = 180^0$ ist nach dieser Formel $\mathfrak{B}_r$ positiv, zwischen $\alpha = 180^0$ und $\alpha = 360^0$ dagegen negativ; der einen Hälfte des Ankers gehört also in der That ein Nordpol, der anderen dagegen ein Südpol an. Für ein vierpoliges Magnetfeld gilt der Ausdruck $\mathfrak{B}_r = \mathfrak{B}_{max} \sin 2\,\alpha$; hier ist $\mathfrak{B}_r$ positiv zwischen 0^0 und 90^0 und zwischen 180^0 und 270^0, negativ zwischen 90^0 und 180^0 und zwischen 270^0 und 360^0; ein Ankerviertel wird also von einem Nordpol, das nächste von einem Südpol, das dritte von einem Nordpol und das vierte wieder von einem Südpol umfasst, ganz wie es der bekannten Anordnung vierpoliger Magnetgestelle (Fig. 4) entspricht. Die Kraftvertheilung für vierpolige Magnete speciell ist in Fig. 5 und 6 dargestellt.

Analog mit dem Vorangehenden ergiebt sich schliesslich für ein Magnetsystem mit p Polpaaren oder $2\,p$ Polen, wie man leicht erkennt

$$\mathfrak{B}_r = \mathfrak{B}_{max} \sin p\,\alpha$$

Nach Gl. 2 folgen hieraus unmittelbar auch die Werthe der inducirten E.M.K. und Stromstärke

$$e'_t = \underline{\mathfrak{B}_{max}\, l g}\ \sin p\,\alpha$$
$$= \overline{e_{max}}\ \sin p\,\alpha$$

$$J_t = \frac{\mathfrak{B}_{max}\, l g}{w}\ \sin p\,\alpha$$
$$= \overline{J_{max}}\ \sin p\,\alpha$$

Nach diesen Vorausschickungen kommen wir auf die Aufgabe zurück, den Effektverlust Q im Anker zu berechnen und beginnen mit der Berechnung des Verlustes $J_t^2\,w$ in einer Ankerwindung. Der Werth dieses Verlustes ist kein eindeutiger mehr, denn er ist wie J_t selbst mit der Zeit veränderlich. Indem man die Ordinaten der Stromkurve für einen zweipoligen Motor quadrirt, erhält man die in Fig. 7a gezeichnete Kurve für J_t^2, welche natürlich nur positive Werthe hat. Da w konstant ist, so ändert sich also der Effektverlust in jeder Windung zeitlich nach dieser Kurve. Für den während einer längeren Betriebszeit auftretenden gesammten Arbeitsverbrauch ist natürlich nur der Durchschnitt, das arithmetische Mittel von allen diesen veränderlichen Werthen von $J_t^2 w$ maassgebend; denn dieses giebt, mit der Zeit in Sekunden multiplicirt, offenbar den Gesammtverlust an. Für die Oekonomie sowohl wie auch für die Sicherheit des Betriebes, da zu starke Erwärmung die Isolation des Ankers gefährden kann, ist dieser Mittelwerth allein von Bedeutung. Seine Kenntniss ist also gerade für die praktischen Bedürfnisse von Wichtigkeit.

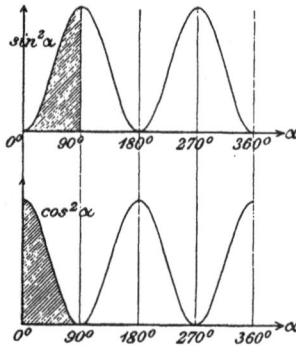

Fig. 7 a/b.

Im vorliegenden Falle, wo allgemein $J_t = J_{max} \sin p\,\alpha$ ist, wäre also der Mittelwerth aus allen Werthen von $\sin^2 p\,\alpha$ zu bestimmen, welche den Winkeln $\alpha = 0$ bis $\alpha = 2\,\pi$ angehören; d. i. der Mittelwerth aus den sämmtlichen Ordinaten einer Kurve, welche $\sin^2 p\,\alpha$ als Funktion von α darstellt. Die Lösung dieser Aufgabe ist leicht, wenn man eine Kurve für $\cos^2 p\,\alpha$ gleichzeitig ins Auge fasst. In Fig. 7a und 7b sind die Kurven für $\sin^2 p\,\alpha$ und $\cos^2 p\,\alpha$ (für $p = 2$) unmittelbar über einander gezeichnet. Beide Kurven sind einander völlig gleich, nur gegen einander verschoben, und die Mittelwerthe ihrer Ordinaten sind daher auch von gleicher Grösse. Bezeichnet man die letzteren durch ein vorgesetztes M, so ist also

$$M\,(\sin^2 p\,\alpha) = M\,(\cos^2 p\,\alpha)$$

Andererseits ist aber $\sin^2 \alpha + \cos^2 \alpha = 1$ für jeden Werth von $\sin^2 \alpha$ und $\cos^2 \alpha$ und daher auch $= 1$ für die Mittelwerthe; d. h. es ist

$$M\,(\sin^2 p\,\alpha) + M\,(\cos^2 p\,\alpha) = 1$$

Aus den beiden letzten Gleichungen ergiebt sich aber

$$M\,(\sin^2 p\,\alpha) = {}^1\!/_2 \quad \ldots \ldots \ldots \quad (3)$$

Dieser Werth ist natürlich nur gültig für Stromkurven mit dem Maximalwerth 1, also von der Gleichung $J_t = \sin p\,\alpha$. Wenn dagegen der Maximalwerth J_{max}, die Gleichung also $J_t = J_{max} \sin p\,\alpha$ ist, so wird der Mittelwerth von J_t^2 natürlich J_{max}^2 mal so gross, also

$$M\,(J_t^2) = \frac{J_{max}^2}{2} : \quad \ldots \ldots \ldots \quad (4)$$

daher wird schliesslich der mittlere sekundliche Arbeitsverlust in einer Windung

$$w\,.\,M\,(J_t^2) = w\,\frac{J_{max}^2}{2}, \quad \ldots \ldots \quad (5)$$

und der mittlere Effektverlust im ganzen Anker

$$Q = n\,M\,(J_t^2)\,w = n\,\frac{J_{max}^2}{2}\,w \quad \ldots \ldots \quad (6)$$

Der oben gefundene Werth für $M\,(J_t^2)$ giebt Veranlassung zu einer besonderen Definition der Stärke eines Wechselstromes, welche den Vorzug hat, die Berechnung der von diesem Strome in einem Leiter erzeugten Wärme auf den für Gleichstrom gültigen Ausdruck $J^2 w$ zurückzuführen. Denkt man sich allgemein vor die Aufgabe gestellt, die Stärke eines sinusartig mit der Zeit sich verändernden Wechselstromes zu definiren, so erkennt man leicht, dass dazu die Angabe des Maximalwerths J_{max} allein genügt, denn durch J_{max} ist auch jeder andere Werth der sinusartigen Veränderung bestimmt. Die Berechnung des Effektes, welchen ein solcher Strom beim Durchfluss durch einen Leiter verbraucht, wäre aber verhältnissmässig unbequem und auch von der bei Gleichstrom üblichen Berechnung dadurch abweichend, dass (nach Gl. 5) J_{max}^2 erst durch 2 dividirt werden müsste. Weit bequemer ist es, den Ausdruck

$$\sqrt{M\,(J_t^2)} = \frac{J_{max}}{\sqrt{2}} \quad \ldots \ldots \ldots \quad (7)$$

also die Wurzel aus den Mittelwerthen der Quadrate von J_t, welche auch der ersten Potenz der Stromstärke proportional ist, für die Definition der Stromstärke zu benutzen. Setzt man diesen Werth

$$\sqrt{M\,(J_t^2)} = J,$$

so kann J genau wie bei Gleichstrom zur Berechnung des Effekt-
verlustes in Widerständen verwendet werden, und für den vorliegenden Kurzschlussanker erhält man z. B.

$$Q = n\,J^2 w.$$

Der so definirte Werth J wird denn auch heutzutage ausschliesslich
für die Angabe der Stärke eines Wechselstromes benutzt. Er heisst
der **effektive** Werth der Stromstärke. Alle Wechselstrom-Ampère-
meter sind so eingerichtet, dass sie diesen Werth direkt anzeigen.
Wie dies erreicht wird, ist unten im Abschnitt V zu besprechen.

Wir halten für den Begriff des effektiven Werthes die folgende
Definition fest: Der effektive Werth J der Stärke eines Wechselstromes ist die Wurzel aus dem Mittelwerthe der Quadrate sämmtlicher
veränderlichen Werthe und wird symbolisirt durch $\sqrt{M(J_t^2)}$. Bei sinusartiger Veränderung der Stromstärke ist $J = \dfrac{J_{max}}{\sqrt{2}}$. Ein Wechselstrom, welcher einen effektiven Werth von J Ampère hat, erzeugt in
einem beliebigen Leiter vom Widerstande w sekundlich dieselbe
Wärmemenge $J^2 w$ wie ein Gleichstrom von J Ampère. Ein ganz
entsprechender „effektiver" Werth kann natürlich auch für die E.M.K.
konstruirt werden, denn bei periodischen veränderlichen Stromstärken
muss natürlich stets auch die E.M.K. periodisch veränderlich sein.
Dieser Werth wäre also zu definiren durch den Ausdruck $\sqrt{M(e_t'^2)}$.

Nach diesen Feststellungen wäre die Aufgabe zu lösen, für den
vorliegenden Drehfeldmotor J und daraus Q zu berechnen. Man
erhält aus der Gleichung

$$J_t = \frac{e'_t}{w} = \frac{\mathfrak{B}_r\,l\,g}{w}, \qquad \ldots \ldots \text{(8)}$$

da l, g und w konstant sind

$$J = \sqrt{M(J_t^2)} = \frac{l\,g}{w}\,\sqrt{M(\mathfrak{B}_r^2)} \quad \ldots \ldots \text{(9)}$$

Da $\mathfrak{B}_r$ auch sinusartig um den Anker vertheilt ist, so ist analog
$\sqrt{M(J_t^2)}$ in Gl. 7

$$\sqrt{M(\mathfrak{B}_r^2)} = \frac{\mathfrak{B}_{max}}{\sqrt{2}}; \qquad \ldots \ldots \text{(10)}$$

da ferner g, die relative Umfangsgeschwindigkeit des Magnetfeldes
gegenüber dem Anker, ausgedrückt werden kann durch Ankerradius r
und relative Winkelgeschwindigkeit $\omega_1 - \omega_2$ mit Hilfe der Gleichung

$$g = r \, (\omega_1 - \omega_2), \quad . \quad . \quad . \quad . \quad . \quad . \quad . \quad (11)$$

so ergiebt sich

$$J = \frac{r \, l}{w \, \sqrt{2}} \, \mathfrak{B}_{max} \, (\omega_1 - \omega_2).$$

Bei der für diese Formel gewählten Schreibweise treten die Ein-
flüsse der drei maassgebenden Faktoren: Ankerdimensionen, Stärke
des Magnetfeldes und Schlüpfung auf den Ankerstrom deutlich hervor. Zweckmässiger und der Betrachtungsweise der Gleichstrom-
Motoren entsprechender ist es, hierbei die magnetische Kraft der
Pole nicht durch das Maximum der radialen Feldintensität $\mathfrak{B}_{max}$,
sondern durch die gesammte Kraftlinienzahl N auszudrücken, welche
ein Magnetpol ausstrahlt. N ergiebt sich aus $\mathfrak{B}_{max}$ leicht an der
Hand der Kurve für die Vertheilung der magnetischen Kraft (Fig. 5).
$\mathfrak{B}_r$ bedeutet nämlich nach der bekannten Definition der magnetischen
Kraftliniendichte (G. S. 15) ausser der radialen Intensität an irgend
einer Stelle auch die am gleichen Orte vorhandene radiale Kraftlinienzahl pro qcm Ankeroberfläche. Denkt man sich also von dieser
Fläche einen schmalen Streifen parallel zur Ankerachse heraus-
geschnitten, dessen Breitseite sich über den sehr kleinen Centriwinkel $d\alpha$ erstreckt, so ist diese Breite $r \, d\alpha$, die Länge l, also die
Fläche $l \, r \, d\alpha$ und die in sie eintretende Kraftlinienzahl

$$d N = \mathfrak{B}_r \, l \, r \, d\alpha.$$

Da ein ganzer Pol den Centriwinkel $\dfrac{2\,\pi}{2\,p} = \dfrac{\pi}{p}$ umfasst, so ist die
von ihm in den Anker eintretende gesammte Kraftlinienzahl

$$N = \int_{\alpha \,=\, 0}^{\alpha \,=\, \pi/p} \mathfrak{B}_r \, l \, r \, d\alpha$$

Hieraus folgt, da $\mathfrak{B}_r$ nach dem Gesetze

$$\mathfrak{B}_r = \mathfrak{B}_{max} \sin p \, \alpha$$

um den Anker vertheilt ist,

$$N = \mathfrak{B}_{max} \, l \, r \int_{\alpha \,=\, 0}^{\alpha \,=\, \pi/p} \sin p \, \alpha \, d\alpha = \frac{\mathfrak{B}_{max} \, l \, r}{p} \int_{p\alpha \,=\, 0}^{p\alpha \,=\, \pi} \sin (p\,\alpha) \, d\,(p\,\alpha) = \frac{2 \, \mathfrak{B}_{max} \, l \, r}{p} \quad (12)$$

Setzt man den sich hieraus ergebenden Werth von $\mathfrak{B}_{max}$ in die
Gleichung für J ein, so erhält man

$$J = \frac{N p \left(\omega_1 - \omega_2 \right)}{w \, 2 \sqrt{2}} \quad \cdots \cdots \cdots \quad (13)$$

und

$$Q = n J^2 w = \frac{N^2 p^2 \left(\omega_1 - \omega_2 \right)^2}{8 \, w} n \quad \cdots \cdots \quad (14)$$

und schliesslich nach Gl. 1.

$$D = \frac{Q}{\omega_1 - \omega_2} = \frac{N^2 p^2 \left(\omega_1 - \omega_2 \right)}{8 \, w} n. \quad \cdots \cdots \quad (15)$$

Dieser Ausdruck für D lässt sich leicht in eine für den Vergleich mit Gleichstrommotoren sehr geeignete Gestalt bringen, wenn man ihn in der Form schreibt

$$D = \frac{N p \, n}{2 \sqrt{2}} \, \frac{N p \left(\omega_1 - \omega_2 \right)}{w \, 2 \sqrt{2}}$$

und für den zweiten Bruch nach Gl. 13 J einsetzt. Man erhält dadurch

$$D = \frac{N n J p}{2 \sqrt{2}}. \quad \cdots \cdots \cdots \quad (16)$$

Gl. 13 und Gl. 16 geben zusammen das deutlichste Bild von den elektrischen Vorgängen und der Bildung mechanischer Zugkraft im Kurzschlussanker. Nach Gl. 13 steigt die Stromstärke, welche im Anker inducirt wird, bei gegebener Polstärke N proportional mit der Schlüpfung; nach Gl. 16 steigt das Drehmoment seinerseits proportional mit dieser Stromstärke oder, anders gesprochen: Je mehr Zugkraft der Anker in Folge der ihm angehängten Belastung zu entwickeln hat, einen desto grösseren Strom muss er sich selbst verschaffen und desto mehr muss er, um die nöthige elektrische Induktion zu erfahren, mit seiner Geschwindigkeit hinter der des Drehfeldes zurückbleiben. Läuft er absolut leer, d. h. hat er gar keine Zugkraft zu entwickeln, so bedarf er eines Stromes nicht, er läuft dann mit dem Drehfelde völlig synchron, d. h. ohne Relativbewegung oder mit gleicher Geschwindigkeit.

Dasselbe Ergebniss erhält man auch, ohne erst auf den Effektverlust im Anker einzugehen, aus der Grundformel für die Zugkraft Z, welche ein einziger achsialer Leiter erfährt. Nach G. S. 43 ist

$$Z = \mathfrak{B}_r J l.$$

Den Principien der technischen Mechanik entspricht es besser, auf Grund dieser Gleichung zunächst das ganze Spiel der Einzelkräfte

im Anker zu studiren und daraus die gesammte Zugkraft zu berechnen, als, wie oben, den Weg über Q einzuschlagen, welcher mehr
die Kenntniss der elektrischen als der mechanischen Kräfte fördert.
Der Verfasser hat den zuletzt genannten Weg zuerst gewählt, weil es
der einfachere ist und der wichtige Begriff des effektiven Werthes
der Stromstärke sich dabei als praktisch nothwendig von selbst
ergiebt. Er glaubt indessen auch den anderen Weg wegen seiner
Bedeutung für das Verständniss der rein mechanischen Vorgänge
nicht ganz umgehen zu sollen. Die folgende Ableitung des Drehmomentes steht in vollständiger Analogie mit derjenigen, welche im
Buche über Gleichstrom-Motoren auf S. 50 für den Gleichstromanker gegeben ist.

Bei einem Drehfeldmotor gilt wegen der Veränderung des
Stromes mit der Zeit für Z die Grundgleichung

$$Z = \mathfrak{B}_r \, J_t \, l;$$

dem Buchstaben J ist wieder der Index t zugefügt. Aus Z ergiebt
sich für den einen betrachteten Leiter das Drehmoment

$$D_r = Z \, r = \mathfrak{B}_r \, J_t \, l \, r.$$

Setzt man hierin für J_t den Werth nach Gl. 8 und 11 ein, so
erhält man, die Glieder wieder nach ihrer Bedeutung ordnend,

$$D_r = \frac{r^2 \, l^2}{w} \, (\omega_1 - \omega_2) \, \mathfrak{B}_r{}^2.$$

Bei gegebenen Ankerdimensionen und gegebener Schlüpfung ver-
theilt sich also D_r um den Anker wie $\mathfrak{B}_r{}^2$ oder wie $\sin^2 p \, \alpha$. Demnach giebt Fig. 7 a, welche $\sin^2 p \, \alpha$ als Funktion von α darstellt,
sowohl die räumliche Vertheilung des Drehmomentes um den Anker,
wie auch die zeitliche Veränderung desselben in jeder Windung bei
gleichförmiger Drehung des Ankers an. Das Drehmoment ist in
allen Windungen im gleichen Augenblicke verschieden gross und
pulsirt in jeder Windung während der Drehung zwischen Nullwerthen und Maximalwerthen auf und nieder, die Richtung ist aber
in jedem Augenblicke und überall dieselbe.

Als Mittelwerth ergiebt sich für jede Windung:

$$M(D_r) = \frac{r^2 \, l^2}{w} \, (\omega_1 - \omega_2) \, M(\mathfrak{B}_r{}^2)$$

oder nach Gl. 10

$$M(D_r) = \frac{r^2 l^2}{2 w} (\omega_1 - \omega_2) \, \mathfrak{B}^2_{max}$$

und, wenn man statt $\mathfrak{B}_{max}$ wieder die Polstärke N einführt, nach Gl. 12

$$M(D_r) = \frac{N^2 p^2 (\omega_1 - \omega_2)}{8 w}.$$

Für alle n Windungen ist also schliesslich

$$D = n \, M(D_r) = \frac{N^2 p^2 (\omega_1 - \omega_2)}{8 w} \, n$$

oder

$$D = \frac{N n J p}{2 \sqrt{2}},$$

wie oben in Gl. 16.

Analogien zwischen Drehfeld-Motoren und Gleichstrom-Motoren.

Das oben gefundene Verhalten der Drehfeld-Motoren steht in völliger Analogie mit dem Verhalten von Gleichstrom-Motoren. Nach G. S. 58 gelten für einen Gleichstrom-Motor mit konstantem Magnetfeld, wenn sein Anker einen Gesammtwiderstand w hat, und er mit einer Spannung E_p gespeist und dabei von einem Strome J durchflossen wird, die Gleichungen:

$$\text{I. } E_p = J w + e \qquad \text{II. } e = N n v \qquad \text{III. } D = \frac{N n J}{2 \pi}$$

Gl. III giebt die Stromstärke an, welche der Anker aufnimmt, wenn er eine bestimmte Zugkraft oder ein bestimmtes Drehmoment D herzustellen hat. Nach Gl. I bildet sich dabei von selbst eine solche elektromotorische Gegenkraft aus, dass diese die Spannung E_p bis auf den kleinen Spannungsabfall $J w$ „ausbalancirt". Gl. II endlich giebt die sekundliche Tourenzahl v an, auf die der Anker sich einlaufen muss, um diese Gegenkraft zu erzeugen.

Auch für einen Gleichstrom-Motor lässt sich der Begriff der Schlüpfung konstruiren, wenn man von derjenigen Tourenzahl ausgeht, welche der Anker bei absolutem Leerlauf ($D = 0$, $J = 0$) annimmt. Bezeichnet man die dabei auftretende Tourenzahl mit v_0 und die elektromotorische Gegenkraft mit e_0, so ist

$$\text{I}_0 \quad E_p = e_0 \qquad \text{II}_0 \quad e_0 = N n v_0 \qquad \text{III}_0 \quad D = 0.$$

Bei absolutem Leerlauf stellt sich also die Tourenzahl v_0 so ein, dass die elektromotorische Gegenkraft die Spannung vollständig ausgleicht. v_0 ist die höchste Tourenzahl, die der Anker annehmen kann. Der Tourennachlass $v_0 - v$ zwischen Leerlauf und irgend einer Belastung kann ebenfalls als Schlüpfung aufgefasst werden.

Wie beim Drehfeld-Motor, so steht auch beim Gleichstrom-Motor die Schlüpfung mit der Bilanz der Arbeiten im Anker in engstem Zusammenhang. Multiplicirt man Gl. I auf beiden Seiten mit J, so erhält man für irgend eine Belastung

$$E_p J = J^2 w + e J,$$

d. h. der ganze vom Anker aufgenommene Effekt $A = E_p J$ zerfällt in einen Verlust $Q = J^2 w$ im Anker und in eine elektrische Nutzleistung $A_2 = e J$, welche in mechanische umgesetzt wird. Demgemäss ist

$$\frac{Q}{A} = \frac{(E_p - e)\,J}{E_p\,J} = \frac{E_p - e}{E_p}.$$

Ersetzt man hierin e nach Gl. II und E_p nach Gl. I_0 und II_0, so erhält man

$$\frac{Q}{A} = \frac{v_0 - v}{v_0};$$

d. h. im Anker geht von der totalen Effektzufuhr procentisch gerade so viel verloren, wie der Anker schlüpft — genau so, wie beim Drehfeld-Motor.

Sehr interessant ist auch der Vergleich der Drehmomente. Beim Gleichstrom-Motor ist unter J in Gl. I und III der gesammte, dem Anker zugeführte Strom v o r der Verzweigung in die einzelnen Ankerspulen verstanden. Drückt man das Drehmoment nicht dadurch, sondern durch den Strom aus, den jede einzelne Ankerwindung führt und bezeichnet man diesen mit i, so ist (nach einer Gleichung G. S. 50)

$$D = N i \frac{n}{2\pi} 2 p.$$

Diese Gleichung kann zum unmittelbaren Vergleiche beider Motortypen dienen. Setzt man, wie beim Drehfeld-Motor, auch beim Gleichstrom-Motor den Strom in j e d e r Windung J, so ist also beim Gleichstrom-Motor

2*

$$D_g = \frac{N\,n\,J\,p}{\pi}$$

und beim Drehfeld-Motor

$$D_d = \frac{N\,n\,J\,p}{2\sqrt{2}}.$$

Hierbei sind zur deutlichen Unterscheidung die Indices g und d der Bezeichnung des Drehmomentes zugefügt. Der gleiche Bau beider Formeln beweist, dass die Wirkungsweise beider Ankerarten innerlich genau dieselbe ist: Immer ist die Zugkraft der Polstärke und der Stromstärke im Anker proportional. Der absolute Werth beider Drehmomente ist aber verschieden. Man erhält bei gleichem N, n, J und p

$$\frac{D_d}{D_g} = \frac{\pi}{2\sqrt{2}} = 1{,}11,$$

beim Drehfeldanker also ein um 11 % grösseres Drehmoment als beim Gleichstromanker. Die Gleichheit der beiden Werthe N und p bedeutet Gleichheit der Magnetgestelle. Nimmt man ausser gleicher Drahtzahl n auf dem Anker auch gleiche Drahtdimensionen oder gleichen Widerstand w der einzelnen Windungen an, so wird bei gleichem J auch der Verlust $Q = n\,J^2\,w$ bei beiden Ankertypen derselbe.

Ergebniss: Der Drehfeld-Motor entwickelt bei gleicher Konstruktion und Dimensionirung des Ankers und Magnetgestells und bei gleichen Verlusten im Anker eine wesentlich höhere Zugkraft, oder er weist bei gleicher Zugkraft wesentlich geringere Verluste im Anker auf.

II. Herstellung von Drehfeldern durch Vereinigung mehrerer Wechselfelder.

Es ist schon auf S. 5 darauf hingewiesen worden, dass der im vorigen Abschnitte besprochene Drehfeldmotor kein Motor im eigentlichen Sinne ist, sondern eine Kupplung, welche Bewegung nur überträgt, nicht aber selbst erzeugt. Die Kupplung wird erst dann zu einem wirklichen Motor, wenn es gelingt, das Drehfeld durch feststehende Elektromagnete zu bilden, eine Aufgabe, die — so paradox sie zunächst auch klingt — doch mit einfachen Mitteln lösbar ist. Selbstverständlich ist dabei zur Magnetisirung der Elektromagnete ein solches Quantum elektrischer Energie aufzuwenden, wie zuzüglich aller Verluste an mechanischer Arbeit vom Anker zu leisten ist, denn die vom Anker producirte Arbeit muss in einem Arbeitsaufwande bei der Erzeugung des rotirenden Feldes ihr Aequivalent finden.

Die heute in der Elektrotechnik benutzte Methode zur Herstellung von Drehfeldern besteht darin, dass man mehrere feststehende Magnetfelder mit einander kombinirt, welche ihre Intensität verändern, wie ein Wechselstrom seine Stärke verändert, und deshalb auch als Wechselfelder bezeichnet werden. Zum Verständniss dieses Verfahrens muss daher zunächst der Begriff des Wechselfeldes näher betrachtet werden.

Begriff des Wechselfeldes.

In Fig. 8A ist wieder die Abwicklung eines vierpoligen Magnetfeldes $\mathfrak{B}_a = \mathfrak{B}_{max}$ sin 2α dargestellt, wie es z. B. von dem vierpoligen Magnetgestell in Fig. 4 erzeugt würde, wenn man durch dessen Erregerwickelung Gleichstrom schickte. Wir nennen die positiven und negativen Maximalwerthe, wie z. B. $a_I = \mathfrak{B}_{max}$, auch die „Amplituden" dieses Feldes. Ein solches Feld wird zu einem Wechsel-

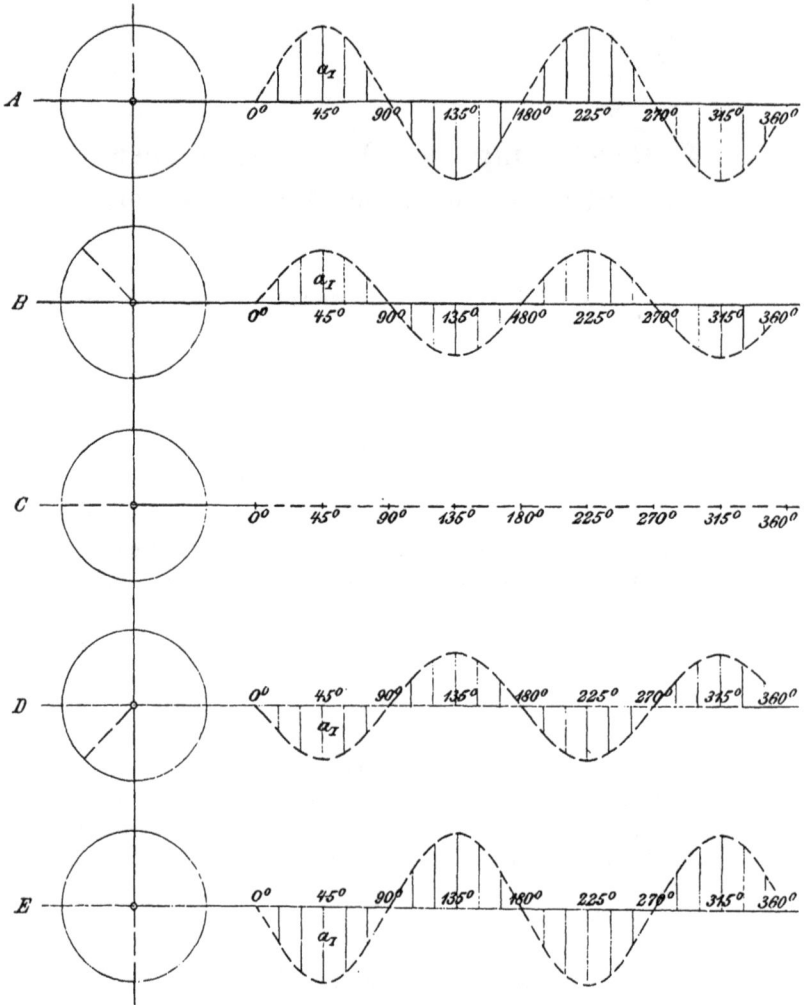

Fig. 8.

feld, wenn man für die Erregung der Magnetschenkel nicht einen Gleichstrom sondern einen Wechselstrom verwendet. Wie die Stärke

dieses Wechselstromes, so wogt dann auch die Intensität des Magnetfeldes auf und nieder, fällt vom höchsten Werthe auf den Nullwerth

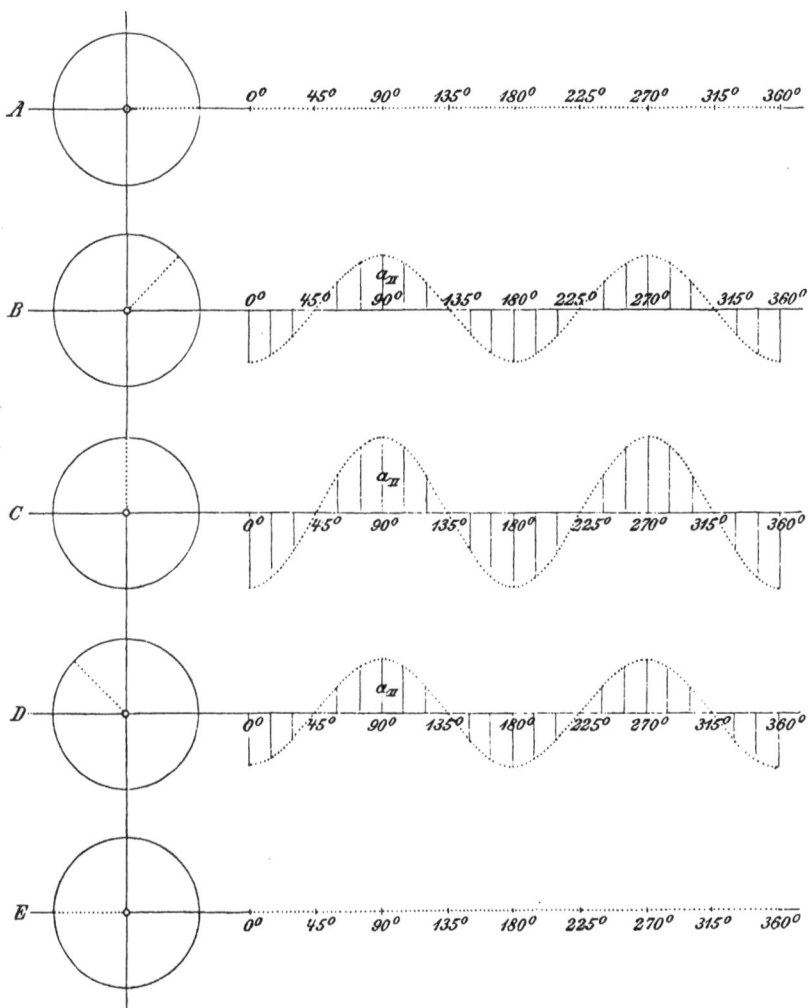

Fig. 9.

herab, kehrt die Richtung um, steigt in entgegengesetzter Richtung
wieder auf höchste Stärke an, wird wieder null und erreicht schliess-

lich wieder den höchsten Werth im alten Sinne. Die Kurve für die
Vertheilung der magnetischen Kraft um den Ankerumfang behält
dabei natürlich in jedem Augenblick ihre Sinusform, denn alle Ordinaten ändern sich in gleichem Verhältniss.

Nach dieser Vorausschickung erkennt man leicht, dass ein
Wechselfeld nur dann scharf definirt ist, wenn ausser der Kurve der
räumlichen Vertheilung der magnetischen Kräfte, auch das Gesetz für ihre zeitliche Veränderung bekannt ist. Dazu genügt
es, die zeitliche Veränderung der Kraft in einem Punkte des Magnetfeldes anzugeben, da die Ordinaten aller anderen Punkte in demselben Verhältniss variiren. Wir wählen als Ausgang die räumliche
Vertheilungskurve in Fig. 8A und nehmen an, dass diese den höchsten
Werth des Wechselfeldes darstelle, der im Laufe der zeitlichen Veränderung erreicht wird. In diesem Zustande hat das Feld eine positive Amplitude $a_I = \mathfrak{B}_{max}$, gelegen vor der Mitte eines der Pole der
Fig. 4. Wenn wir die zeitliche Veränderung der magnetischen Kraft
in diesem Punkte mathematisch oder graphisch darstellen, so
können wir für jeden Zeitpunkt die ganze Vertheilungskurve zeichnen, indem wir alle übrigen Ordinaten in demselben Verhältniss verändern wie a_I.

Von a_I soll nun angenommen werden, dass es cosinusartig mit
der Zeit variire. Dies lässt sich graphisch zum Ausdruck bringen,
wenn man a_I darstellt als die Vertikalprojektion eines Kreisradius
von der Länge $\mathfrak{B}_{max}$, der mit gleichförmiger Geschwindigkeit rotirt
und im Anfang, wo a_I seinen positiven Maximalwerth hat, vertikal
nach oben gerichtet ist. Ist ω die Winkelgeschwindigkeit der Rotation dieses Radius, so ist ωt der Winkel, den er nach der Zeit t
mit der nach oben gerichteten Vertikalen einschliesst, und die Projektion auf diese Vertikale wird

$$a_I = \mathfrak{B}_{max} \cos \omega t \quad \ldots \ldots \ldots (1)$$

Der Radius $\mathfrak{B}_{max}$ wird auch als der Vektor des Feldes bezeichnet.

In Fig. 8B bis 8E sind links die verschiedenen Stellungen des
Vektors dargestellt, jede um 45° gegen die andere vorgerückt.
Rechts davon sieht man über einander liegend die Projektionen
a_I des Vectors, d. h. die zu verschiedenen Zeiten vorhandenen
Werthe der Amplituden des Magnetfeldes aufgetragen. An a_I als
Amplitude sind die Sinuskurven für die räumliche Vertheilung an-
geschlossen, indem alle Ordinaten über einander liegender Punkte

der verschiedenen Figuren immer in demselben Verhältniss verändert wurden wie a_I. Diese Sinuskurven stellen also die zeitlich aufeinanderfolgenden Zustände des Wechselfeldes dar. Das Gesetz für die räumliche Vertheilung der magnetischen Kraft ist demnach für jeden Zeitpunkt

$$\mathfrak{B}_\alpha = a_I \sin 2\,\alpha$$

und unter Berücksichtigung der zeitlichen Veränderung von a_I (Gl. 1)

$$\mathfrak{B}_{\alpha,\,t} = \mathfrak{B}_{max} \sin 2\,\alpha \,.\, \cos \omega\,t$$

oder für ein Feld mit p Polpaaren

$$\mathfrak{B}_{\alpha,\,t} = \mathfrak{B}_{max} \sin p\,\alpha \cos \omega\,t \quad\ldots\ldots \quad (2)$$

Die Bezeichnung $\mathfrak{B}_{\alpha,\,t}$ für diesen allgemeinsten Ausdruck ist gewählt worden, um die gleichzeitige Abhängigkeit der Feldstärke von der räumlichen Lage (α) des betrachteten Punktes und von dem Zeitpunkte der Betrachtung (t) anzudeuten.

Die Veränderung der Stärke des Magnetfeldes geht natürlich mit derselben Geschwindigkeit vor sich wie die Veränderung des Wechselstromes, welcher die Magnetisirung hervorbringt. Die Zeit, welche zwischen zwei aufeinanderfolgenden gleichen Zuständen jedes der beiden verstreicht, also die Zeit, welche eine ganze Umdrehung des Radius in Fig. 8 in Anspruch nimmt, pflegt man die Dauer einer Periode zu nennen und in Sekunden zu zählen. Wir bezeichnen diese Zeit fortan mit T. Bei modernen Wechselströmen, wie sie in Deutschland verwendet werden, beträgt T etwa $1/_{50}$ Sekunde, die sekundliche Periodenzahl also 50. In der Gleichung für $\mathfrak{B}_{\alpha,\,t}$ pflegt man ω durch diese sekundliche Periodenzahl auszudrücken. Der Uebergang von der einen Ausdrucksweise zur anderen ergiebt sich leicht. Würde in einer Sekunde nur eine Periode durchlaufen, so wäre die Winkelgeschwindigkeit des Vektors $2\,\pi$. Nennt man die sekundliche Periodenzahl aber ganz allgemein ν, so ist der sekundlich zurückgelegte Winkel oder die Winkelgeschwindigkeit

$$\omega = 2\,\pi\,\nu \quad\ldots\ldots\ldots \quad (3)$$

Im Folgenden soll indessen die einfachere Schreibweise für $\mathfrak{B}_{\alpha,\,t}$ beibehalten und nur bei besonderen Schlussfolgerungen ω mit Hilfe obiger Gleichung durch ν ersetzt werden[1]).

----

[1]) In den letzten Jahren hat in der elektrotechnischen Litteratur, selbst in hervorragenden Werken, die Gewohnheit Verbreitung gefunden, die

Eine mechanische Analogie zu diesen Vorgängen ist bei praktisch ausgeführten Maschinen nicht zu finden und muss erst künstlich gebildet werden. Wenn man bedenkt, dass die radiale magnetische Intensität an irgend einer Stelle der Ankeroberfläche nichts Anderes bedeutet als die Grösse der radialen magnetischen Kraft, welche auf eine dort gedachte magnetische Masseneinheit ausgeübt würde, und wenn man sich nun diese Masseneinheit wie Farbe mit einem Pinsel auf ein qcm der Ankeroberfläche gestrichen denkt, so entspricht die radiale magnetische Kraft dem Flächendrucke, welchen der Anker an der betrachteten Stelle etwa durch ein komprimirtes Gas erfahren würde. Ein Anker mit einer magnetischen Kraftvertheilung, wie in Fig. 8A, würde danach etwa einem Dampfcylinder entsprechen, worin der Dampf an den verschiedenen Stellen des Cylinderumfanges verschiedene Spannung hätte. Entspräche die Abscissenlinie der Fig. 8A dem Drucke einer Atmosphäre, so hätte also in den 4 Vierteln des Ankerumfanges abwechselnd Ueberdruck und Unterdruck zu bestehen, was natürlich mechanisch ohne Trennung der Räume nicht möglich wäre; von den getrennten Räumen entspräche jeder einem Pol, die Räume mit Ueberdruck beispielsweise Nordpolen, die mit Unterdruck Südpolen. Der fortwährende Wechsel der Polarität an jedem Ankerviertel würde also einen fortwährenden Wechsel zwischen Kompression und Expansion über und unter der Atmosphärenlinie bedeuten. Weiter lässt sich die Analogie nicht führen; in Details versagt sie. Immerhin möge der kurze Vergleich zeigen, in welcher Weise das analoge Problem mechanisch zu erfassen wäre.

Um Missverständnissen bei den weiteren an Fig. 8 anknüpfenden Betrachtungen vorzubeugen, ist es angebracht, die Maximalwerthe der in dieser Figur dargestellten Felder durch eine besondere Terminologie begrifflich zu fixiren und auseinanderzuhalten. Man hat zu unterscheiden zwischen den momentanen Maximalwerthen, welche das ganze Wechselfeld im Laufe seiner zeitlichen Verän-

---

sekundliche Periodenzahl des Wechselstromes in mathematischen Formeln durch das Zeichen $\sim$ darzustellen. Dies widerspricht dem Usus der Mathematik und aller die Mathematik benutzenden exakten Wissenschaften, welche in Formeln die Grössen ausschliesslich durch Buchstaben ausdrücken. In der Weltlitteratur aller Zeiten dürfte sich kaum eine Ausnahme von diesem Gebrauche finden. Die neue Art macht ein Vorlesen der Formeln in Vorträgen unmöglich und würde, auch auf andere Grössen ausgedehnt, zu einer seltsamen Bilderschrift führen. Der Verfasser schlägt vor, den für die Darstellung elektrischer Grössen bisher wohl kaum in Anspruch genommenen Buchstaben ν für die Bezeichnung der sekundlichen Periodenzahl des Wechselstromes zu wählen.

derung zweimal während einer Periode gleichzeitig mit den positiven und negativen Maximalwerthen des magnetisirenden Wechselstromes erreicht und zwischen den Maximalwerthen der Feldstärke, welche zu jeder Zeit an so vielen Punkten des Feldes vorhanden sind, wie das Feld Pole besitzt, und welche in der Mitte dieser Pole liegen. Die erstere Art wird dargestellt durch die ganzen Vertheilungskurven in Fig. 8A und Fig. 8E, sie besteht in jedem Augenblicke, wo der rotirende Vektor nach oben oder nach unten vertikal steht. Die zweite Art ist in allen Vertheilungskurven der Fig. 8A bis 8E viermal vorhanden, da jede dieser sinusartigen Vertheilungskurven vier Amplituden hat. Im Folgenden sollen die Maximalwerthe der ersteren Art stets als die Höchstwerthe des ganzen Feldes bezeichnet werden, die der zweiten Art aber als die Amplituden irgend eines der variablen Zustände.

Die Vereinigung mehrerer Wechselfelder zu einem Drehfeld.

Die in diesem Abschnitte zu verfolgende Aufgabe, Drehfelder durch Kombination mehrerer Wechselfelder zu erzeugen, wird von der heutigen Elektrotechnik auf mehrfache Weise gelöst. Allen Arten der Lösung gemeinsam ist, dass die zu vereinigenden Wechselfelder gleich stark, aber räumlich sowohl wie zeitlich um einen konstanten Betrag gegen einander verschoben sein müssen.

Unter gleicher Stärke versteht man die Erfüllung der Bedingung, dass die Kurven für die räumliche Vertheilung der magnetischen Kraft im Zustande des Höchstwerthes der Felder kongruent sind. Räumlich verschoben sind gleich starke Felder, wenn die geometrisch kongruenten Kurven nicht wirklich auf einander liegen, sondern gegen einander versetzt sind, so dass z. B. die Amplituden der einen mit den Nullwerthen der anderen zusammenfallen, wie in Figur 10 bei der gestrichelten und der punktirten Kurve.

Die Grösse der räumlichen Verschiebung lässt sich am Besten definiren unter Benutzung des Begriffes der Theilung. Wir wollen darunter verstehen den Winkelabstand zweier aufeinanderfolgender gleichnamiger Pole eines Feldes, also zweier Nordpole oder zweier Südpole. Bei einem zweipoligen Felde wäre dieser Abstand offenbar $\tau = 2\pi = 360^0$, da längs des ganzen Umfanges nur ein Nordpol und ein Südpol vorhanden ist; bei einem 4-poligen Felde, welches 2 Nordpole und 2 Südpole enthält, wäre der Abstand halb so gross, also $\tau = \dfrac{2\,\pi}{2} = 180^0$ und bei einem Motor mit p Polpaaren endlich wäre er

$$\tau = \frac{2\,\pi}{p} = \frac{360^0}{p}$$

Bei den vierpoligen Feldern der Fig. 10 z. B. würde die Theilung darzustellen sein, sowohl durch den Abstand $b\,b$, wie auch durch $c\,c$ und durch $d\,d$, welche den Werth haben

$$\tau = \frac{2\,\pi}{p} = \frac{360^0}{2} = 180^0$$

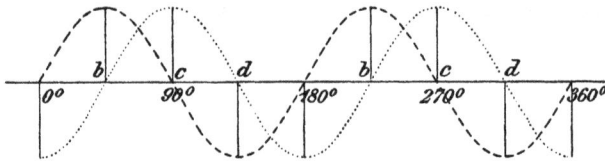

Fig. 10.

Unter sich sind die beiden Kurven dieser Figur um den 4. Theil der Theilung, also um

$$\frac{\tau}{4} = \frac{90^0}{p} = 45^0$$

gegen einander verschoben. Ist die Gleichung der gestrichelten Kurve, bezogen allgemein auf einen Motor von p Polpaaren

$$\mathfrak{B}_\alpha^{I} = a \sin p\,\alpha, \quad \dots \dots \dots \quad (4)$$

so erhält man also diejenige der punktirten, um eine Viertheilung dagegen verschobenen, indem man α durch $\alpha - \dfrac{\tau}{4} = \alpha - \dfrac{90^0}{p}$ ersetzt. Diese Gleichung wird daher

$$\mathfrak{B}_\alpha^{II} = a \sin p \left(\alpha - \frac{90^0}{p} \right) = a \sin (p\,\alpha - 90^0)^{[1]} . \quad . \quad (5)$$

[1]) Das Minuszeichen ist richtig gewählt, denn bei einem 4-poligen Motor z. B. wäre $\mathfrak{B}_\alpha^{II} = a \sin (2\,\alpha - 90^0)$, also bei $\alpha = 0$ $\mathfrak{B}_\alpha^{II} = -a$, bei $\alpha = 45^0$ $\mathfrak{B}_\alpha^{II} = 0$, bei $\alpha = 90^0$ $\mathfrak{B}_\alpha^{II} = +a$ u. s. w., also ganz wie bei der punktirten Kurve in Fig. 10.

Ganz allgemein kann also festgestellt werden, dass die Gleichung eines Magnetfeldes, welches gegen

$$\mathfrak{B}_a{}^I = a \sin p\,\alpha$$

um den m. Theil der Theilung verschoben wäre, dargestellt werden müsste durch die Gleichung

$$\mathfrak{B}_a{}^{II} = a \sin \left(p\,\alpha - \frac{360^0}{m}\right)$$

Als weiteres Beispiel sind in Fig. 11 drei Sinuskurven gezeichnet, welche um den dritten Theil der Theilung gegen einander ver-

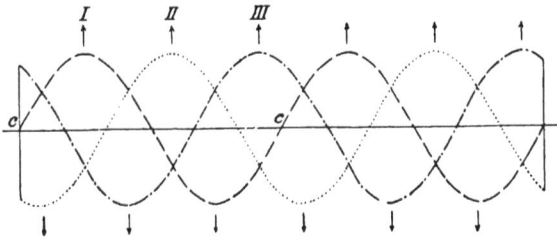

Fig. 11.

setzt sind, so dass $m = 3$ ist.   Hat die erste (gestrichelte) Kurve wieder die Gleichung

$$\mathfrak{B}_a{}^I = a \sin p\,\alpha,$$

so ist also die Gleichung der zweiten (punktirten)

$$\mathfrak{B}_a{}^{II} = a \sin (p\,\alpha - 120^0)$$

und die der dritten (strichpunktirten)

$$\mathfrak{B}_a{}^{III} = a \sin (p\,\alpha - 240^0)$$

Damit die Wechselfelder, deren Höchstwerthe die Figuren 10 und 11 darstellen, nun zusammen ein konstantes Drehfeld bilden, gehört zu den räumlichen noch eine zeitliche Verschiebung. Eine zeitliche Verschiebung von Wechselfeldern bedeutet, dass ihre Höchstwerthe nicht gleichzeitig, sondern nach einander auftreten, oder dass die Vektoren, durch deren Rotation die zeitliche Veränderung früher bestimmt wurde, bei den verschiedenen Feldern nicht gleichzeitig vertikale, horizontale oder sonst gleiche Lagen einnehmen.

Neben Fig. 8, die oben ausführlich besprochen worden ist, findet sich in Fig. 9 die Darstellung eines Feldes, dessen Vektor sich ebenfalls und auch mit gleicher Geschwindigkeit nach links dreht, aber hinter dem Vektor in Fig. 8 gerade um 90° zurück ist. Das Feld in Fig. 8 werde mit I, das der Fig. 9 mit II bezeichnet. Während Feld I mit dem Höchstwerthe beginnt, fängt Feld II mit dem Nullwerthe an, und alle Zustände von II treten um dieselbe Zeitdifferenz später auf wie die entsprechenden Zustände von I. Man bezeichnet eine solche zeitliche Verschiebung gleicher Zustände als eine Phasenverschiebung und drückt diese aus als Theil der Dauer einer ganzen Periode. Da eine ganze Umdrehung der Vektoren immer die Dauer einer Periode des Wechselfeldes oder des magnetisirenden Wechselstromes bedeutet, so bedeutet also ein Nacheilen des Vektors II um 90° eine Phasenverschiebung um eine Viertelperiode, und allgemein ist eine Verstellung zweier Vektoren gegen einander um $\dfrac{2\pi}{n}$ als eine Phasenverschiebung vom n. Theile einer Periode zu bezeichnen. Im Speciellen unterscheidet man eine Phasenvoreilung und eine Phasenverzögerung, je nachdem der betrachtete Vektor bei der Umdrehung voran oder zurück ist. Feld II hätte demnach eine Phasenverzögerung von einer Viertelperiode gegen I, und I eine Voreilung von einer Viertelperiode gegen II. Bilden die rotirenden Vektoren in allen Lagen einen Winkel φ mit einander, der nicht als Theil einer ganzen Periode durch eine runde Zahl ausgedrückt werden kann, so spricht man einfach von einer „Phasenverschiebung φ".

Rechts von den sich drehenden Vektoren finden wir auch in Fig. 9, wie in Fig. 8, Sinuskurven gezeichnet, welche die zeitlich aufeinanderfolgenden Zustände des Wechselfeldes II darstellen. Die übereinanderliegenden Amplituden a_{II} haben wieder die Länge der Vertikalprojektionen der Vektoren. Der horizontalen Anfangslage des Vektors zufolge beginnen sie mit dem Werthe Null und gehen über den positiven Höchstwerth auf Null zurück, um dann — was nicht mehr gezeichnet ist — negativ zu werden. Die Phasenverschiebung der Amplituden gegen die von Feld I lässt sich auch mathematisch sehr leicht zum Ausdruck bringen: Betrachtet man die Vektoren beider Felder in einem Augenblick, wo der Vektor des Feldes I den Winkel ωt mit der nach oben gerichteten Vertikalen einschliesst, so bildet der Vektor II den Winkel $\omega t - 90°$. Während also a_I (nach Gl. 1) dem Gesetze gehorcht

$$a_I = \mathfrak{B}_{max} \cos \omega\, t, \quad \ldots \ldots \ldots \quad (6)$$

ist

$$a_{II} = \mathfrak{B}_{max} \cos (\omega\, t - 90^0) \quad \ldots \ldots \quad (7)$$

Um die für die Bildung von Drehfeldern nothwendige zeitliche und räumliche Verschiebung gleichzeitig zur Darstellung zu bringen, ist Feld *II* in Fig. 9 auch räumlich gegen Feld *I* in Fig. 8 verschoben gezeichnet. Dabei ist dieselbe Verschiebung gewählt worden, welche den beiden Sinuskurven in Fig. 10 gegeben war. Die Amplituden a_I des Feldes *I* liegen über $\alpha = 45^0$, wie in Fig. 10 die erste Amplitude der gestrichelten Kurve, und die Amplituden a_{II} des Feldes *II* gehören zu $\alpha = 90^0$, wie in Fig. 10 die erste Amplitude der punktirten Kurve. Auch in der Grösse stimmen die verglichenen Felder mit einander überein, derart, dass die Höchstwerthe der beiden Wechselfelder gleiche Stärke haben wie die Felder in Fig. 10. Höbe man Fig. 8 A, welche den Höchstwerth von *I* darstellt, vom Papiere ab und legte sie so auf Fig. 10, dass gleiche Winkel α auf einander lägen, so würde Fig. 8 A mit der gestrichelten Kurve der Fig. 10 vollständig zusammenfallen, und ein Gleiches geschähe mit Fig. 9 C, welche den Höchstwerth von *II* darstellt, und der punktirten Kurve in Fig. 10. Die Figuren 8 und 9 kann man also aus Fig. 10 entstanden denken, indem man sich die Felder der letzteren zunächst als konstante Gleichstromfelder vorstellt und sie dann ohne Aenderung ihrer Lage in Wechselfelder von einer Viertelperiode zeitlicher Phasenverschiebung verwandelt.

Nach diesen Vorausschickungen ist es leicht, räumliche Vertheilung und zeitliche Veränderung für jedes der beiden Wechselfelder durch eine einzige Formel darzustellen. Nach Gl. 4 und 5 für die Kurven der Fig. 10 sind die Gleichungen der Höchstwerthe, wenn man die Amplituden a entsprechend durch a_I und a_{II} ersetzt:

$$\mathfrak{B}_\alpha{}^I = a_I \sin p\, \alpha$$

und

$$\mathfrak{B}_\alpha{}^{II} = a_{II} \sin (p\, \alpha - 90^0)$$

Entnimmt man schliesslich die zeitliche Veränderung von a_I und a_{II} aus Gl. 6 und 7, so erhält man

$$\mathfrak{B}_{\alpha,\,t}^I = \mathfrak{B}_{max} \sin p\, \alpha \cos \omega\, t . \quad \ldots \ldots \ldots \quad (8)$$

$$\mathfrak{B}_{\alpha,\,t}^{II} = \mathfrak{B}_{max} \sin (p\, \alpha - 90^0) \cos (\omega\, t - 90^0) . \quad . \quad (9)$$

Die erste dieser beiden Gleichungen giebt denselben Ausdruck wieder, der schon oben als Gl. 2 für das Wechselfeld der Fig. 8 aufgestellt war. Die zweite zeigt durch ihre genau gleiche Form die Gleichartigkeit des physikalischen Vorganges und bringt die räumliche Verschiebung von einer Vierteltheilung und die zeitliche Verschiebung von einer Viertelperiode in sehr einfacher Weise zum Ausdruck.

Nach dieser Fixirung der Grundbegriffe lässt sich die Herstellung von Drehfeldern aus Wechselfeldern leicht verstehen. Die heutige Elektrotechnik benutzt dazu im Wesentlichen zwei Methoden, nämlich:

1. bei den sogenannten Zweiphasen-Motoren die Vereinigung zweier Wechselfelder von einer räumlichen Verschiebung von einer Vierteltheilung und einer zeitlichen Verschiebung von einer Viertelperiode,

2. bei den Dreiphasen- oder Drehstrom-Motoren die Vereinigung dreier Wechselfelder mit Verschiebungen von je einer Dritteltheilung und einer Drittelperiode.

Da der erste dieser beiden Fälle soeben gerade in Fig. 8 u. 9 behandelt worden ist, so ist es leicht festzustellen, ob durch die Vereinigung der in diesen Figuren dargestellten Felder wirklich ein Drehfeld entsteht. Dazu genügt es, die beiden Feldkurven für jeden Zeitpunkt in demselben Koordinatensystem zu zeichnen und die Ordinaten einfach algebraisch zu addiren. Diese Zusammenlegung beider Kurvenreihen ist in Fig. 12 erfolgt; die gestrichelte Kurve ist dabei aus Fig. 8, die punktirte aus Fig. 9 direkt übernommen. Wo nur eine Kurve vorhanden ist, die Ordinaten der anderen also null sind (Fig. 12 A, C, E) bildet die vorhandene die Kurve des Gesammtfeldes allein; wo zwei Kurven bestehen (Fig. 12 B u. D), ist die Summationskurve stark gezeichnet.

Die Betrachtung lehrt, dass die Kurven des Gesammtfeldes in allen 5 Unterfiguren geometrisch kongruent sind und von Figur zu Figur um gleiche Strecken von links nach rechts weiterrücken, was eine Rotation mit konstanter Geschwindigkeit bedeutet. Die geometrische Kongruenz wird bewiesen, wenn gezeigt wird, dass die Amplituden in allen 5 Fällen gleich gross sind, die Kurven also, auf einander gelegt, sich vollständig decken. Die Unveränderlichkeit der Amplitudengrösse erkennt man leicht, denn in den Fig. A, C u. E ist die Amplitude des

Gesammtfeldes gleich der Amplitude $\mathfrak{B}_{max}$ eines der Wechselfelder im Zeitpunkte ihres Höchstwerthes; in B, wo für die gestrichelte Kurve die Neigung des Vektors gegen die Vertikale $\omega t = 45^0$ ist, liegt die erste positive Amplitude des Gesammtfeldes über der Mitte zwischen 45^0 und 90^0, also über $\alpha = 67{,}5^0$, die Ordinaten beider Einzelkurven sind an dieser Stelle einander gleich und haben den Ordinatenwerth der Kurve I, also die Grösse $\mathfrak{B}_{max} \sin p\,\alpha \cos \omega t$

$= \mathfrak{B}_{max} \sin 2\,\alpha \,.\, \cos \omega t = \mathfrak{B}_{max} \sin 135^0 \cos 45^0 = \dfrac{\mathfrak{B}_{max}}{2}$, ihre

Summe ist also ebenfalls $\mathfrak{B}_{max}$; in D schliesslich, wo für die gestrichelte Kurve die Neigung des Vektors $\omega t = 135^0$ ist, die Amplitude des Gesammtfeldes über $\alpha = 112{,}5^0$ liegt, haben die Ordinaten beider Kurven an dieser Stelle den Werth $\mathfrak{B}_{max} \sin 2\,\alpha \cos \omega t$

$= \mathfrak{B}_{max} \sin 225^0 \cos 135^0 = \dfrac{\mathfrak{B}_{max}}{2}$; die Amplitude des Gesammtfeldes ist also auch hier $\mathfrak{B}_{max}$.

Die oben ferner behauptete Gleichmässigkeit des Fortschreitens des nach rechts wandernden Gesammtfeldes lehrt ein Blick auf die Stellungen, welche die zuerst bei $\alpha = 45^0$ gelegene positive Amplitude nach einander einnimmt. Man findet diese Amplitude in Fig. A bei $\alpha = 45^0$, in B bei $\alpha = 67{,}5^0$, in C bei 90^0, in D bei $112{,}5^0$ und in E bei 135^0, von Figur zu Figur also um $22{,}5^0$ und im Ganzen um 90^0 nach rechts weiter gerückt. Da Fig. 12 eine halbe Umdrehung der Vektoren, also eine halbe Periode des Wechselstromes umfasst, so muss das Feld während einer ganzen Periode $2 . 90^0 = 180^0$ d. i. den halben Ankerumfang zurücklegen, also umgekehrt für eine Durchwanderung des ganzen Umfanges zwei Perioden des Wechselfeldes verbrauchen.

Charakteristisch ist allgemein für die Geschwindigkeit der Drehung, dass während einer halben Periode das Gesammtfeld von einem Pole eines der beiden feststehenden Wechselfelder bis zum Nachbarpole hinübergeht, wie folgende Betrachtung zeigt: Feld I kehrt während der halben Periode, die zwischen Fig. $12\,A$ und $12\,E$ liegt, sein Zeichen um; an die Stelle, wo früher ein Nordpol war, tritt ein Südpol und umgekehrt. Da nun Feld I bei A und E gleichzeitig auch das Gesammtfeld bildet, so ist dies gleichbedeutend damit, dass jeder Pol des Gesammtfeldes um eine halbe Theilung weiter wandert. Diese Schlussfolgerung ist, wie man leicht erkennt, unabhängig von der Zahl der vorhandenen Pole, denn letztere beeinflusst nur die Zahl der Sinuswellen, welche nebeneinander zu zeichnen sind, nicht aber die nur von der sekundlichen Periodenzahl

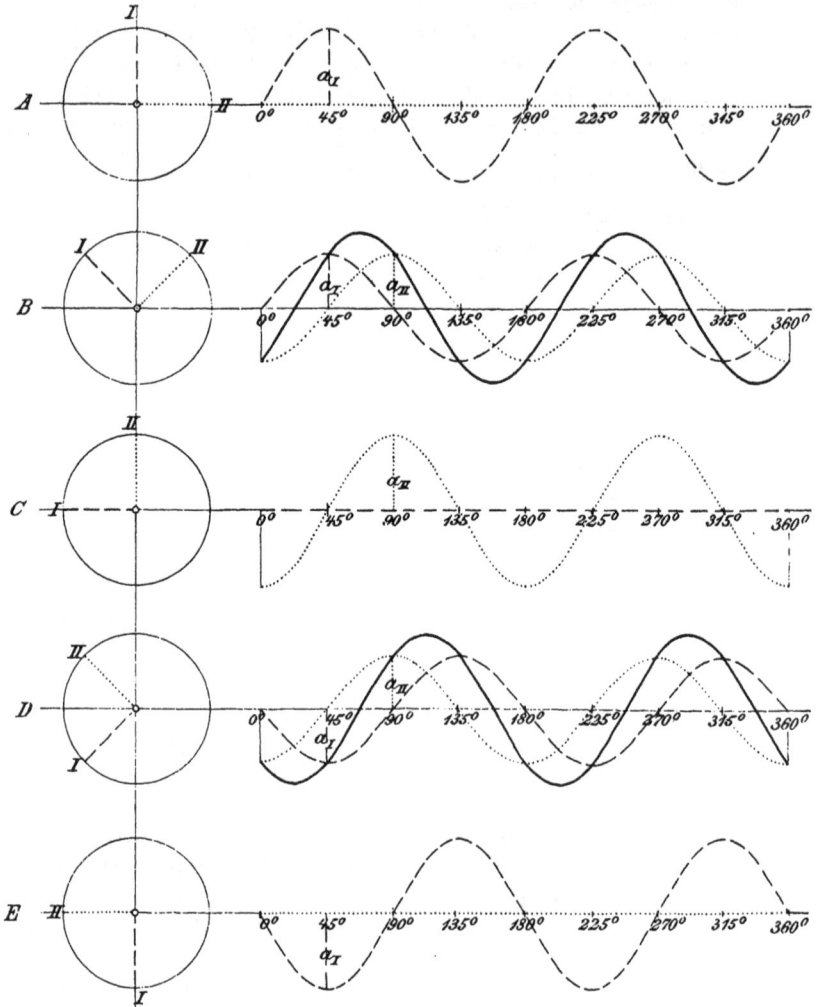

Fig. 12.

der Wechselfelder abhängige Rotationsgeschwindigkeit der Vektoren. Wenn aber während einer halben Periode des Wechselfeldes vom

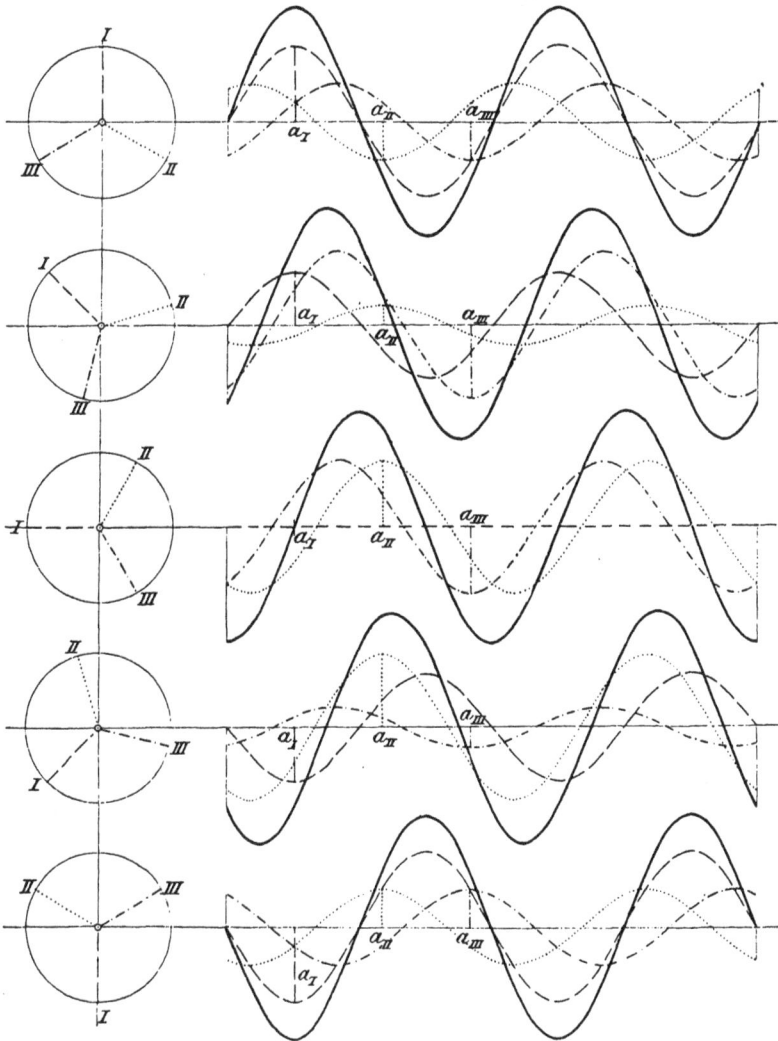

Fig. 13.

Gesammtfelde eine halbe Theilung zurückgelegt wird, so ergiebt sich

für eine volle Periode eine ganze Theilung $\tau = \dfrac{360^{0}}{p}$.   Bei einem

3*

Motor von p Polpaaren führt also das Drehfeld während einer Periode der Wechselfelder immer den p. Theil einer Umdrehung aus.

Die vorangehenden Ergebnisse findet man auch unter Benutzung der mathematischen Ausdrücke für die beiden Felder (Gl. 8 und 9):

$$\mathfrak{B}^{I}_{a,\,t} = \mathfrak{B}_{max} \sin p\,\alpha \cos \omega\,t \text{ und}$$

$$\mathfrak{B}^{II}_{a,\,t} = \mathfrak{B}_{max} \sin (p\,\alpha - 90^0) \cos (\omega\,t - 90^0) = - \mathfrak{B}_{max} \cos p\,\alpha \sin \omega\,t$$

Addirt man diese beide Ausdrücke, so erhält man für das Gesammtfeld

$$\mathfrak{B}_{a,\,t} = \mathfrak{B}^{I}_{a,\,t} + \mathfrak{B}^{II}_{a,\,t} = \mathfrak{B}_{max} (\sin p\,\alpha \cos \omega\,t - \cos p\,\alpha \sin \omega\,t)$$

$$= \mathfrak{B}_{max} \sin (p\,\alpha - \omega\,t)$$

Diese Gleichung stellt in der That ein Drehfeld mit allen bisher betrachteten Eigenschaften dar, wie die folgende Discussion ergiebt.

Denkt man sich t konstant, d. h. betrachtet man für irgend einen Zeitpunkt $\mathfrak{B}_{a,\,t}$ als Funktion von α allein, so sieht man, dass $\mathfrak{B}_{a,\,t}$ sich mit α sinusartig verändert, dass also in jedem Augenblick die Vertheilung des resultirenden Magnetfeldes um den Anker sinusartig ist. Denkt man sich dann umgekehrt α konstant und t veränderlich, d. h. betrachtet man an irgend einer Stelle des Ankers die Veränderung der radialen magnetischen Kraft mit der Zeit, so findet man auch diese Veränderung sinusartig. Wie gross man dabei auch α wählt, d. h. welche Stelle man auch betrachtet, der Maximalwerth der Feldstärke ist immer $\mathfrak{B}_{max}$; die Zeiten t, zu welchen die Maximalwerthe erreicht werden, sind aber verschieden, denn zu jedem Werthe α gehört ein bestimmter Werth von t, für welchen

$$\sin (p\,\alpha - \omega\,t) = 1 \quad \ldots \ldots \ldots \quad (10)$$

ist.

Das Studium des Zusammenhanges zwischen α und t für diesen Maximalwerth ist besonders interessant. Aus der obigen Bedingung (Gl. 10) ergiebt sich

$$p\,\alpha - \omega\,t = \frac{\pi}{2}$$

oder

$$p\,\alpha = \frac{\pi}{2} + \omega\,t$$

d. h. für $t = 0$ ist $p\,\alpha = \frac{\pi}{2}$, und von diesem Zeitpunkte ausgehend nimmt α proportional der Zeit t zu, der Maximalwerth des resul-

tirenden Feldes dreht sich also mit konstanter Winkelgeschwindigkeit im Sinne der Zählrichtung von α, in Fig. 12 von links nach
rechts, herum. Da nun, wie oben festgestellt wurde, das ganze Feld
in jedem Augenblicke sinusartig vertheilt ist, so muss mit den
Maximalwerthen auch das ganze Feld mit gleichförmiger Geschwindigkeit von links nach rechts rotiren.

Auch über die Winkelgeschwindigkeit der Rotation giebt die
obige Bedingungsgleichung Auskunft. Setzt man nämlich $\alpha = \alpha'$ für
den Zeitpunkt $t = t'$ und entsprechend $\alpha = \alpha''$ für $t = t''$, so wird
durch Subtraktion

$$p\,(\alpha' - \alpha'') = \omega\,(t' - t'').$$

Wenn zwischen t' und t'' die Dauer T einer Periode des Wechselfeldes liegt, so wird $t' - t'' = T$. Setzt man den während dieser
Zeit zurückgelegten Winkel $\alpha' - \alpha'' = \beta$, so wird also

$$p\,\beta = \omega\,T.$$

Bedenkt man, dass nach Gl. 3 $\omega = 2\,\pi\,\nu$, wo ν die sekundliche
Periodenzahl, also der reciproke Werth der Dauer T einer Periode
in Sekunden ist, so findet man

$$\omega\,T = 2\,\pi\,\nu\,T = 2\,\pi,$$

und daher

$$p\,\beta = 2\,\pi$$

oder

$$\beta = \frac{2\,\pi}{p}$$

d. h. bei p Polpaaren legt das Drehfeld während einer Periode der
Wechselfelder den p. Theil einer Umdrehung zurück, wie auch früher
gefunden wurde. Die sekundliche Tourenzahl des Drehfeldes ist
also bei ν Perioden pro Sekunde

$$v = \frac{\nu}{p}.$$

Zur grösseren Uebersicht möge das Gesammtergebniss der betrachteten Kombination von Wechselfeldern noch einmal zusammengefasst werden: Zwei feststehende Wechselfelder von gleicher Stärke,
sinusartiger räumlicher Vertheilung und zeitlicher Veränderung[1]), welche

---

[1]) Die zeitliche Veränderung, welche oben als cosinusartig ange-
setzt wurde, kann natürlich ebensogut sinusartig genannt werden. Aus

räumlich um den vierten Theil der Theilung und zeitlich um den
vierten Theil einer Periode gegen einander verschoben sind, bilden
zusammen ein Drehfeld von sinusartiger Vertheilung und konstanter
Stärke und zwar von der Stärke der beiden Wechselfelder im Augenblicke ihres Höchstwerthes. Dieses Drehfeld rotirt mit konstanter
Geschwindigkeit und legt während einer Periode der Wechselfelder
bei p Polpaaren den p. Theil einer Umdrehung zurück.

Die zweite Methode der Herstellung von Drehfeldern: die Vereinigung dreier Wechselfelder mit Verschiebungen von je einer
Dritteltheilung und einer Drittelperiode lässt sich leicht aus der
früher besprochenen Fig. 11 ableiten, in welcher die eine der beiden
Bedingungen, nämlich die Verschiebung um je eine Dritteltheilung
schon erfüllt ist. Die in dieser Figur gezeichneten drei Kurven
stellen die Höchstwerthe dreier Wechselfelder dar und gehorchen
den Gleichungen

$$\mathfrak{B}_a{}^{I} = a \sin p \, \alpha$$

$$\mathfrak{B}_a{}^{II} = a \sin (p \, \alpha - 120^{\circ})$$

$$\mathfrak{B}_a{}^{III} = a \sin (p \, \alpha - 240^{\circ}).$$

Dass diese Höchstwerthe nicht gleichzeitig, sondern um je eine
Drittelperiode in der Phase verschoben auftreten sollen, kann ähnlich wie in Fig. 12 zum Ausdruck gebracht werden durch drei
rotirende Vektoren, welche Winkel von 120° mit einander einschliessen. Diese sind in Fig. 13 links nach einander in 5 Stellungen
dargestellt und entsprechend Fig. 11 numerirt und durch Strichelung,
Punktirung und Strichpunktirung charakterisirt. Die Vertikalprojektionen dieser Vektoren geben in Analogie mit Fig. 12 die Grösse
und Richtung der ersten Amplituden a_I, a_{II} und a_{III} der drei
Wechselfelder an. Die Werthe a_I sowohl wie die Werthe a_{II} und
die Werthe a_{III} liegen in allen 5 Figuren unter einander und zwar
an denselben Stellen des abgewickelten Umfanges wie die ersten
Amplituden I, II, III in Fig. 11, die dort besonders bezeichnet sind.

$\cos \omega \, t = \sin \left(\omega \, t + \dfrac{\pi}{2} \right)$ ergiebt sich, wenn man $\omega \, t + \dfrac{\pi}{2} = \omega \, t'$ setzt,
$\cos \omega \, t = \sin \omega \, t'$. Man kann also den Cosinus einfach durch den Sinus
ersetzen, wenn man den Anfangspunkt für die Zählung der Zeit um eine
Viertelperiode zurücklegt.

Schliesst man an a_I, a_{II} und a_{III} als Amplituden die entsprechenden Sinuskurven an, so erhält man die in Fig. 13 gezeichneten drei Kurvensysteme und schliesslich die stark gezeichnete Kurve als die Summirungskurve oder die Kurve des resultirenden Magnetfeldes. Wie man sieht, ist dieses Feld ebenfalls ein konstantes, mit gleichförmiger Geschwindigkeit rotirendes Drehfeld. Auch rechnerisch lässt sich dies leicht nachweisen, wenn man in die obigen Gleichungen der drei Felder der Fig. 11 die Bedingung der zeitlichen Phasenverschiebungen der Amplituden a einführt. Diese Bedingungen lauten offenbar der Drehung der drei Vektoren entsprechend:

$$a_I = \mathfrak{B}_{max} \cos \omega t \quad \ldots \ldots \ldots (11\,a)$$

$$a_{II} = \mathfrak{B}_{max} \cos (\omega t - 120^0) \quad \ldots \ldots (11\,b)$$

$$a_{III} = \mathfrak{B}_{max} \cos (\omega t - 240^0) \quad \ldots \ldots (11\,c)$$

Man erhält dadurch für die drei Wechselfelder die Ausdrücke

$$\mathfrak{B}_{a,\,t}^{I} = \mathfrak{B}_{max} \sin p\,\alpha \cdot \cos \omega t \quad \ldots \ldots \ldots (12\,a)$$

$$\mathfrak{B}_{a,\,t}^{II} = \mathfrak{B}_{max} \sin (p\,\alpha - 120^0) \cos (\omega t - 120^0). \quad (12\,b)$$

$$\mathfrak{B}_{a,\,t}^{III} = \mathfrak{B}_{max} \sin (p\,\alpha - 240^0) \cos (\omega t - 240^0). \quad (12\,c)$$

und als Gesammtfeld schliesslich durch Summation nach Auflösung der Sinus- und Cosinusglieder

$$\mathfrak{B}_{a,\,t} = \mathfrak{B}_{a,\,t}^{I} + \mathfrak{B}_{a,\,t}^{II} + \mathfrak{B}_{a,\,t}^{III} = {}^3/_2\,\mathfrak{B}_{max} \sin (p\,\alpha - \omega t) \quad (13)$$

Bei Dreiphasen- oder Drehstrom-Motoren ist also das Drehfeld $^3/_2$ mal so stark wie die Höchstwerthe der drei Wechselfelder, aus denen es zusammengesetzt ist. Für die Geschwindigkeit gilt aber genau dasselbe, was oben für den Zweiphasen-Motor abgeleitet wurde.

Es ist interessant und praktisch werthvoll, diese Rotation noch nach einer anderen Richtung hin zu verfolgen. Setzt man nacheinander $\omega t = 0$, 120^0, $240^0 \ldots$, d. h. betrachtet man nach einander die Zeitpunkte, wo die Vektoren I, II, III vertikal nach oben stehen, die entsprechenden Felder also ihre Höchstwerthe haben, so gelten nach Gl. 13 zu diesen Zeitpunkten für das dazu gehörige Gesammtfeld die Gleichungen

$$\mathfrak{B}_{a,\,t} = {}^3/_2\,\mathfrak{B}_{max} \sin p\,\alpha$$

$$\mathfrak{B}_{a,\,t} = {}^3/_2\,\mathfrak{B}_{max} \sin (p\,\alpha - 120^0)$$

$$\mathfrak{B}_{a,\,t} = {}^3/_2\,\mathfrak{B}_{max} \sin (p\,\alpha - 240^0)$$

Zu ganz entsprechenden Ergebnissen kommt man, wenn man die
Bedingung $\omega\, t = 0^0$, 120^0, 240^0 nach einander in die Gl. 12 für die
drei Einzelfelder einsetzt. Die dadurch erhaltenen drei Ausdrücke
unterscheiden sich von den obigen Gleichungen nur insofern als
statt $^3/_2\,\mathfrak{B}_{max}$ einfach $\mathfrak{B}_{max}$ als Faktor neben den Sinusgliedern steht;
die Sinusglieder selbst aber sind bei den einander entsprechenden
Ausdrücken die gleichen. Zur Zeit, wo eines der Wechselfelder den
Höchstwerth hat, ist also die Gleichung für die Vertheilungskurve
des Gesammtfeldes genau dieselbe wie diejenige dieses Einzelfeldes
und unterscheidet sich nur dadurch, dass alle Ordinaten des Gesammtfeldes den $1^1/_2$ fachen Werth haben. Das Drehfeld liegt daher
bei der Rotation immer über demjenigen Wechselfelde, welches gerade
den Höchstwerth erreicht hat und hat die anderthalbfache Stärke
wie dieses. Wenn also die Höchstwerthe, entsprechend der Rotation
des Vektorkreuzes, nach einander bei Feld *I*, *II*, *III* auftreten, so
liegt das Drehfeld ebenfalls nach einander auf *I*, *II* und *III*. Folgen
sich die Höchstwerthe in einem anderen Falle z. B. in der Reihe
I, *III*, *II*, so wandert das Feld auch in diesem Sinne. Die letztere
Bewegungsrichtung ist die umgekehrte, wie die zuerst genannte,
denn sie kommt im geschlossenen Kranze der Wechselfelder hinaus
auf den Drehungssinn von *III* nach *II* nach *I*, wie folgendes Schema
zeigt:

$$\textit{I}\quad\overbrace{\textit{III}\quad\textit{II}}\quad\textit{I}\quad\overbrace{\textit{III}\quad\textit{II}}\quad\textit{I}\quad\textit{III}\quad\textit{II}$$

Der Uebergang von der Reihenfolge *I*, *II*, *III* der Höchstwerthe in *I*, *III*, *II* bei der Rotation des Vektorkreuzes bedeutet
nichts Anderes als dass dem Felde *II* ohne eine Veränderung seiner
Lage die Phase des Feldes *III* gegeben wird und umgekehrt. Wird
jedes der 3 Felder durch ein von einem besonderen Wechselstrome
durchflossenes Spulensystem erzeugt, so kann die geschilderte Umkehr leicht dadurch erreicht werden, dass man zwei von den zugeführten Wechselströmen mit einander vertauscht, indem man die
Ausschlussleitungen umschaltet. Da der Anker mit dem rotirenden
Felde zugleich seine Drehrichtung wendet, so bildet dieses Verfahren
eine sehr einfache Methode der Umsteuerung.

III. Wickelungen zur Herstellung der Wechselfelder.

Nachdem im vorangehenden Abschnitte gezeigt worden ist, dass sich Drehfelder durch die Vereinigung von Wechselfeldern herstellen lassen, wenn die letzteren bestimmte Bedingungen über gegenseitige Lage und zeitliche Phasenverschiebung erfüllen, entsteht die Frage, mit welchen Mitteln man solche Wechselfelder praktisch erzeugen kann. Entsprechend den beiden Anforderungen, die zu erfüllen sind, zerfällt die Aufgabe in zwei Theile: für die Herstellung der richtigen gegenseitigen Lage der Felder ist die Konstruktion geeigneter Magnetgestelle nöthig und zur Erzeugung richtiger Phasenverschiebungen müssen die Magnetgestelle von Wechselströmen magnetisirt werden, welche selbst die gewünschten Phasenverschiebungen haben und ihrerseits zweckentsprechend erzeugt werden müssen. Demnach zerfallen die folgenden Betrachtungen von selbst in die beiden Abschnitte: 1. die Magnetformen und ihre Bewickelung und 2. die Erzeugung der sie erregenden Wechselströme.

Die Magnetformen und ihre Bewickelung.

Zur Herstellung eines einfachen Wechselfeldes mit annähernd sinusartiger Vertheilung der magnetischen Kräfte könnte man das Magnetgestell eines gewöhnlichen Gleichstrommotors von entsprechender Polzahl benutzen, wie oben an der Hand von Fig. 4 und 5 bereits besprochen worden ist. Solche Magnetformen sind aber für Zwei- und Dreiphasen-Motoren nicht geeignet. Sollte das in Fig. 4 dargestellte Gestell z. B. für einen Zweiphasen-Motor umkonstruirt werden, so müssten zu den vier vorhandenen und das eine Wechselfeld erzeugenden Polen noch vier neue Magnetpole hinzugefügt

werden, welche das um eine Vierteltheilung verschobene Feld herzustellen und deshalb gerade zwischen den anderen Polen zu liegen
hätten. Für diese neuen Pole wäre aber an dem Gestell, wie es in
der Figur gezeichnet ist, kein Platz mehr. Man müsste also hinter
dem ersten noch ein selbstständiges zweites Gestell mit der geschilderten Lage der Pole aufbauen und den Anker doppelt so lang
machen wie früher, damit er sich gleichzeitig im Felde beider Magnete befände, oder man müsste die vorhandenen Pole schmaler
machen, um für die zwischen ihnen anzubringenden Platz zu schaffen.
Die erste der genannten Konstruktionen wäre sehr schwerfällig und
theuer, und bei der zweiten änderte man mit der Breite der
Pole auch die Vertheilung der magnetischen Kräfte um den Anker,
so dass kein reines Drehfeld mehr zu erwarten wäre. Noch schlim-
mer würden diese Mängel bei einem Dreiphasen-Motor, wo noch
zwei mal vier Pole unterzubringen wären.

Die heute verwendeten Magnetgestelle der Zweiphasen- und
Drehstrom-Motoren bestehen aus einfachen Eisenringen, welche gar
keine Polansätze tragen und mit zwei oder drei Wickelungen zur
Herstellung der entsprechenden Zahl von Wechselfeldern versehen
sind. Im Folgenden sollen nur die Drehstrom-Motoren besprochen
werden, da diese Motorgattung für Deutschland bei Weitem die
grössere Bedeutung erlangt hat. Die Wickelungsgesetze für den
Zweiphasen-Motor ergeben sich daraus ganz von selbst.

Fig. 14 zeigt das Magnetgehäuse eines Drehstrom-Motors mit
einer der drei Wickelungen und innerhalb desselben einen zunächst
noch unbewickelten Anker. Auf dem Ringgehäuse sehen wir rechts
und links je eine Spule, welche den 6. Theil des Ringumfanges einnimmt. Beide Spulen sind hintereinander geschaltet und werden,
von oben gesehen, im Sinne des Uhrzeigers vom Strome durchflossen. Im Innern dieser Spulen entstehen also Kraftlinien, welche,
von der magnetomotorischen Kraft der Spulen getrieben, in beiden
Ringhälften von oben nach unten verlaufen und durch den Anker
zurückkehren, da jede Linie in sich geschlossen sein muss (G. S. 20,
21). Im Anker entsteht dadurch ein Feld von unten nach oben
verlaufender, überall annähernd paralleler und gleich dicht neben
einander liegender Kraftlinien. Ein solches Feld pflegt man als ein
homogenes zu bezeichnen.

Denselben Verlauf der Kraftlinien bekommt man auch, wenn
man, wie in Fig. 15, nur am inneren Rande des Ringes, in Löchern

gebettet, Drähte anbringt und diese in der dort gezeichneten Weise
mit einander verbindet. Dort bilden diese Drähte zusammen eine
Spule, deren Achse mit der vertikalen Mittellinie der Figur zusammenfällt und deren Windungen von unten gesehen, von einem Strome
im Sinne des Uhrzeigers durchflossen werden[1]). Im Innern der
Spule, d. h. durch den Anker hindurch, strömen also die Kraftlinien
wieder, wie in Fig. 14, von unten nach oben und theilen sich dann,
oben angekommen, in zwei Bündel, rechts und links ihre Wege
durch das Eisen schliessend. In Fig. 15 ist der geschilderte Kraft-
linienverlauf, da er genau derselbe ist wie in Fig. 14, nicht mehr

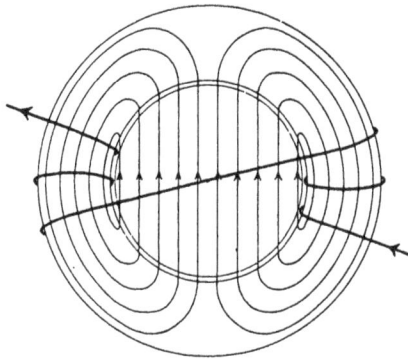

Fig. 14.

eingezeichnet. Die in Fig. 15 gezeichnete gestrichelte Kurve stellt
die Vertheilung der radialen Kraftkomponenten dar; es soll nun
festgestellt werden, welchem mathematischen Gesetze diese gehorcht.

Für die Lösung der allgemeinen Aufgabe, die radialen Komponenten eines homogenen Magnetfeldes zu bestimmen, ist festzuhalten, dass gleiche Dichte der Kraftlinien an jeder Stelle auch gleiche
Stärke der magnetischen Kraft in Dynen bedeutet, welche am betrachteten Orte auf einen Einheitspol ausgeübt würde. Längs der ganzen
Peripherie des Ankers herrschen also in Fig. 14 und 15 parallele, vertikal von unten nach oben gehende, überall gleich grosse Kräfte, welche

---

[1]) Nach der allgemeinen Konvention, der auch im Buche über Gleichstrom-Motoren gefolgt ist, sind Ströme, welche in die Papierebene hinein-
fliessen, durch Kreuze, die umgekehrten durch Punkte im Leiterquerschnitt
bezeichnet.

wir mit $\mathfrak{B}$ bezeichnen wollen. In Fig. 16 ist ein Punkt des Ankerumfanges dargestellt, welcher am Ende eines gegen die Horizontale
um α geneigten Radius liegt. Zerlegt man an dieser Stelle $\mathfrak{B}$ in
der gezeichneten Weise in eine tangentiale und eine radiale Komponente, so erkennt man leicht, dass die radiale die Grösse hat
$\mathfrak{B}_a = \mathfrak{B} \sin \alpha$. In der Horizontalen (bei $\alpha = 0$) ist nach dieser
Gleichung $\mathfrak{B}_a = 0$, wie es der Fall sein muss, da die allein vorhandene vertikale Kraft des homogenen Feldes hier rein tangential
ist. In der Vertikalen ($\alpha = 90^0$) hat $\mathfrak{B}_a$ den Maximalwerth, da die

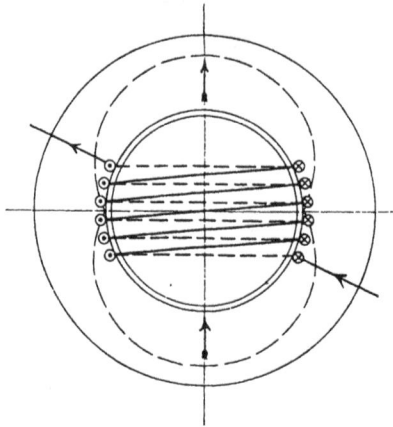

Fig. 15.

vorhandene Kraft rein radial ist. In allen Zwischenpunkten endlich vertheilen sich die radialen magnetischen Kräfte sinusartig, wie
es für die Einzelfelder des Drehstrom-Motors gewünscht wurde. Die
für $\mathfrak{B}_a$ gefundene Gleichung fällt mit den früher angesetzten zusammen, wenn wir $\mathfrak{B}$ durch $\mathfrak{B}_{max}$ ersetzen. In Fig. 15 giebt die
gestrichelte Kurve, welche die Kraftvertheilung nach dieser Gleichung
darstellt, im Zusammenhang mit den dazu gezeichneten Windungen
ein typisches Bild von einer einfachen Gehäusewicklung und dem
Felde, das sie erzeugt. Es ist festzuhalten, dass die Maximalwerthe
oder Amplituden immer auf der Spulenachse liegen müssen und dass
in der Mitte jeder Spulenseite Nullwerthe der Kraft bestehen. Die
Kraftrichtung soll fortan, wie in Fig. 15, immer durch Pfeile in der
Spulenachse dargestellt werden. Wir bezeichnen die Wickelungs-
art der Fig. 14 von jetzt ab als Ringwickelung, die der Fig. 15 als

Trommelwickelung entsprechend der Benennungsweise bei Gleich-
strom-Ankern.

Nach der nun vollendeten Herstellung des einen Wechselfeldes
kann auch die Erzeugung der anderen in Angriff genommen werden.
Da auf die Phasenverschiebung zunächst noch nicht eingegangen
werden soll, so ist Fig. 11, welche nur die räumliche Vertheilung
der 3 Wechselfelder ohne Berücksichtigung der Phasenverschiebung
darstellt, für die Anordnung der weiteren Wickelungen maassgebend.
Um die beiden noch fehlenden Felder zu erzeugen, zeichnen wir
die Vertheilung der radialen magnetischen Kraftkomponenten, welche
in Fig. 11 in der Abwickelung dargestellt ist, noch einmal rings um
den Anker radial auf und zwar derart, dass wir die Fig. 11 nur zur

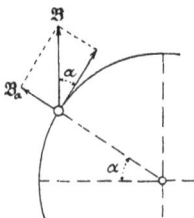

Fig. 16.

Hälfte von c bis c also über eine Theilung hinweg verwenden, da
zunächst nur ein zweipoliger Motor betrachtet werden soll. In
Fig. 17 ist diese Zeichnung ausgeführt; die 3 Felder sind wieder
durch Strichelung, Punktirung und Strichpunktirung auseinander-
gehalten; die Feldabtheilungen mit positiven Ordinaten in Fig. 11
sind mit Pfeilen versehen, welche von der Ankerachse nach aussen
gehen, die negativen Felder endlich tragen entgegengesetzte Pfeile.
Zur Verdeutlichung der Uebereinstimmung beider Figuren sind ferner
den positiven Amplituden der 3 Felder auch in Fig. 17 die Bezeichnungen I, II, III hinzugefügt. Zwischen I und II sehen wir
den negativen Maximalwerth des Feldes III, zwischen II und III
den von I, und zwischen III und I schliesslich den von II, genau
so wie in Fig. 11. Fig. 11 bildet also in der That die Abwickelung
der Fig. 17, wenn letztere im Punkte c aufgeschnitten wird. Fig. 17
stellt demnach die Vertheilung der Felder richtig dar, für welche
die Wickelung einzurichten ist.

Um die Wickelungen der drei Felder zu entwerfen, braucht nur
bedacht zu werden, dass für jede von ihnen genau dieselben Gesetze

gelten, welche vorhin in Fig. 15 zum Ausdruck gebracht worden
sind. Man braucht also diese Figur nur abzuheben und nach einander so auf Fig. 17 zu legen, dass ihre Feldkurve mit den Feldkurven *I*, *II* und *III* nach Lage und Pfeilrichtung zusammenfällt.
Die Lage der Drähte und die Stromrichtung ist dadurch für jedes
der Felder ohne Weiteres bestimmt, und kann in Fig. 17 in der
That als so entstanden gedacht werden. Darnach gehören in Fig. 17
zu Feld *I* die vor den horizontalen Kreissektoren liegenden Win-

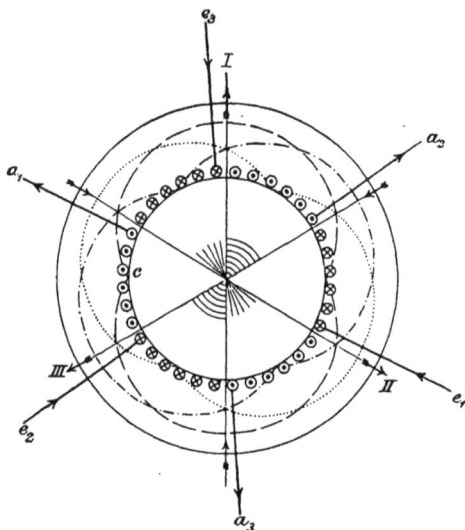

Fig. 17.

dungen, zu Feld *II* diejenigen, deren Sektoren in der Nähe des
Mittelpunktes durch kleinere Kreisbögen charakterisirt und zu Feld *III*
schliesslich diejenigen, deren Sektoren innen mit kurzen radialen
Strahlen versehen sind. Dieses Ergebniss ist korrekt, denn die
Richtung der Maximalwerthe aller 3 Felder fällt mit den Achsen der
zu ihnen gehörigen Spulen zusammen, und der Beschauer, der in
einer der Pfeilrichtungen blickt, sieht immer die Ströme im Sinne
des Uhrzeigers fliessen. Die Verbindung der einzelnen Drähte einer
Spule untereinander ist in Fig. 17 nicht mehr eingetragen. Nur die
Stromzuführungen und -Ableitungen sind angedeutet und dabei
die Eintrittsstellen mit *e* und die Austrittstellen mit *a* bezeichnet.

Aus der Wickelung eines 2-poligen Motors ergiebt sich die eines 4-poligen einfach dadurch, dass man die 2-polige Wickelung nur über die Hälfte des Umfanges ausdehnt, sie auf der anderen Hälfte einfach wiederholt und beide entsprechend hintereinander-schaltet. So stellt Fig. 18 eine Wickelung dar, welche ein vier-poliges Feld erzeugt und aus der zweipoligen Wickelung der Fig. 15 in der geschilderten Weise hervorgegangen ist. Während Fig. 15 nur zwei Spulenseiten mit je 6 Drähten enthält, hat Fig. 18 deren vier mit je 3 Drähten, in beiden Fällen abwechselnd von Strömen durchflossen, die aus der Papierebene aus- oder eintreten. Jede

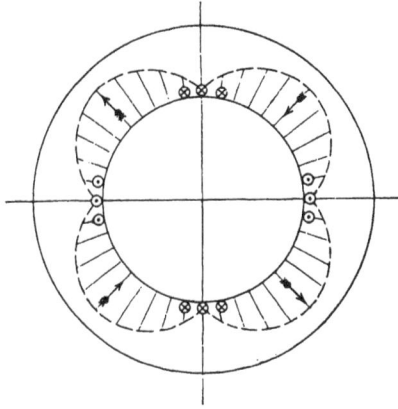

Fig. 18.

Spulenseite kann man mit der benachbarten wieder bei entsprechen-der Verbindung der Drähte zu einer Spule vereinigt denken, welche ein sinusartiges Feld erzeugt, dessen Maximalwerth in der Achse der Spule, dessen Nullwerth in der Mitte der Spulenseite liegt, und dessen Kraftlinien in der Richtung verlaufen, in welcher ein Be-schauer blickt, der den Strom im Sinne des Uhrzeigers fliessen sieht. Diese Felder sind in die Figur eingetragen; die Richtungen sind wieder durch Pfeile gekennzeichnet.

Es mag hier kurz darauf hingewiesen werden, dass man die Bildung der Felder in Fig. 18 auch in derselben Weise ableiten kann wie die Bildung der Ankerfelder bei einem 4-poligen Gleich-strom-Motor (G. S. 112—114), denn die vorliegende Gehäusewicke-lung stimmt mit der eines Gleichstrom-Ankers für gleiche Polzahl überein bis auf den Unterschied, dass hier nur der dritte Theil des Gehäuseumfanges bewickelt, beim Gleichstrom-Anker dagegen der ganze Umfang mit Windungen versehen ist. Dehnte man bei der Wickelung des vorliegenden Gehäuses jede Spulenseite auf ein Viertel des Kreisumfanges aus, so ergäbe sich eine Wickelung, genau wie sie in G. S. 114 Fig. 45 dargestellt ist. Auf Grund der Thatsache, dass jeder achsiale Leiter mit kreisförmigem Querschnitt auch kreisförmige Kraftlinien erzeugt, die mit dem Drahtquerschnitte koncentrisch verlaufen, und zwar im Sinne des Uhrzeigers, wenn der Strom in die Papierebene einfliesst und umgekehrt, ist an der citirten Stelle eine Vertheilungskurve für die magnetischen Kräfte des Ankers abgeleitet worden, welche ebenfalls in der Mitte jeder Spulenseite Nullwerthe und in der Mitte zwischen je zwei Nullwerthen Maximalwerthe hat. Wenn auch nicht in den Einzelheiten der Form, so stimmen also beide Vertheilungskurven doch wenigstens dem Charakter nach überein. Im vorliegenden Falle des Drehstrom-Motorgehäuses kann man die Vertheilungskurve der magnetischen Kraft mit genügender Genauigkeit als sinusartig annehmen.

Neben der Vertheilung der radialen Komponenten interessirt auch bei dem mehrpoligen Motor der Verlauf der Kraftlinien. Nach der oben erwähnten im Buche über Gleichstrom-Motoren gewählten Darstellungsweise werden sich die kreisförmigen Kraftlinien jedes Drahtes mit denen der übrigen Drähte jeder Spulenseite zu einem Bündel vereinigen, welches die Spulenseite entweder im Sinne des Uhrzeigers oder im entgegengesetzten Sinne umströmt, je nachdem der Strom in die Papierebene ein- oder austritt. Diese Bündel sind in Fig. 19 durch je eine Linie schematisch angedeutet. Der vierpolige Drehstrom-Motor besitzt also in voller Analogie mit dem Magnetgestell (Fig. 4) eines Gleichstrom-Motors gleicher Polzahl vier magnetische Kreise.

Dieser Verlauf der Kraftlinien lässt sich auch ableiten, wenn man sich in Fig. 19 je zwei benachbarte Spulenseiten analog Fig. 15 durch verbindende Drähte zu einer Spule vereinigt denkt. Greift man eine dieser Spulen, z. B. ab heraus und betrachtet man sie von oben aus, so dass man den Strom im Sinne des Uhrzeigers fliessen sieht, so entsteht im Innern der Spule ein Kraftlinienbündel, dessen Linien von oben nach unten verlaufen und sich ähnlich wie in Fig. 14 beim Eintritt in das Magnetgehäuse in zwei Bündel theilen, von

hier in den Anker zurückströmen und sich dort wieder zu einem
Bündel vereinigen.

In Wirklichkeit wird die Verbindung der achsialen Gehäusedrähte unter einander nicht so ausgeführt, wie in Fig. 15 schematisch
angedeutet ist, da der Innenraum des Gehäuses für das Einsetzen
und Herausnehmen des Ankers freibleiben muss. Man legt die verbindenden Leiter nicht direkt von einem achsialen Draht zum anderen hinüber, sondern führt sie am Umfange des Gehäuses entlang,
wie in Fig. 20 dargestellt ist. Um den Widerstand der Wickelung

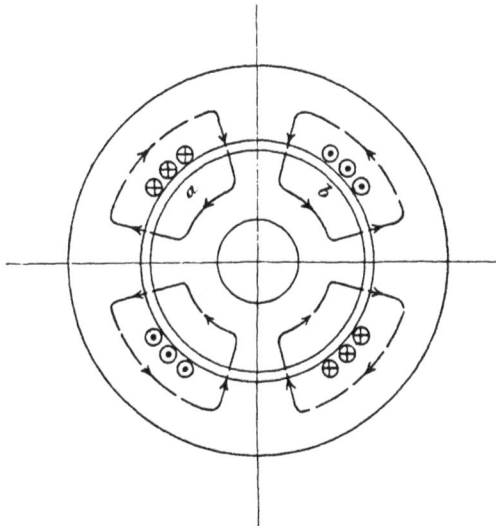

Fig. 19.

möglichst zu verringern, giebt man diesen Verbindungsstücken meist
beträchtliche Querschnitte, so dass sie als selbstständige Kon-
struktionstheile hergestellt werden können; als solche sind sie so
zu formen, dass sie an den Stellen, wo sie einander kreuzen, sich
nicht berühren. Bei der Ausführung der Wickelung werden die
achsialen Stäbe zunächst für sich in die Löcher des Gehäuses ge-
steckt, und die Verbindungsstücke, „Gabeln" genannt, werden dann
an den Stabenden angelöthet. Da dieses Verfahren aber nur bei
dickeren Leitungen zweckmässig ist, so werden grössere Motoren
meist mit Trommelwickelung, kleinere mit Ringwickelung versehen.
In Fig. 20 sind die Formen der Gabeln nur nach Rücksichten auf

die Einfachheit und Uebersicbtlichkeit der Zeichnung gewäblt. Die
auf der Vorderfläche des Gehäuses liegenden Gabeln sind in der
Figur ausgezogen, die hinteren gestrichelt. Bei näherer Betrachtung
sieht man leicht, dass der Strom in den achsialen Leitern in der
That den vorgeschriebenen Weg verfolgt. Er tritt von unten durch
die Zuleitung vorn in Stab 1 ein, fliesst dort nach hinten, geht
durch eine hintere Gabel nach Stab 2, fliesst dort nach vorn, durch
eine vordere Gabel nach Stab 3 u. s. w. bis er aus 12 wieder vorn
austritt.

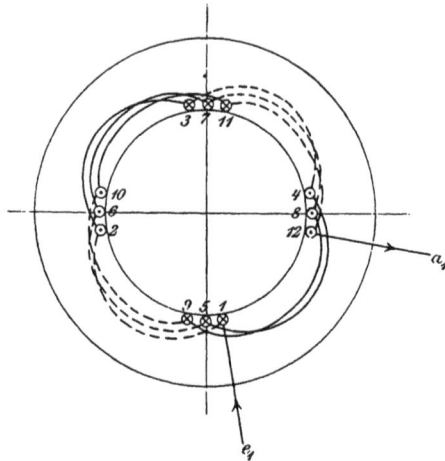

Fig. 20.

Auf der gewonnenen Grundlage macht die Herstellung der anderen beiden Felder auch bei dem vierpoligen Motor keine Schwierig-
keiten mehr. Die hierfür zu erstrebende, in Fig. 11 in der Abwickelung dargestellte Feldvertheilung ist in Fig. 21 noch einmal rund
um den Anker gezeichnet. Wie man bei näherer Betrachtung der
Kurven in äbnlicher Weise wie bei Fig. 17 erkennt, stimmen Fig. 11
und 21 in allen Einzelheiten überein; Fig. 11 erscheint als Abwickelung von Fig. 21, wenn man die letztere links bei c aufschneidet.
Da jede der 3 Wickelungen des Motors nach Fig. 18 in 4 Spulenseiten zerfallen muss, so enthält das ganze Motorgehäuse in Fig. 21
insgesammt 3.4 = 12 Spulenseiten von je 3 Drähten. Um die
Stromrichtungen in diesen Drähten zu finden, heben wir Fig. 18 im
Geiste wieder vom Papiere ab, legen sie mit ihrer Feldkurve unter

Berücksichtigung der Pfeilrichtungen nach einander auf die gestrichelte, die punktirte und die strich-punktirte Feldkurve der
Fig. 21 und tragen in jedem Drahtquerschnitt der letzteren Figur
die Stromrichtung des darauf liegenden Drahtes der Fig. 18 ein.
Auf diese Weise sind die in Fig. 21 gezeichneten Stromrichtungen
gewonnen. Die Zusammengehörigkeit der Spulenseiten und Felder
ist schliesslich wieder wie in Fig. 17 durch kleine radiale Strahlen
und durch kleine Kreisbogen in der Nähe der Achse angedeutet.
Fig. 22 giebt schliesslich ein Schaltungsschema für alle 3 Wickelungen des Motors, enthält aber zur Erhöhung der Uebersicht nur

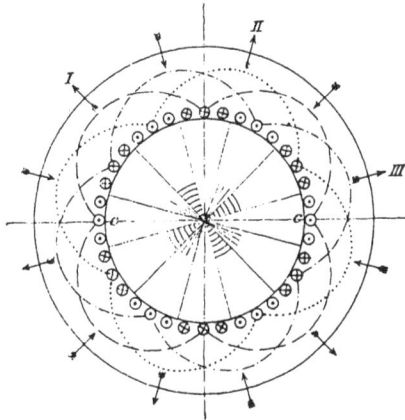

Fig. 21.

die Verbindungen der ganzen Spulenseiten, nicht aber der einzelnen
Drähte, und auch diese Verbindungen nur schematisch in geraden
Linien.

Man bezeichnet die Wechselströme in den soeben entworfenen
Wickelungen als die „primären" Ströme des Drehstrom-Motors und
die im Anker auftretenden, weil sie erst durch Induktion von Seiten
der primären Ströme oder des von diesen erzeugten Feldes entstehen, als die „sekundären". Ebenso unterscheidet man zwischen
dem primären Eisengehäuse und dem sekundären oder Ankergehäuse.
Die 3 primären Wickelungen pflegt man, weil sie Ströme von verschiedener Phase führen, selbst oft kurz als die 3 Phasen des Motors
zu bezeichnen, indem man den Ausdruck für den abstrakten Begriff
der Phase auf den konkreten Träger desjenigen Wechselstromes an-

4*

wendet, der durch diese Phase charakterisirt ist. So spricht man
z. B. von dem Auf- und Abwickeln einer Phase, von Isolationsfehlern
einer Phase etc. Wir wollen von dem Standpunkte aus, dass es
Aufgabe dieses Buches ist, eine allgemein gebräuchliche technische
Ausdrucksweise, auch wenn sie korrumpirt ist, dem Leser zu über-
mitteln, diese Bezeichnung nicht ganz umgehen und sie gelegentlich
an Stellen anwenden, wo durch den Zusammenhang ein Missver-
ständniss ausgeschlossen ist.

Im Zusammenhange mit dem Ausdrucke „Phasen" für die
soeben entworfenen Wickelungen möge aber an dieser Stelle noch

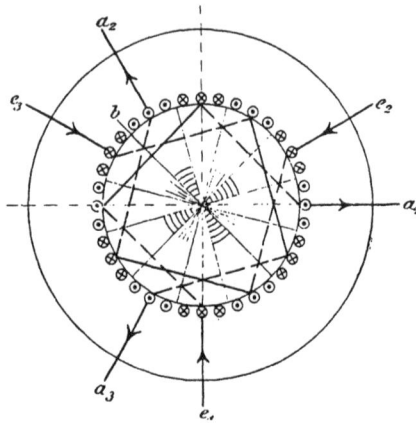

Fig. 22.

besonders darauf hingewiesen werden, dass die zeitliche Phasenverschiebung der Ströme bei dem in Fig. 17 und 22 gezeichneten
Strömungssinne überhaupt noch nicht zum Ausdruck kommt. In
Fig. 11, welche als Grundlage für den Entwurf aller Wickelungen
diente, stellen die 3 Kurven die Kraftvertheilung bei den positiven
Höchstwerthen der 3 Felder dar, welche aber in Wirklichkeit nicht
gleichzeitig auftreten. Die Stromrichtungen in den Wickelungen
sind daher ebenfalls unter der Voraussetzung gezeichnet, dass die
3 Ströme gerade ihre positiven Maximalwerthe hätten, was gleichzeitig nicht der Fall ist. Um die vorangehenden Schaltungsskizzen
auf realen Boden zu bringen, können wir annehmen, dass die Wickelungen zunächst 3 Gleichströme von den gezeichneten Richtungen
und von solcher Stärke führen, dass diese gerade die nach Fig. 11

verlangten Höchstwerthe der 3 Magnetfelder erzeugen. Um ein Drehfeld zu liefern, müssen diese Gleichströme dann durch 3 Wechselströme mit Phasenverschiebungen von je einer Drittelperiode ersetzt
werden. Die gewählte Darstellungsweise ist in der That auch die
einzig mögliche, denn der fortwährende und bei den Dreien nicht
gleichzeitig auftretende Wechsel in der Richtung der Ströme lässt
sich natürlich in einem einzigen Schaltungsschema nicht zum Ausdruck bringen. Wir behalten deshalb für alle weiteren Betrachtungen der Motorschaltungen im nächsten Abschnitte auch diese
einfache Darstellungsweise bei.

Trotzdem ist es von Interesse, die wirklich auftretenden Wechsel
der Stromrichtung und die sich daraus ergebenden Aenderungen der
Stromvertheilung wenigstens ein Mal zu verfolgen. Zu diesem
Zwecke ist in Fig. 23 ganz oben die Stromvertheilung der Fig. 22,
von *b* aus abgewickelt noch einmal gezeichnet. Den Spulenseiten
sind die Nummern der Wickelungen hinzugefügt, denen sie angehören, entsprechend der Numerirung in Fig. 22 und den kleinen
radialen Strahlen und Kreisbogen, in der Nähe der Achse, welche
in dieser Figur die 3 Wickelungen charakterisiren. Um von dieser,
den positiven Höchstwerthen der 3 Felder entsprechenden Stromvertheilung auf die wahre zu kommen, zeichnen wir das Vektoren-
kreuz wieder in verschiedenen Stellungen untereinander und kehren
die Stromrichtung in denjenigen Spulenseiten um, bei denen die
Vektorstellungen negative Felder bedeuten, d. h. dort, wo die Vertikalprojektionen nach unten gehen. Diese Umkehr ist also zu voll-
ziehen bei Stellung *A* für die Felder und daher auch für die Spulenseiten *II* und *III*, bei *B*, *C*, *D* für *III* und bei *E* für *I* und *III*.
Nullwerthe sind vorhanden bei *B* für *II* und bei *D* für *I*, weil
die Vektoren horizontal liegen. Die sich daraus ergebende wahre
Vertheilung der Stromrichtungen ist in den einzelnen Leiterquerschnitten jeweilen neben dem Vektorkreuz dargestellt.

Auch die Stärke der Ströme lässt sich zu den verschiedenen
Zeiten leicht aus der Figur entnehmen. Da die Felder bei den in
der Wechselstromtechnik verwendeten geringen Magnetisirungen des
Eisens den Stromstärken proportional sind, von denen sie hervorgebracht werden, so geben die Vertikalprojektionen der Vektoren
auch direkt ein Maass für die Stromstärke. Auf dieser Grundlage
sind in Fig. 23 über den Leiterquerschnitten auch Stromvertheilungs-
kurven gezeichnet, die über jeder Spulenseite Ordinaten gleich der

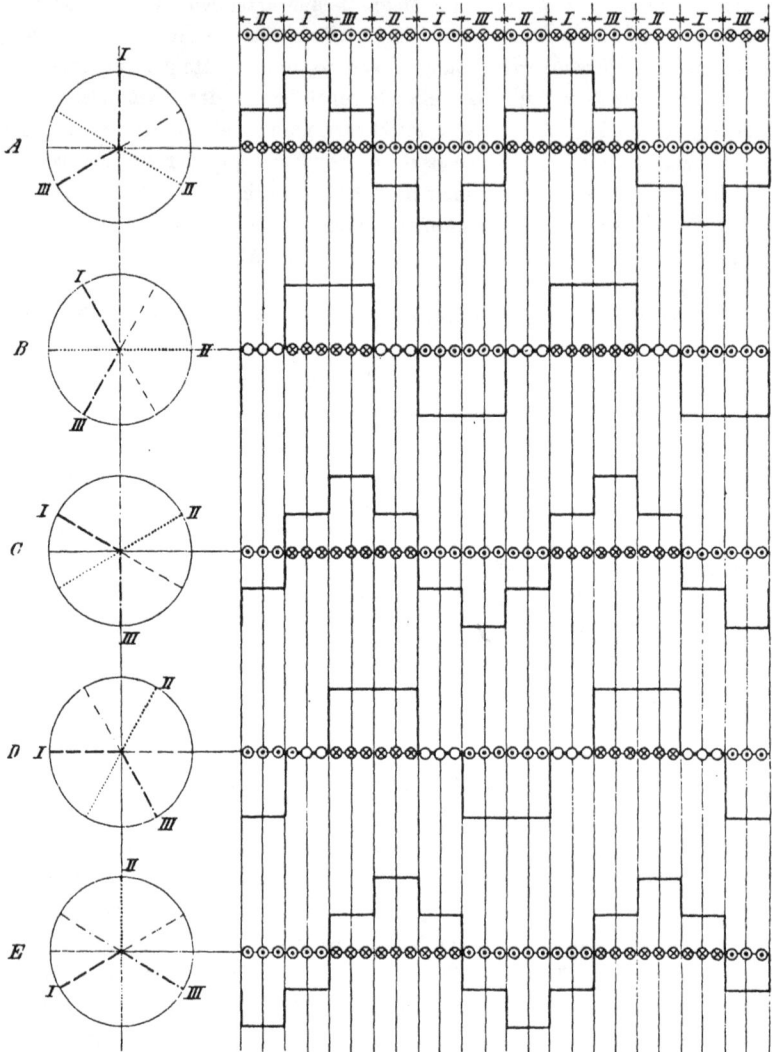

Fig. 23.

Grösse ihrer Stromstärke haben. Um auch die Stromrichtung dabei zum Ausdruck zu bringen, sind diese Ordinaten bei den mit Kreuzen versehenen Leitern positiv (nach oben), bei den mit Punkten versehenen negativ (nach unten) gezeichnet. Die Höhen dieser Ordinaten sind einfach durch Hinüberprojiciren der Vektoren oder ihrer dünner gezeichneten negativen Verlängerungen gewonnen. Man sieht, dass diese Vertheilungskurven der Stromstärke, wie die Felder in Fig. 13 von links nach rechts wandern. Dem Drehfelde entspricht ein „Drehstrom". Während aber das Feld bei seiner Rotation konstant bleibt, ändert die Vertheilungskurve der Stromstärke fortwährend ihre Gestalt. Wir sehen dieselben Werthe immer nach einer Drehung des Vektorkreuzes um 60° wiederkehren, d. h. — da eine ganze Umdrehung einer Periode des Wechselstromes entspricht — nach je $^1/_6$ Periode. Auf diese Schwankungen kommen wir bei der Betrachtung der Synchron-Motoren noch zurück.

Die Erzeugung der drei Wechselströme.

Durch die vorangebende Darlegung ist die Aufgabe gelöst, durch 3 Wechselströme ein konstantes Drehfeld zu erzeugen. Es scheint allerdings auf den ersten Hinblick, als wenn die Nothwendigkeit, 3 Wechselstrommaschinen zur Herstellung dieser Ströme zu benutzen, die praktische Verwendung des besprochenen Princips zum Betriebe von Drehstrom-Motoren aus wirthschaftlichen Gründen unmöglich machte. Wir werden indessen sogleich sehen, dass für die Erzeugung der 3 Wechselströme eine Maschine ausreicht. Um dies zu beweisen, muss allerdings zunächst das Verhalten der Generatoren für einfachen Wechselstrom besprochen werden.

Auf S. 8 ist gezeigt worden, dass in jeder Windung eines Kurzschlussankers ein Wechselstrom inducirt wird, wenn der Anker eine relative Rotationsbewegung gegen das Feld eines beliebigen Magnetgestelles ausführt. Man braucht demnach nur die Enden einer solchen Windung an zwei auf der Achse des Ankers sitzende Schleifringe, wie in Fig. 3, anzuschliessen und kann dann den Wechselstrom aus zwei auf diesen Ringen schleifenden feststehenden Bürsten direkt abnehmen. Da nur eine relative Bewegung zwischen Anker und Feld nöthig ist, so genügt es, entweder das Magnetgestell fest aufzustellen und den Anker darin zu drehen oder umgekehrt den Anker fest zu montiren und das Magnetfeld darin rotiren zu lassen. Für die praktische Ausnutzung des Induktionsvorganges wird man natürlich nicht nur eine Windung des Ankers zur Erzeugung von Strom verwerthen, sondern die sämmtlichen Windungen gleichzeitig benutzen, indem man sie in zweckentsprechender Weise hintereinander schaltet. In Fig. 24 ist eine Wechselstrom-maschine mit feststehendem Magnetgestell dargestellt; die an einem Nordpole vorübergehenden Windungen erfahren eine entgegengesetzte Induktion, wie die gerade vor einem Südpole befindlichen; die Spulenseiten führen also abwechselnd entgegengesetzte Stromrichtung, gerade wie bei jeder der 3 Wickelungen des Drehstrom-Motors, und man kann daher die Verbindung der einzelnen Drähte genau so aus-führen, wie in Fig. 20. Die Erregung der Feldmagnete, deren Pol-

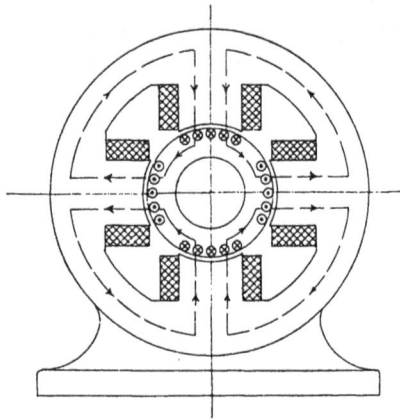

Fig. 24.

stärken konstant sein sollen, hat natürlich mit Gleichstrom zu ge-schehen, wozu eine besondere Stromquelle nothwendig ist.

Wir beginnen die Betrachtung der einfachen Wechselstrom-Maschine mit der Berechnung ihrer E.M.K.

Nach Gl. 2 S. 8 ist die in einem achsialen Ankerdrahte indu-cirte E.M.K.

$$e'_t = \mathfrak{B}_r \, l \, g, \quad \ldots \ldots \ldots \quad (1)$$

wenn l die Länge des Ankers und g seine absolute Umfangsgeschwin-digkeit ist. Nennen wir die ganze achsiale Drahtzahl unseres Ankers n, so liegt es nahe, die gesammte darin inducirte E.M.K. $e_t = n \, e'_t$ zu setzen. Dieses Verfahren wäre aber nur richtig, wenn alle Win-dungen gleichzeitig dieselbe Induktion e'_t erführen, was nicht der Fall ist, da die einzelnen Ankerwindungen in Folge ihrer verschie-denen Lage gegenüber den Magnetpolen zu derselben Zeit ganz verschiedenen radialen magnetischen Kräften ausgesetzt sind. In Fig. 25a ist dies für eine Spulenseite in der Abwickelung dargestellt. Um die gesammte E.M.K. richtig auszurechnen, genügt es, eine Spulenseite als Ausgang zu nehmen und deren E.M.K. mit der Zahl der Spulenseiten zu multipliciren, denn alle Spulenseiten stehen den Polen in jedem Augenblicke in gleicher Weise gegenüber (Fig. 24) und erfahren daher alle stets die gleiche Gesammtinduktion.

Die E.M.K. einer Spulenseite erhalten wir für irgend eine Lage, indem wir die E.M.K. e'_t ihrer einzelnen Drähte nach Gl. 1 ausrechnen und addiren. Einfacher wird die Rechnung, wenn wir den gemeinsamen Faktor $l\,g$ aus dem Summationsausdrucke herausziehen und nur die Werthe von $\mathfrak{B}_r$ (Fig. 25a) zusammenzählen. Da aber die Summe von $\mathfrak{B}_r$ gleichbedeutend ist mit dem arithmetischen

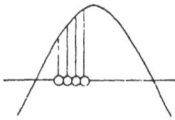

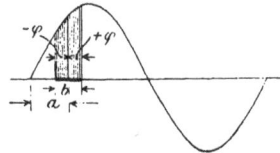

Fig. 25 a.   Fig. 25 b.

Mittel $M(\mathfrak{B}_r)$ von $\mathfrak{B}_r$, multiplicirt mit der Zahl z der Werthe von $\mathfrak{B}_r$, aus denen das Mittel genommen ist, so erhält man schliesslich die E.M.K. einer Spulenseite

$$= M(\mathfrak{B}_r) \cdot z\,l\,g$$

Hieraus folgt die gesammte E.M.K. e_t des Ankers, wenn man nach der obigen Bemerkung über das gleiche Verhalten aller Spulenseiten noch mit der Zahl derselben multiplicirt oder, was auf dasselbe hinauskommt, z durch n ersetzt. Es wird also

$$e_t = M(\mathfrak{B}_r) \cdot n\,l\,g$$

Um $M(\mathfrak{B}_r)$ für eine Spulenseite zu bezeichnen, betrachten wir die Vertheilung von $\mathfrak{B}_r$ über eine Theilung hinweg, also längs einer einfachen Sinuswelle (Fig. 25b) und schreiben deren Gleichung

$$\mathfrak{B}_r = \mathfrak{B}_{max} \sin \alpha.$$

Wir denken uns eine Spulenseite von bestimmter Breite b mit gleichförmiger Geschwindigkeit durch diese Sinuswelle hindurch bewegt und rechnen für jede Stellung den mittleren Werth aus allen Ordinaten aus, welche gerade über b liegen. In einem Augenblicke, den wir

betrachten, mögen die Mitte der Spulenseite über a, Anfang und
Ende über $a - \varphi$ und $a + \varphi$ gelegen sein. Der mittlere Werth
von $\mathfrak{B}_r$ ist dann gleich dem Inhalte der über $b = 2\varphi$ gelegenen
schraffirten Fläche F, dividirt durch b oder 2φ. Da nun

$$F = \mathfrak{B}_{max} \int_{a - \varphi}^{a + \varphi} \sin a \, d a = \mathfrak{B}_{max} \left[\cos (a - \varphi) - (\cos a + \varphi) \right]$$

$$= 2 \mathfrak{B}_{max} \sin a \, . \, \sin \varphi$$

ist, so wird

$$M(\mathfrak{B}_r) = \frac{F}{2\varphi} = \mathfrak{B}_{max} \sin a \cdot \frac{\sin \varphi}{\varphi} = \mathfrak{B}_r \frac{\sin \varphi}{\varphi} \quad . \quad . \quad (2)$$

und die im ganzen Anker inducirte E.M.K.

$$e_t = \mathfrak{B}_r \, l \, g \, n \, \frac{\sin \varphi}{\varphi} . \qquad \ldots \ldots \ldots (3)$$

Die Induktion im Anker geschieht also genau so, als ob die soeben
besprochene Korrektur nicht anzubringen wäre und das Feld nicht
die Stärke $\mathfrak{B}_r$, sondern die geringere Stärke $\mathfrak{B}_r \cdot \dfrac{\sin \varphi}{\varphi}$ hätte. Im
Uebrigen ist dieses scheinbare Feld

$$\mathfrak{B}_r' = \mathfrak{B}_r \frac{\sin \varphi}{\varphi}$$

sinusartig vertheilt, wie das wahre, denn

$$\frac{\sin \varphi}{\varphi} = f$$

ist ein konstanter, nur durch die Breite der Spulenseite bestimmter
Faktor. Wir bezeichnen f als den „Spulenfaktor".

Es ist von Interesse und Werth, f für einige Spulenbreiten auszurechnen. Denken wir uns in Fig. 24 den Anker ganz voll bewickelt, so dass jede Spulenseite ein volles Viertel des Ankerumfangs einnimmt, so wird b gleich der Hälfte der Theilung, also

$$b = 180^0 = 2\varphi, \qquad \varphi = 90^0 \quad \text{und} \quad f = \frac{\sin \varphi}{\varphi} = \frac{2}{\pi} = 0{,}637.$$

Hat dagegen b nur etwa $^2/_3$ der soeben genannten Grösse, also wie
es in Fig. 24 thatsächlich dargestellt ist, so wird

$$b = 120^0 = 2\varphi, \qquad \varphi = 60^0 \quad \text{und} \quad f = \frac{\sin \varphi}{\varphi} = \frac{1}{2} \sqrt{3} \cdot \frac{3}{\pi} = 0{,}827.$$

Hat b die Breite von einer Hälfte der halben Theilung, so wird

$$b = 90^0 = 2\,\varphi, \quad \varphi = 45^0 \text{ und } f = \frac{\sin\varphi}{\varphi} = \frac{\sqrt{2} \cdot 4}{2\,\pi} = 0{,}900.$$

Für Spulenbreiten endlich, wie sie bei Drehstrom-Motoren benutzt werden, wo jede Spulenseite nur $^1/_3$ einer halben Theilung in Anspruch nimmt, ist

$$b = 60^0 = 2\,\tau, \quad \varphi = 30^0 \text{ und } f = \frac{\sin\varphi}{\varphi} = \frac{1}{2} \cdot \frac{6}{\pi} = 0{,}955.$$

Unter Einsetzung von f erhalten wir schliesslich für die momentane mit der Zeit veränderliche E.M.K. der Ankerwickelung nach Gl. 3

$$e_l = \mathfrak{B}_r\,l\,g\,n\,f \quad \ldots \ldots \ldots \ldots \quad (4)$$

$n\,f$ kann darnach auch als eine korrigirte oder scheinbare Windungszahl aufgefasst werden, mit der die E.M.K. eines Ankerdrahtes multiplicirt werden muss, um die der ganzen Wickelung zu ergeben. Da f nach den obigen Zahlenbeispielen um so kleiner ist, je grösser die Spulenbreiten werden, so erhält man bei breiten Spulen relativ weniger E.M.K. und daher auch weniger Leistung. Es hätte keinen grossen Werth, in Fig. 24 auch noch die freigebliebenen Ankerstellen zu bewickeln, wenn dadurch auch die gesammte Ankerwindungszahl etwa im Verhältniss von $3 : 2 = 1{,}5$ vergrössert würde; denn man erhöhte damit den Widerstand im gleichen Verhältnisse, die E.M.K. aber nur im Verhältniss von $1{,}5 \cdot 0{,}637 : 0{,}827 = 1{,}15$. Eine geringe Zunahme an Leistung müsste also mit vielem Materialaufwand und mit dem Nachtheile einer wesentlichen Erhöhung des Ankerwiderstandes erkauft werden. Wir werden später sehen, dass die Drehstrom-Maschinen eine bessere Ausnutzung des Materials gestatten.

Nach dieser Betrachtung der einfachen Wechselstrom-Maschinen kann die früher als lösbar hingestellte Aufgabe in Angriff genommen werden, 3 Wechselströme von je 120^0 Phasenverschiebung mit einer einzigen Maschine herzustellen. Es soll gezeigt werden, dass dazu nichts nöthig ist, als einen Drehstrom-Motor seines Ankers zu entkleiden und diesen durch einen Magnetstern von der Polzahl der Motorwickelung zu ersetzen. Das primäre Gehäuse des Motors wird dadurch zum Anker des neuen Generators, ohne dass die Wickelung verändert zu werden brauchte. Aus den Klemmen, in die man beim Motor Strom hineinschickte, kann man jetzt, wenn man den Magnetstern künstlich dreht, Strom zur Speisung eines anderen Motors entnehmen. In Fig. 26 ist ein solcher Drehstrom-Generator dargestellt; seine Ankerdrähte haben wir uns untereinander verbunden zu denken, wie die Gehäusedrähte in Fig. 22. Für die Zuführung des erregenden Gleichstromes sind, da der Magnetstern rotirt, Schleifringe und Schleifbürsten nöthig, wie sie in Fig. 3 dargestellt sind.

Um zu beweisen, dass der feststehende Anker dieser Maschine bei der Drehung des Magnetsternes 3 Wechselströme von je 120°

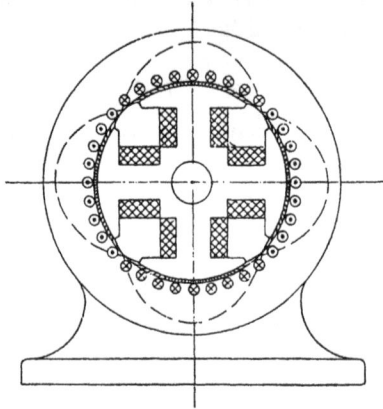

Fig. 26.

Phasenverschiebung liefert, braucht nur gezeigt zu werden, dass durch die Induktion in den 3 Wickelungen eine Stromvertheilung entsteht, welche mit Fig. 23 übereinstimmt und auch, wie in dieser Figur, mit dem rotirenden Magnetkreuz wandert. Durch die verbindenden Leitungen würde sich diese Stromvertheilung des Generators dann einfach auf einen daran angeschlossenen Motor übertragen.

Bei der Aufstellung der Stromvertheilungskurve im Anker des Generators Fig. 26 muss angenommen werden, dass der Schenkelstern sinusartige Vertheilung der radialen magnetischen Kraft giebt. Da die Gehäusewickelung wie beim 4-poligen Drehstrom-Motor aus 3.4 Spulenseiten besteht, so kommen auf jeden Pol 3 Spulenseiten, von jeder Phase eine. In Fig. 27 A ist wieder die Vertheilungskurve der magnetischen Kräfte längs eines Polpaares oder einer Theilung gezeichnet, und unter der Abscisse sind die Spulenseiten der 3 Phasen durch ausgezogene, punktirte und strichpunktirte

Linien markirt. Wir finden die gesammte E.M.K., die jede Spulenseite erfährt, wie bei der einfachen Wechselstrom-Maschine, indem
wir immer den mittleren Werth $M(\mathfrak{B}_r)$ der Ordinaten über der betrachteten Spulenseite bilden. Nach Gl. 2 ist nun $M(\mathfrak{B}_r)$ proportional $\mathfrak{B}_r$, wenn $\mathfrak{B}_r$ die Ordinate über der Mitte der Spulenseite
bedeutet. Wir brauchen also, um die Kurve für die Vertheilung
der E.M.K. der 6 Spulenseiten zu erhalten, nur in der dort dargestellten Weise durch die Mittelpunkte a, b, c der Spulenseiten Ordinaten
und durch deren Endpunkte Horizontale zu legen. In Fig. 27 A ist
dies geschehen, die gewonnene Vertheilungskurve ist stärker gezeichnet. Letztere, wenn auch zunächst für die E.M.K. entworfen,
bildet dann gleichzeitig auch die Kurve für die Vertheilung der von
diesen E.M.Kräften gelieferten Stromstärken; sie ist genau dieselbe

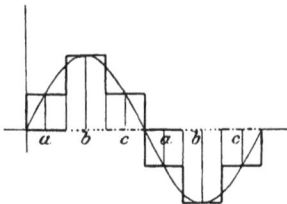

Fig. 27 A.

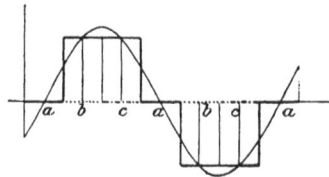

Fig. 27 B.

wie in Fig. 23 A, denn die Ordinaten sind nach einander proportional
dem Sinus von 30°, 90° u. s. w. Rückt dann das Feld um eine
halbe Spulenbreite nach rechts, so entsteht eine Stromvertheilung
wie in Fig. 27 B; die Ordinaten entsprechen dem Sinus von 0°, 60°,
120° u. s. w. Wie man sieht, stimmt diese Figur vollständig mit
Fig. 23 B überein. Bei weitergehender Drehung könnte man leicht
die dauernde Uebereinstimmung des Generatorstromes mit dem verlangten Motorstrome verfolgen.

Während also der Magnetstern des Generators um eine Theilung
weiterrückt, geht auch die Vertheilungskurve des Stromes im Generator und dem daran angeschlossenen Motor und daher auch das
Feld des Motors um eine Theilung vorwärts. Bezeichnet man zur
Unterscheidung die Polzahl des Generators mit p_I, die des Motors
mit p_{II}, so macht demnach das Motorfeld den p_{II}. Theil einer Umdrehung, während das Generatorfeld den p_I. Theil zurücklegt. Die
sekundlichen Umdrehungszahlen des Motors und des Generators ver-

halten sich also umgekehrt wie die Polzahlen. An einen Drehstrom-Generator lassen sich demnach gleichzeitig Motoren von verschiedenen Tourenabstufungen anschliessen.

Nennen wir die Windungszahl jeder Phase n_1, so ist die pro Phase inducirte E.M.K. nach Gl. 3

$$e_t = 0{,}955 \, \mathfrak{B}_r \, l g \, n_1, \quad \ldots \quad \ldots \quad (5)$$

da nach S. 59 für Drehstromwickelungen der Spulenfaktor $f = 0{,}955$ ist. Kann die Wickelung mit Rücksicht auf ihren Querschnitt den Strom J_t vertragen, so kann der Generator pro Phase eine Arbeitsleistung $e_t \, J_t$, also in allen 3 Phasen zusammen eine Energie von

$$A_t = 3 \, e_t J_t = 3 \cdot 0{,}955 \cdot \mathfrak{B}_r \, l g \, n_1 \, J_t \text{ Watt}$$

liefern.

Wickelt man den Anker jetzt unter Benutzung desselben Drahtes um zum Anker einer einfachen Wechselstrommaschine, wie in Fig. 24, aber so, dass jede Spulenseite ein volles Viertel des Ankerumfanges einnimmt, so wird dieselbe Drahtmenge auf dem Anker untergebracht, und die E.M.K. in den $3 \, n_1$ Windungen ist, da nach S. 58 $f = 0{,}637$ ist

$$e_t = 0{,}637 \, \mathfrak{B}_r \, l g \, (3 \, n_1).$$

Die Leistung wird also, da die neue Wickelung wegen ihrer gleichen Drahtquerschnitte denselben Strom vertragen kann wie die alte

$$A_t = e_t \, J_t = 0{,}637 \cdot \mathfrak{B}_r \, l g \, (3 \, n_1) \, J_t$$

Bezeichnet man jetzt zur Unterscheidung die Leistung der einfachen Wechselstrommaschine mit A^I, die der Drehstrommaschine mit A^{III}, so erhält man

$$\frac{A^{III}}{A^I} = \frac{0{,}955}{0{,}637} = {}^3/_2$$

Eine Drehstrommaschine vermag also wegen der geringeren Spulenbreite bei gleichem Eisen- und Kupferaufwande das anderthalbfache zu leisten, wie eine einfache „einphasige" Wechselstrommaschine.

Nach diesen Erörterungen der Motor- und Generatorwickelungen bleibt noch die Besprechung des Aufbaues der Eisenkörper von Anker und primärem Gehäuse oder Magnetstern übrig. Im Abschnitt XII des Buches über Gleichstrom-Motoren ist gezeigt worden, dass in jedem Gleichstrom-Anker bei seiner Rotation im magnetischen Felde der Pole durch Wirbelströme und Hysteresis

Energieverluste entstehen, welche sich in Erwärmung der wirksamen Eisenmassen äussern. Die Intensität der Wirbelströme lässt sich durch Untertheilung der Anker in Bleche, deren Ebenen senkrecht zur Ankerachse zu stellen sind, herabdrücken, und die Grösse der Verluste durch Hysteresis kann durch Benutzung von weichen Eisensorten vermindert werden. Bei gegebenen Ankern hängen beide Verluste nur von der Stärke der Magnetpole und von der Rotationsgeschwindigkeit der Eisenmassen im magnetischen Felde ab.

Für die Anker der Drehstrom-Generatoren und die primären Gehäuse der Motoren gilt genau dasselbe; dabei ist es gleichgültig, ob der Eisenkörper der bewegte Theil ist oder das Magnetfeld, denn in der relativen Bewegung beider gegen einander liegt das Wesen der Erscheinung. Durch die gleichen Ursachen bestimmt, aber weniger intensiv sind diese Wirkungen bei den Ankern der Motoren, weil deren relative Geschwindigkeit gegen das rotirende Magnetfeld nur den geringen Betrag der Schlüpfung, also bis etwa 5% der absoluten Geschwindigkeit des Drehfeldes ausmacht. Man braucht daher mit der Untertheilung bei den Ankern der Drehstrom-Motoren nicht so weit zu gehen, wie bei den primären Gehäusen derselben und bei den Ankern der Generatoren; indessen benutzt man für alle drei Arten gewöhnlich doch gleiche Blechdicken von etwa 0,5 bis 0,7 mm. Die Verluste im Ankereisen der Motoren sind dann also immer nur sehr klein gegenüber den Verlusten in den primären Gehäusen. Die Magnetsterne der Generatoren brauchten auf Grund dieser Darlegung überhaupt keine Untertheilung, da sie gegen ihr eigenes Feld keine relative Bewegung machen können. Mit Rücksicht auf sekundäre Erscheinungen, die später besprochen werden sollen, pflegt man indessen wenigstens die Pole, häufig aber auch die Schenkel zu untertheilen.

IV. Die Verkettung der Wechselströme.

Wenngleich im vorangehenden Abschnitt dargethan ist, dass die Erzeugung des Drehstromes durch ebenso einfache Maschinen geschehen kann, wie die Herstellung des einfachen Wechselstromes, scheint der Verwendung der Drehstrommotoren zunächst doch noch ein sehr schweres, wirthschaftliches Bedenken entgegen zu stehen wegen der grossen Zahl von Leitungen, welche zur Verbindung von Generator und Motor nöthig werden. Da sowohl Generator wie Motor 3 Wickelungen tragen, so sind 6 Wicklungsenden miteinander zu verbinden, wozu zunächst 6 Drähte nothwendig sind. In Fig. 28a sind Generator (G) und Motor (M) mit diesen Verbindungsleitungen schematisch dargestellt. Bei Kraftübertragungen auf weite Entfernungen könnten die Material- und Verlegungskosten so vieler Leitungen ein unübersteigbares wirthschaftliches Hinderniss bilden. Bei näherer Untersuchung erkennt man aber sofort, dass man 2 der Rückleitungen in Wegfall bringen kann, indem man alle 3 Rückleitungen in eine einzige zusammenlegt, wie in Fig. 28b durch eine gestrichelte Linie angedeutet ist. Diese Rückleitung führt dann die Summe aus den 3 Strömen.

Bei Gleichstrom wäre durch diese Maassregel allerdings nichts gewonnen, wie die folgende Ueberlegung zeigt: Wird der Strom in den 3 Kreisen der Fig. 28a mit J bezeichnet, und der Widerstand jeder der Rückleitungen mit w, so ist der Spannungsabfall in jeder der letzteren $J \cdot w$, der Effektverlust $J^2 \cdot w$ und in allen 3 Leitungen zusammen $3 J^2 \cdot w$. Wird dann die gemeinsame Rückleitung in Fig. 28b durch einfache Vereinigung der 3 Einzelleitungen ausgeführt, so hat die neue Rückleitung wegen ihres 3 fachen Querschnittes den Widerstand $\frac{w}{3}$. Da sie den Strom

$3\,J$ führt, so ist der Spannungsabfall wieder $3\,J \cdot \dfrac{w}{3} = J \cdot w$ und

der Effektverlust $(3\,J)^2\,\dfrac{w}{3} = 3\,J^2\,w$. Bei gleichem Materialaufwand hat man also auch gleichen Spannungs- und Effektverlust in
der gemeinsamen Rückleitung wie bei den einzelnen Rückleitungen.
Eine Materialerparniss lässt sich demnach bei gegebener Grösse der
zulässigen Verluste durch gemeinsame Rückleitung nicht ermöglichen;
man spart nur an Isolations- und Montagekosten.

Ganz anders liegen die Verhältnisse bei Drehstrom. Um den
3 Wechselfeldern die zeitliche Phasenverschiebung von $^1/_3$ Periode
zu geben, sind in den 3 Wicklungen des Motors 3 Wechselströme

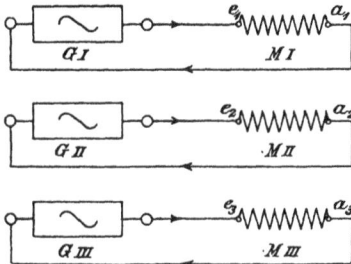

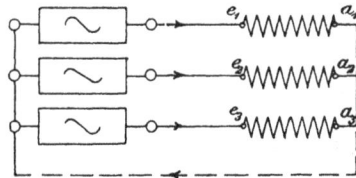

Fig. 28 a.   Fig. 28 b.

nöthig, welche selbst diese zeitliche Phasenverschiebung haben und
sich, wie wir immer annehmen, sinusartig verändern. Nennen wir
die Amplituden der 3 Ströme J_{max}, so möge der erste dem Gesetz
geborchen

$$J_t^I = J_{max} \cdot \sin m\,t,$$

wobei die Grösse m von der Geschwindigkeit der Veränderung abhängt. Wir bezeichnen die Zeit, welche vergeht, wenn sich $m\,t$ um
$2\,\pi$ ändert, also die Dauer einer Periode der Wechselströme, wieder
mit T und erhalten demnach

$$m\,T = 2\,\pi$$

also

$$m = \frac{2\,\pi}{T} \cdot$$

Wird T in Sekunden gemessen, so bedeutet $\dfrac{1}{T} = \nu$ die sekundliche Periodenzahl, und es wird daher

$$m = 2\,\pi\,\nu.$$

m ist also dasselbe wie ω in Gleichung 3 S 25; wir bleiben daher
bei der Bezeichnung ω und schreiben

$$J_t^I = J_{max} . \sin \omega\, t . \quad\ldots\ldots\ldots \quad (1\,\mathrm{a})$$

Der zweite Strom, welcher eine Phasenverschiebung von $1/_3$ Periode, also von $\dfrac{T}{3}$ gegen den ersten hat, wird also der Gleichung
gehorchen

$$J_t^{II} = J_{max} . \sin \omega \left(t - \frac{T}{3} \right) =$$

$$J_{max} \sin \left(\omega\, t - \frac{2\,\pi}{T} . \frac{T}{3} \right) = J_{max} . \sin \left(\omega\, t - \frac{2\,\pi}{3} \right)$$

$$= J_{max} \sin (\omega\, t - 120^0), \quad\ldots\ldots \quad (1\,\mathrm{b})$$

und der dritte wird offenbar

$$J_t^{III} = J_{max} . \sin (\omega\, t - 240^0). \quad\ldots\ldots \quad (1\,\mathrm{c})$$

Diese Ableitung für die Gleichungen der 3 Wechselströme ist
gegeben worden, um die Vorgänge möglichst vielseitig zu beleuchten
und das Verständniss dadurch zu vertiefen.   Wir hätten die gefundenen Ausdrücke auch berechnen können aus den Gleichungen 11 S. 39
für die Amplituden a der 3 Wechselfelder. Da die Feldstärke aller
anderen Punkte eines Wechselfeldes sich im gleichen Maasse verändert wie diese Amplituden, so kann die zeitliche Veränderung
der letzteren als Maass für die zeitliche Veränderung des ganzen
Feldes und daher auch als Maass für die Stromstärke genommen
werden, von der dieses Feld erzeugt wird. Setzen wir den Maximalwerth der Stromstärke J_{max}, der gleichzeitig mit dem Höchstwerth
$\mathfrak{B}_{max}$ der Feld-Amplitude auftritt, für $\mathfrak{B}_{max}$ in Gl. 11 ein, so erhalten wir bei cosinusartiger statt sinusartiger Veränderung genau
dieselben Gleichungen für die 3 Wechselströme wie oben.

Die Grösse dieser 3 Ströme könnte natürlich ebenso, wie die
der Feldamplituden a in Fig. 13 durch die Vertikal-Projektion
eines rotirenden Vektorkreuzes dargestellt werden.   Die Länge der
Vektoren wäre dabei J_{max}, ihre Geschwindigkeit ω, und ihre Neigungswinkel gegen einander, die Phasenverschiebungen, wären 120°. Die
beste Uebersicht über die zeitliche Veränderung der 3 Stromstärken
erhalten wir aber, wenn wir J_t^I, J_t^{II} und J_t^{III} als Funktionen von

$\omega\, t$ im orthogonalen Koordinatensystem, also als „Stromkurven", einzeln zeichnen. Dazu ist keine besondere Figur nöthig, denn wir finden diese Darstellung in Fig. 11 schon vor. Wenn wir $\omega\, t$ von dem linken Punkt c aus zählen und den Abstand $\overline{cc}$ in 360⁰ getheilt denken, so gehorcht die gestrichelte Kurve I offenbar der Gleichung des Stromes J_t^I und umfasst den Winkel $2\,\pi$, also eine Periode. Die punktirte Kurve II erscheint um 120⁰ gegen J_t^I nach rechts verschoben, dieselben Ordinaten treten also erst bei Abscissen $\omega\, t$ auf, welche um 120⁰ grösser sind als bei J_t^I; die punktirte Kurve entspricht demnach der Gleichung von J_t^{II}, die strichpunktirte Kurve schliesslich stellt aus denselben Gründen J_t^{III} dar. Wir entnehmen dieser Figur zugleich die allgemeine Bemerkung, dass ein Zurückbleiben des Vektors bei der Drehung oder ein negativer Phasenwinkel wie — 120⁰ und — 240⁰ immer durch Verschiebung der Kurve nach rechts in der graphischen Darstellung zum Ausdruck kommt.

Fig. 11 stellt also sowohl nach ihrer früheren Bedeutung die räumliche Vertheilung der Felder längs des Ankerumfangs ohne Berücksichtigung der Phasenverschiebung ihrer Ströme wie auch, nach der soeben gewonnenen Erkenntniss, die zeitliche Veränderung dieser Ströme selbst dar. Bei der ersten Darstellung ist der Centriwinkel des Ankers die Abscisse, bei der zweiten ist es die Zeit oder, genauer genommen, $\omega\, t$. Eine ähnliche Bemerkung ist früher (S. 10) über Fig. 6 gemacht worden. Die charakteristischen Eigenthümlichkeiten der 3 Felder des Drehstrommotors, die räumliche Verschiebung von einer Dritteltheilung und die zeitliche von einer Drittelperiode, lassen sich also an einer einzigen Figur sehr einfach zum Ausdruck bringen.

Die gemeinsame Rückleitung in Fig. 28 b muss schliesslich den Gesammtstrom

$$J_t = J_t^I + J_t^{II} + J_t^{III}$$

führen. Die Summation dieser 3 Sinusglieder ist zwar eine sehr einfache trigonometrische Aufgabe, wir wollen aber, da solche Additionen im Laufe der weiteren Betrachtungen noch häufiger vorkommen werden, bei dieser Gelegenheit eine bequemere und übersichtlichere Methode entwickeln, nämlich die graphische.

Graphische Darstellungen.

Wenn ganz allgemein die Aufgabe gestellt wird, die folgende Summe von Sinusgliedern zu bilden:

$$A_1 \sin(\omega t + \varphi_1) + A_2 \sin(\omega t + \varphi_2) + A_3 \sin(\omega t + \varphi_3)$$
$$+ A_4 \sin(\omega t + \varphi_4) + \cdots\cdots,$$

so bedeutet dies, dass eine Sinusfunktion

$$A \sin(\omega t + \varphi)$$

gefunden werden soll, welche dieser Summe gleich ist. Man braucht zu diesem Zweck nur (Fig. 29) die Amplituden $A_1\, A_2\, A_3\, A_4$ gegen

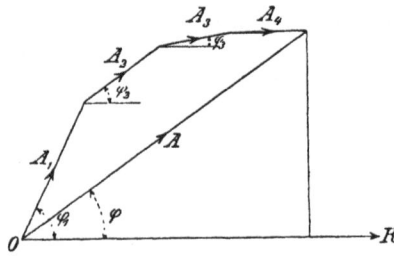

Fig. 29.

eine gemeinsame, beliebig gelegte Richtlinie OR um $\varphi_1\, \varphi_2\, \varphi_3\, \varphi_4$ geneigt, wie die Kräfte eines Kräftepolygons, in einem Linienzuge aufzuzeichnen, dann giebt die Schlusslinie dieses Polygons, mit einem Pfeile versehen, der den Pfeilen des übrigen Linienzuges entgegengerichtet ist, die Grösse von A und ihre Neigung gegen die Richtlinie den Winkel φ. Dass diese Behauptung richtig ist, erkennt man leicht, wenn man zunächst annimmt, dass $A \sin(\omega t + \varphi)$ in der That die Summe bilde; dann erhält man durch Auflösung der einzelnen Sinusglieder und Herausziehen der Faktoren $\sin \omega t$ und $\cos \omega t$ die Gleichung

$$\sin \omega t \,.\, A \cos \varphi + \cos \omega t \,.\, A \sin \varphi$$
$$= \sin \omega t \,(A_1 \cos \varphi_1 + A_2 \cos \varphi_2 + A_3 \cos \varphi_3 + A_4 \cos \varphi_4 + \cdots\cdots)$$
$$+ \cos \omega t \,(A_1 \sin \varphi_1 + A_2 \sin \varphi_2 + A_3 \sin \varphi_3 + A_4 \sin \varphi_4 + \cdots\cdots).$$

Da diese Gleichung für jede beliebige Zeit t gelten muss, so gilt sie auch für die Augenblicke, wo t so gross wird, dass $\cos \omega t$ oder $\sin \omega t$ null ist. Aus $\cos \omega t = 0$ ergiebt sich die Bedingungsgleichung

$$A \cos \varphi = A_1 \cos \varphi_1 + A_2 \cos \varphi_2 + A_3 \cos \varphi_3 + A_4 \cos \varphi_4 + \cdots\cdots$$

und aus $\sin \omega t = 0$ folgt

$$A \sin \varphi = A_1 \sin \varphi_1 + A_2 \sin \varphi_2 + A_3 \sin \varphi_3 + A_4 \sin \varphi_4 + \cdots\cdots$$

Die erste dieser Gleichungen bedeutet, dass die Projektion der Amplitude der resultirenden Sinusfunktion auf die Richtlinie gleich der Summe aus den Projektionen der einzelnen Amplituden sein muss, und die zweite bedeutet, dass Entsprechendes auch für die Projektionen auf eine Senkrechte zur Richtlinie zu gelten hat. Beide Bedingungen sind, wie man leicht erkennt, durch Fig. 29 erfüllt. Diese Figur stellt also die Summirung richtig dar.

Für alle folgenden Darstellungen dieser Art soll als Regel aufgestellt werden, dass wie in Fig. 29, als positive Zählrichtung von φ die Richtung entgegen der Uhrzeigerbewegung, also die Linksdrehung, gewählt wird. Negative Werthe von φ sind demnach durch Rechtsdrehung der entsprechenden Amplituden gegen die Richtlinie darzustellen. In die Richtlinie selbst fallen natürlich diejenigen Amplituden, zu denen $\varphi = 0$ gehört. Positive Werthe von φ bedeuten andererseits Phasenvoreilung gegenüber $\varphi = 0$, denn von einer Funktion $\sin(\omega t + \varphi)$ wird irgend ein charakteristischer Werth, wie z. B. der Werth $+1$, früher erreicht, als wenn $\varphi = 0$ wäre: Im ersten Fall tritt dieser Werth ein bei $\omega t + \varphi = \dfrac{\pi}{2}$, also bei $\omega t = \dfrac{\pi}{2} - \varphi$, im zweiten Fall bei $\omega t = \dfrac{\pi}{2}$; im ersten ist also t kleiner als im zweiten. Nach der obigen Wahl der Zählrichtung von φ bedeutet also im Folgenden stets:

Linksdrehung Phasenvoreilung,   Rechtsdrehung Phasenverzögerung.

Stellt man die zeitliche Veränderung der verschiedenen Sinusgrössen durch Sinuskurven im orthogonalen Koordinatensystem dar, so muss diejenige Sinusgrösse, welche gegenüber einer anderen Voreilung hat, nach der soeben auf S. 67 gemachten Bemerkung gegenüber der anderen nach links verschoben erscheinen, diejenige, welche Verzögerung hat, also nach rechts, das obige Schema kann daher ergänzt werden zu folgendem:

Linksdrehung oder -Verschiebung   Rechtsdrehung oder -Verschiebung
       Voreilung   Verzögerung.

Diese Regeln sollen für alle weiteren graphischen Darstellungen als Richtschnur dienen.

Man kann durch ein Diagramm wie Fig. 29 ausser Amplituden und Phasenverschiebungen auch die zeitliche Veränderung aller Sinusgrössen leicht darstellen, wenn man sich das ganze geschlossene „Kräftepolygon" um seinen Anfangspunkt O gegen die Richtlinie mit der konstanten Winkelgeschwindigkeit ω nach links gedreht denkt. Irgend eine Amplitude A_n, die am Anfang um den Winkel φ_n gegen die Richtlinie geneigt war, schliesst dann nach der Zeit t den Winkel $\omega t + \varphi_n$ mit dieser ein, und ihre Projektion auf eine auf der Richtlinie errichtete Senkrechte stellt dann den Werth $A_n \sin(\omega t + \varphi_n)$ dar. In ganz entsprechender Weise giebt die Vertikalprojektion der ganzen rotirenden Figur für jede Zeit t die Werthe der Sinusfunktionen und ihrer Summationsfunktion wieder. Die Darstellung bildet also nichts als eine Erweiterung unserer früheren Darstellung der zeitlichen Veränderung von Feldern und Stromstärken durch rotirende Vektoren. Das aus diesen Vektoren oder Amplituden zusammengesetzte Polygon wird daher auch als Vektordiagramm bezeichnet.

Auf dieser Grundlage kann man die Addition der 3 Wechselströme des Drehstromes leicht ausführen.

Die Sternschaltung.

Um die 3 Ströme J_t^I, J_t^{II}, J_t^{III} zu addiren, wollen wir zunächst annehmen, dass ihre Amplituden nicht wie in Gl. 1 einander gleich, sondern verschieden seien und die Werthe J_{max}^I, J_{max}^{II}, J_{max}^{III} hätten. Ihre Phasenwinkel sind nach den Gleichungen 1 $\varphi_1 = 0$, $\varphi_2 = -120^0$, $\varphi_3 = -240^0$. Wir ziehen nun (Fig. 30) die Richtlinie horizontal von links nach rechts und mit ihr zusammenfallend J_{max}^I, weil $\varphi_1 = 0$. Da φ_2 negativ ist, so muss J^{II} nach rechts gedreht an J^I angeschlossen werden und zwar so, dass J^I und J^{II} einen nach den Pfeilrichtungen hintereinander zu durchwandernden Linienzug bilden. Die gezeichnete Lage von J^{II} erfüllt diese Bedingung. Weiter erscheint J^{III} ebenfalls um 120^0 gegen J^{II}, um 240^0 also gegen die Richtlinie, nach rechts gedreht und der Pfeilrichtung nach ebenfalls als Verlängerung des früheren Linienzuges. Der resultirende Vektor J_{max}^R hat als Schlusslinie, wie die Amplitude A in Fig. 29, eine Pfeilrichtung entgegen den übrigen Geraden zu erhalten. Wir sehen, dass J_{max}^R, welches den Gesammt-

strom der Rückleitung in Fig. 28 b bedeutet, kleiner ist als die
Einzelströme in den Hinleitungen. Dieses paradox erscheinende Resultat hat seine Ursache natürlich nur in den Phasenverschiebungen,
welche dazu zwingen, die Grössen statt algebraisch geometrisch zu
addiren. Wir werden die Wirkung der Phasenverschiebungen sogleich
noch deutlicher erkennen.

In Fig. 30 haben die Innenwinkel, unter denen die Grössen
J^I und J^{II} einerseits und J^{II} und J^{III} andererseits aneinander-
stossen, als Komplementwinkel zu 120° die Grösse von 60°. Sind
also J^I, J^{II} und J^{III} einander gleich, so müssen sie zusammen ein
gleichseitiges Dreieck bilden (Fig. 31). Die Resultirende J^R_{max}

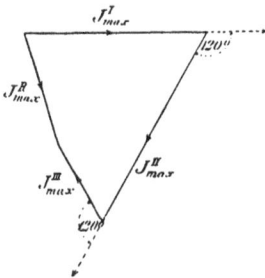 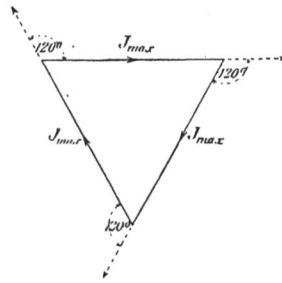

Fig. 30.   Fig. 31.

schrumpft also zu einem Punkt zusammen; sie wird Null. Wir
entnehmen daraus die wichtige Thatsache, dass die gemeinsame
Rückleitung einer Drehstromanlage, wenn in den 3 Hinleitungen die
Ströme gleiche Grösse haben, überhaupt keinen Strom zu führen
hat. Man kann diese Rückleitung daher ganz weglassen und kommt
mit 3 einfachen Leitungen aus. Die Rückleitung ist deshalb in
Fig. 28 b gestrichelt gezeichnet.

In diesem scheinbar widersprechenden Resultat zeigt sich der
Einfluss der Phasenverschiebung am allerdeutlichsten. Wie diese
von Moment zu Moment wirkt, übersehen wir am besten in Fig. 11,
wenn wir sie als Darstellung der 3 Stromkurven des Drehstromes
betrachten. Wäre keine Phasenverschiebung vorhanden, so müssten
die 3 Kurven sich decken, und die Summe ihrer Ordinaten müsste
für jede Abscisse gleich dem 3 fachen Werthe der Einzelordinate
werden. Durch die Phasenverschiebung aber erhalten für jeden
Abscissenpunkt immer 2 Ströme entgegengesetztes Vorzeichen wie

der dritte, und ihre Summe wird der Grösse des dritten gleich. Die
3 Ströme heben sich also auf oder, anders gesprochen, der dritte
dient immer als Rückleitung für die beiden ersten. Im fortwährenden Wechselspiel tauschen die 3 Leitungen diese Rollen miteinander aus.

Das Schaltungsschema der 3 Phasen von Generator und Motor
pflegt man nicht wie in Fig. 28 b, sondern wie in Fig. 32 zu zeichnen.
Sachlich sind beide Figuren einander gleich, denn bei Fig. 28b können
die 3 vertikalen Verbindungsleitungen links am Generator und rechts
am Motor als so kurz und dick gedacht werden, dass an ihnen
keine Spannungsdifferenzen auftreten können, dass sie also elektrisch

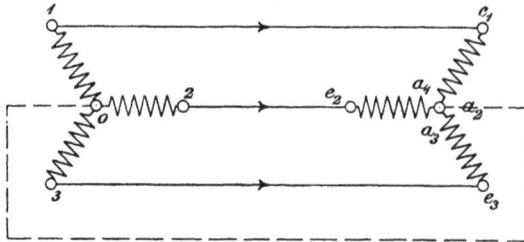

Fig. 32.

einen Punkt bilden. In Fig. 32 sind diese Vereinigungspunkte auch
geometrisch als Punkte gezeichnet; sie werden die neutralen oder
indifferenten Punkte genannt. Die ganze Schaltung heisst nach
der äusserlichen Eigenschaft des Schemas, dass die 3 Phasen wie die
Strahlen eines Sternes von je einem Punkte ausgehen, allgemein die
Sternschaltung. Die neutralen Punkte sind in der Figur noch durch
eine punktirte Rückleitung verbunden, welche wegfallen kann. Da
nach dem vorliegenden Schema nur an 3 Enden der Wickelungen von
Generator und Motor Leitungen angeschlossen sind, so bekommen diese
Maschinen gewöhnlich nur 3 Klemmen; die neutralen Punkte werden
häufig an das Gestell angeschlossen, selten noch mit einer 4. Klemme
versehen. Will man einen Motor durch einen Generator speisen, so
ist es zunächst gleichgültig, in welcher Reihenfolge man die 3 Klemmen
mit einander verbindet, denn, da die 3 Ströme des Generators auf
jeden Fall je 120° Phasenverschiebung haben, so haben auch die
3 Ströme des Motors dieselbe Phasenverschiebung, und der allgemeinen Bedingung für die Entstehung eines Drehfeldes ist immer

Genüge gethan. Die Reihenfolge, in der die Klemmen verbunden werden, bestimmt nur den Drehungssinn des Motors. Durch eine Vertauschung zweier Anschlussdrähte kann man nach S. 40 den Drehungssinn umkehren.

Die Sternschaltung hat eine für den Betrieb zu beachtende Eigenart, dass nämlich die Spannung zwischen 2 Leitungen, welche vom Generator zum Motor führen, nicht dieselbe ist wie die Spannung zwischen den Enden jeder der 3 Generator- oder Motorwickelungen: Die Spannung zwischen Klemme 1 und 2 des Generators in Fig. 32 d. i. die Spannung zwischen den beiden oberen Verbindungsleitungen, ist z. B. nicht so gross wie die Spannungen zwischen 0 und 1 oder zwischen 0 und 2, die sogenannte Wickelungs- oder „Phasenspannung". Um den Verbindungsleitungen eine genügende Isolation zu geben, ist es natürlich nothwendig zu wissen, welche Spannungen zwischen ihnen bestehen. Von ganz besonderer Bedeutung aber ist die Kenntniss dieser Spannungswerthe bei Uebertragungen auf weite Entfernungen, wobei man mit hohen Spannungen arbeitet und die Isolation sehr stark in Anspruch nimmt. Wir wollen die Leitungsspannung deshalb jetzt durch die Phasenspannung auszudrücken suchen.

Zu diesem Zwecke möge zunächst die Spannung, welche zwischen 1 und dem neutralen Punkte 0 besteht als $Ep_{0,1_t}$, die Spannung zwischen 2 und 0 als $Ep_{0,2_t}$ bezeichnet werden. Beide mögen den Maximalwerth Ep_{max} haben. Die gesuchte Spannung zwischen 1 und 2 werde mit $Ep_{1,2_t}$ bezeichnet, und ihr Maximalwerth heisse Ep'_{max}. Da die 3 Phasenspannungen des Generators nach den Pfeilrichtungen der Ströme in Fig. 32 sämmtlich von 0 aus gezählt werden, so erscheint $Ep_{1,2_t}$ als Differenz von $Ep_{0,1_t}$ und $Ep_{0,2_t}$. Da die letzteren beiden eine Phasenverschiebung von 120^0 haben müssen, so mögen sie durch die Gleichungen ausgedrückt werden:

$$Ep_{0,1_t} = Ep_{max} . \sin \omega t$$

$$Ep_{0,2_t} = Ep_{max} . \sin (\omega t - 120^0).$$

Wir suchen durch Fig. 33 zunächst ihre Summe zu bilden, indem wir Ep_{max} als Amplitude von $Ep_{0,1_t}$ horizontal auftragen und dann Ep_{max} als Amplitude von $Ep_{0,2_t}$ nach rechts gedreht daran anschliessen (in Fig. 33 eine gestrichelte Linie). Da aber statt der Addition eine Subtraktion zu geschehen hat, also eine negative Ad-

dition, so tragen wir jetzt Ep_{max} als Amplitude von $Ep_{0,2_t}$ in entgegengesetzter Richtung auf, als es soeben geschehen war. Die
Schlusslinie ist dann Ep'_{max}, die Amplitude der gesuchten Leiter-
spannung, und bildet die Basis eines gleichschenkligen Dreiecks mit
den gleichen Seiten Ep_{max} und einem von diesen eingeschlossenen
Winkel von 120°. Daher ist

$$Ep'^2_{max} = Ep^2_{max} + Ep^2_{max} - 2\,Ep_{max} \cdot Ep_{max} \cos 120°$$
$$Ep'_{max} = Ep_{max} \sqrt{3} \cdot$$

Ep'_{max} heisst auch die verkettete Spannung, da die Sternschaltung in einer Verkettung von Wechselströmen besteht. Natürlich

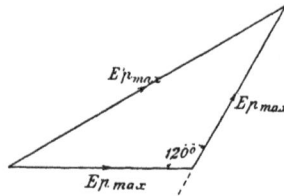

Fig. 33.

sind die 3 verketteten Spannungen $E_p{}'$ zwischen den 3 Leitungen
einander gleich, wie es auch die Phasen- oder Wicklungsspannungen
E_p unter sich sind.

Nachdem durch die Sternschaltung die Zahl der Verbindungsleitungen zwischen Generator und Motor von 6 auf 3 herabgedrückt
ist, erscheint der Drehstrom dem Gleichstrom oder einfachen Wechselstrom nur noch wenig unterlegen. Die genauere Betrachtung lehrt
sogar, dass trotz der 3 Leitungen unter sonst gleichen Umständen
nicht nur nicht mehr, sondern sogar weniger Leitungsmaterial verbraucht wird als bei den 2 Leitungen des Gleichstromes. Um dies
zu erkennen, wollen wir annehmen, dass über eine gewisse Entfernung l hinweg einmal durch Gleichstrom und einmal durch Drehstrom
eine Arbeit A übertragen werde. Die Spannung zwischen 2 Fernleitungen soll dabei in beiden Fällen die gleiche sein und den Werth
$E_p{}'$ haben. Die Leitungen sollen so dimensionirt werden, dass bei
beiden Betriebsarten der in ihnen auftretende Effektverlust den
Werth K habe. Es sei die Frage zu beantworten, wie gross das
ganze Kupfervolumen der Leitungen in beiden Fällen werde.

1. **Gleichstrom oder einfacher Wechselstrom.** Bezeichnen wir die in der einfachen Hin- und Rückleitung fliessenden Stromstärken mit J, so ist die übertragene Arbeitsleistung $A = E_p' \cdot J$, also ist $J = \dfrac{A}{E_p'}$. Nennen wir ferner w den Widerstand einer Leitung, so ist der Widerstand der Hin- und Rückleitung $2\,w$, der Effektverlust beim Durchtreiben des Stromes durch diese Leitung also $K = J^2 \cdot 2\,w$, und der Widerstand w muss daher werden

$$w = \frac{K}{2\,J^2} = \frac{K \cdot E_p'^2}{2\,A^2}\,.$$

Aus der Grundformel $w = \dfrac{c \cdot l}{q}$, worin l die Länge, q den Querschnitt und c den spec. Leitungswiderstand bedeutet, ergiebt sich

$$q = \frac{c \cdot l}{w} = \frac{2 \cdot c \cdot l \cdot A^2}{K \cdot E_p'^2}$$

und das gesammte Kupfervolumen der Hin- und Rückleitung

$$V = 2 \cdot q \cdot l = 4\,\frac{c \cdot l^2 \cdot A^2}{K \cdot E_p'^2}\,.$$

2. **Drehstrom in Sternschaltung.** Aus der verketteten Spannung E_p' ergiebt sich die Phasenspannung des Generators $= \dfrac{E_p'}{\sqrt{3}}$. Die Leistung einer Generatorphase ist daher $= \dfrac{E_p'}{\sqrt{3}} \cdot J$ und die Leistung aller 3 Phasen zusammen

$$A = 3 \cdot \frac{E_p'}{\sqrt{3}} \cdot J = \sqrt{3}\,E_p' \cdot J.$$

Der Strom in jeder der drei Leitungen wird also $J = \dfrac{A}{\sqrt{3}\,E_p'}$, und der Effektverlust in allen 3 Leitungen, wenn w der Widerstand einer Leitung ist, $K = 3\,J^2 \cdot w$. Daher wird

$$w = \frac{K \cdot 3\,E_p'^2}{3\,A^2} = \frac{K \cdot E_p'^2}{A^2}\,.$$

Hieraus ergiebt sich $q = \dfrac{c \cdot l}{w} = \dfrac{c \cdot l \cdot A^2}{K \cdot E_p'^2}$ und das Kupfervolumen aller 3 Leitungen

$$V = 3\,q \cdot l = 3\,\frac{c\,l^2\,A^2}{K \cdot E_p'^2}\,.$$

Vergleicht man die Kupfervolumina für Drehstrom und Gleichstrom, so bemerkt man, dass sie sich verhalten wie $3:4$. Der

Drehstrom verbraucht also unter ganz gleichen Umständen für die Fernleitungen trotz der 3 Leitungen 25 % weniger Kupfer als der Gleichstrom. Für den Drehstrom etwas ungünstiger ist freilich, dass die Isolation und Verlegung der drei Leitungen theurer wird als die von zweien, gleich, ob sie unterirdisch als Kabel oder oberirdisch als Freileitungen an Masten mit Isolatoren ausgeführt werden. Alles in allem ist die Fernleitung von Drehstrom aber unter sonst gleichen Verhältnissen eher billiger denn theurer als die von Gleichstrom. Zur besseren Uebersicht der obigen vergleichenden Rechnung folgt hier noch eine Gegenüberstellung ohne erklärenden Text.

Vergleichende Uebersicht des Kupferverbrauchs bei Gleichstrom und Drehstrom.

Gleichstrom:

$$A = E_p' \cdot J$$

$$J = \frac{A}{E_p'}$$

$$K = J^2 \cdot 2\,w$$

$$w = \frac{K}{2\,J^2} = \frac{K \cdot E_p'^2}{2\,A^2}$$

$$q = \frac{c \cdot l}{w} = 2 \cdot \frac{c \cdot l \cdot A^2}{K \cdot E_p'^2}$$

$$V = 2\,q \cdot l = 4\,\frac{c \cdot l^2 \cdot A^2}{K \cdot E_p'^2}$$

Drehstrom:

$$A = \frac{3 \cdot E_p'}{\sqrt{3}} \cdot J$$

$$J = \frac{A}{\sqrt{3}\,E_p'}$$

$$K = 3\,J^2\,w$$

$$w = \frac{K}{3\,J^2} = \frac{K \cdot 3\,E_p'^2}{3\,A^2}$$

$$q = \frac{c \cdot l}{w} = \frac{c \cdot l \cdot A^2}{K \cdot E_p'^2}$$

$$V = 3\,q \cdot l = 3\,\frac{c \cdot l^2 \cdot A^2}{K \cdot E_p'^2}.$$

So ist denn also bewiesen worden, dass sowohl die Erzeugung wie auch die Fortleitung des Drehstroms in technisch einfacher und wirthschaftlich günstiger Weise geschehen kann. Demgemäss ist gegen den Bau von Drehstrommotoren a priori nichts einzuwenden, wenn ihre Betriebseigenschaften technisch werthvoll sind. Der Besprechung der letzteren könnten wir uns daher jetzt zuwenden. Zur besseren Fixirung und grösseren Veranschaulichung der ihnen zu Grunde liegenden Grössen soll indessen zunächst noch eine Besprechung der Messinstrumente für Spannung, Stromstärke und Arbeitsleistung des Wechselstromes vorangeschickt werden.

V. Die Messung der Wechselstromgrössen.

Im Abschnitte I ist auf S. 14 besprochen worden, dass man die Stärke eines Wechselstromes zu definiren pflegt durch den sog. effektiven Werth. Dieser bedeutet die Wurzel aus dem Mittelwerthe der Quadrate aus sämmtlichen Momentanwerthen J_t während einer Periode, kann also symbolisch dargestellt werden durch $\sqrt{M(J_t{}^2)}$. Der effektive Werth hat den Vorzug, dass er, ins Quadrat erhoben, und mit dem Widerstand des Leiters multiplicirt $[M(J_t{}^2)\,w]$, sofort den mittleren sekundlichen Arbeitsverbrauch durch den Stromfluss im Leiter ergiebt. Da wir im Folgenden alle Wechselstromgrössen ausschliesslich durch den effektiven Werth definiren wollen, so wählen wir dafür die einfachen Buchstaben J und stellen noch fest, dass nach Gl. 7 S. 13

$$J = \sqrt{M(J_t{}^2)} = \frac{J_{max}}{\sqrt{2}} . \quad \ldots \ldots \ldots \quad (1)$$

ist. Die für den Stromfluss durch den Widerstand aufzuwendende Leistung beträgt dann also $M(J_t{}^2)\,w = J^2 . w$ Watt, und die dabei entwickelte Wärmemenge ist (G. S. 134) $0{,}24\,J^2\,w$ Grammkalorien. Wenn man unter J den Effektivwerth versteht, so werden diese Formeln also genau so wie bei Gleichstrom. Man kann diese That-sache umgekehrt auch zu einer einfachen physikalischen Definition des Effektivwerthes benutzen, welche so lauten würde: Ein Wechsel-strom hat dann einen Effektivwerth von J Ampère, wenn er in einem Draht sekundlich dieselbe Wärme entwickelt wie ein Gleich-strom von J Ampère.

So viel zur Rekapitulation der früher abgeleiteten Sätze. — Die Definition durch die Wärmewirkung giebt sogleich auch die grundlegende Methode für die Messung des effektiven Werthes. In Fig. 34 ist ein auf diesem Princip beruhendes Instrument ge-

zeichnet, welches Hitzdrahtamperemeter genannt zu werden pflegt.
Zwischen A und B ist ein sehr dünner Metalldraht, „der Hitzdraht", ausgespannt, welcher den zu messenden Strom zu führen
hat und durch ein Federwerk straff gehalten wird. Zu diesem
Zwecke ist an ihm in C und mit dem anderen Ende in D ein Faden
befestigt, welcher seinerseits durch einen zweiten Faden $E\,G$ mit Hilfe
der Feder F gespannt wird. $E\,G$ ist um die drehbare Rolle R ge-
schlungen, auf deren Achse ein Zeiger sitzt. Fliesst Strom durch
den Hitzdraht, so wird er erwärmt, dehnt sich aus, senkt sich durch
und wird durch die Feder F wieder gespannt, wobei der Faden $E\,G$

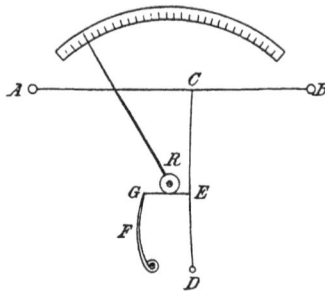

Fig. 34.

nach links gezogen, und die Rolle mit dem Zeiger dadurch nach
rechts gedreht wird. Die Grösse des Ausschlages hängt natürlich
nur von der im Hitzdraht entwickelten Wärme ab und kann daher
als Maass für den Effektivwerth dienen. Die Anfertigung der Skala
kann einfach auf Grund einer Aichung des Instrumentes durch Gleichstrom geschehen.

Wenn der geschilderte Apparat fein und sicher arbeiten soll,
so darf der Hitzdraht natürlich nur sehr dünn sein. Da ihn dann
aber starke Ströme zu heftig erwärmen oder sogleich durchschmelzen
können, so pflegt man zu deren Messung an A und B noch die
Enden eines stärkeren Drahtes anzuschliessen, in welchen, weil er
kleineren Widerstand hat, sich der grösste Theil des ganzen Stromes
abzweigt, so dass der Hitzdraht nur einen geringen Betrag zu führen
hat. Die Amperemeter der Starkstromtechnik kommen ohne einen
solchen „Nebenschluss" überhaupt nicht aus. Ihre Aichung geschieht natürlich nach vollendetem Zusammenbau mit Gleichstrom
genau so, als wenn der Nebenschluss nicht vorhanden wäre.

Nachdem die Definitionsweise für die Stärke des Wechselstromes gewählt worden ist, muss die gleiche natürlich auch für
die Spannung übernommen werden, damit die Beziehung zwischen
Spannung und Stromstärke in allen Fällen einfach bleibt. Wir
definiren dahin auch die sinusartig mit der Zeit sich verändernden
Spannungen durch die Gleichung:

$$E_p = \sqrt{M(Ep\,t^2)} = \frac{Ep_{max}}{\sqrt{2}} . \quad . \quad . \quad . \quad . \quad (2)$$

Die direkte Uebernahme von Gl. 1 auch für die Spannung ist berechtigt, da diese Gleichung an der Hand von Fig. 7 einfach aus
den geometrischen Eigenschaften der Sinuskurve abgeleitet war. Die
Messung der Spannung kann nach denselben Grundsätzen geschehen
wie bei Gleichstrom (G. S. 7) mit Hilfe eines Hitzdrahtamperemeters
von grossem Widerstand. Da der Hitzdraht selbst schon einen
grossen Widerstand besitzt, so genügt es, die Enden AB direkt
mit den Klemmen zu verbinden, zwischen denen die Spannung gemessen werden soll. Bezeichnen wir den Widerstand des Hitzdrahtes mit W und einen Momentanwerth, den der Strom in einem
betrachteten Augenblick im Hitzdraht annimmt, mit i_t, so ist die
gleichzeitig vorhandene Spannung an AB, also auch an den Klemmen, an denen sie bestimmt werden soll,

$$Ep_t = i_t . W;$$

hieraus folgt

$$Ep_t{}^2 = W^2 . i_t{}^2$$

und für die Mittelwerthe aus den veränderlichen Werthen

$$M(Ep_t{}^2) = W^2 . M(i_t{}^2),$$

da W für die gegebene Stromstärke konstant ist. Endlich wird

$$\sqrt{M(Ep_t{}^2)} = W \sqrt{M(i_t{}^2)},$$

oder, wenn man die abgekürzte Bezeichnung für die Effektivwerthe
einführt,

$$E_p = i . W.$$

Der Effektivwerth der Stromstärke im Hitzdraht, den das Instrument
eigentlich misst, führt also direkt zum Effektivwerth der Spannung,
wenn man mit dem Widerstand des Hitzdrahtes multiplicirt. Dieser
verändert sich zwar etwas, jedoch in gleicher Weise auch bei dem
Gleichstrom von der Stärke i, zu welchem wieder eine Gleichstrom-

spannung E_p gehört. Demgemäss kann man das Hitzdrahtinstrument auch als Voltmeter mit einem Gleichstromvoltmeter direkt aichen und dann zur direkten Ablesung des Effektivwerthes der Spannung benutzen. Für hohe Spannungen E_p, bei denen der Strom i zu gross würde, schaltet man dem Hitzdraht noch einen Widerstand vor und drückt dadurch den Strom im Instrument herab.

Die Leistung eines Wechselstromes in einem Widerstande, der in einem betrachteten Augenblicke die Stromstärke J_t führt und an den Klemmen zu derselben Zeit die Spannung Ep_t hat, ist wie bei Gleichstrom

$$A_t = Ep_t J_t,$$

denn jeder Wechselstrom kann für einen sehr kurzen Augenblick als ein Gleichstrom betrachtet werden. Da Ep_t und J_t sich mit der Zeit periodisch verändern, so ändert sich auch A_t periodisch. Wir müssen natürlich bestrebt sein, die Leistung durch die effektiven Werthe von Spannung und Strom auszudrücken, welche wir direkt mit Volt- und Ampèremeter messen.

Zu diesem Zweck wollen wir das specielle Beispiel einer Glühlampenanlage ins Auge fassen, welche an ihren Vertheilungsschienen in dem betrachteten Moment ebenfalls die Spannung Ep_t habe und im Ganzen den Strom J_t aufnehme. Dann ergiebt sich der Widerstand w der ganzen Anlage aus dem Ohmschen Gesetze mit Hilfe der Gleichung

$$Ep_t = J_t \cdot w,$$

und die Leistung wird wieder in dem betrachteten Augenblick

$$A_t = Ep_t \cdot J_t.$$

Indem man hierin zuerst Ep_t, dann J_t mit Hilfe des Ohmschen Gesetzes ausdrückt, erhält man nacheinander

$$A_t = \frac{Ep_t{}^2}{w}, \quad \cdots \cdots \cdots \quad (3)$$

$$A_t = J_t{}^2 \cdot w. \quad \cdots \cdots \cdots \quad (4)$$

Aus diesen beiden Gleichungen für die Momentanwerthe ergeben sich für die Mittelwerthe die Beziehungen

$$M(A_t) = \frac{1}{w} \cdot M(Ep_t{}^2)$$

und

$$M(A_t) = w \cdot M(J_t{}^2),$$

wobei unter $M(A_t)$ das arithmetische Mittel aus allen veränderlichen Werthen A_t während einer Periode zu verstehen ist. Durch Multiplikation der letzten beiden Gleichungen und Radicirung erhält man schliesslich

$$M(A_t) = \sqrt{M(Ep_t{}^2)} \cdot \sqrt{M(J_t{}^2)} = E_p \cdot J. \quad \ldots \ldots (5)$$

In dieser Anlage ist also der einfache arithmetische Mittelwerth aus der veränderlichen Arbeitsleistung gleich dem Produkt aus den effektiven Werthen von Spannung und Strom, wie sie mit Volt- und Ampèremeter gemessen werden. Analog mit dem Gleichstrom pflegt man die Arbeitsleistung eines Wechselstromes durch diesen einfachen Mittelwerth zu definiren. Wir setzen der Kürze wegen

$$M(A_t) = A.$$

Der zeitliche Verlauf von A_t ist nach den Gl. 3 und 4 eine $\sin^2$-Kurve, wenn Spannung und Strom sich sinusartig verändern. Er wird also dargestellt durch Fig. 7 a.

In der Wechselstromtechnik treten nun Fälle auf und sind sogar ihrer Zahl und praktischen Bedeutung nach überwiegend, wo Spannung sowohl wie Stromstärke sich sinusartig verändern, und dennoch das in Gl. 5 zum Ausdruck kommende Gesetz keine Giltigkeit hat. Dies findet statt bei allen Drahtspulen, wie sie in Motoren verwendet werden, während für Glühlampen und gerade ausgespannten Drähten das Ohmsche Gesetz und die oben gezogenen Folgerungen mit grösster Annäherung Geltung behalten. In den Fällen, wo die obige Gleichung für die Leistung nicht gilt, tritt die Abweichung dadurch ein, dass die Sinuskurven der Spannung und der Stromstärke eine Phasenverschiebung gegeneinander haben. Bei Motorspulen, auf die wir bei der Besprechung der Betriebseigenschaften der Drehstrommotoren ausführlich zurückkommen, ist der Strom in der Phase zurück gegenüber der Spannung.

In Fig. 35 ist dieser Fall dargestellt. Kurve _I_ bedeutet die Spannungskurve Ep_t, Kurve _II_ die dagegen nach rechts verschobene Stromkurve J_t, Kurve _III_ endlich die Produktkurve der Ordinaten Ep_t und J_t, also die Kurve der Arbeitsleistung A_t. An der Arbeitskurve ist bemerkenswerth, dass sie überwiegend positive, aber unter 2 Abscissenstücken auch negative Ordinaten hat. Die letzteren treten dort auf, wo Ep_t und J_t entgegengesetztes Vorzeichen haben, werden also nur verursacht durch die Phasenverschiebung von Spannung und

Strom. Wären die beiden Sinuskurven nicht gegeneinander verschoben, so wären negative Werthe der Leistungskurve nicht vorhanden.

Um über den Einfluss dieser negativen Werthe Klarheit zu gewinnen, gehen wir zurück auf den oben betrachteten Fall, dass der Strom wieder durch Glühlampen fliesse und deshalb Gl. 5 erfüllt sei. Die Glühlampen denken wir uns dann durch Motorspulen der Art ersetzt, dass die Effektivwerthe der Spannung und Stromstärke selbst die gleichen bleiben und nur in der Phase gegeneinander verschoben werden. Dann behalten also in Gl. 5 E_p und J die alten Werthe, $M\,(A_t)$ als der Mittelwerth sämmtlichen veränderlichen Werthe der Arbeitsleistung aber wird in Folge des Auftretens der negativen Werthe von A_t geringer. Aus Gl. 5 wird die Ungleichung

$$M\,(A_t) < \sqrt{M(Ep_t{}^2)} \;.\; \sqrt{M(J_t{}^2)}$$

Allgemein ist also unter Benutzung der abgekürzten Bezeichnungsweise

$$A \lesssim E_p \,.\, J.$$

Diese Ungleichung kann man zu einer Gleichung machen, wenn man zu $E_p \,.\, J$ einen Faktor F von entsprechender Grösse hinzufügt. So wird denn also

$$A = F \,.\, E_p \,.\, J, \quad \ldots \ldots \ldots \quad (6)$$

wobei

$$F \lesssim 1 \text{ ist.}$$

Dieser Faktor heisst, da er die Leistung berechnen lehrt, der Leistungsfaktor. $E_p \,.\, J$, das Produkt aus der Volt- und Amperemeterangabe, pflegt man als die scheinbare Leistung, A im Gegensatz dazu als die wahre Leistung zu bezeichnen.

Der Leistungsfaktor lässt sich durch die Phasenverschiebung in sehr einfacher Weise ausdrücken. Setzt man die Spannung

$$Ep_t = Ep_{max} \,.\, \sin \omega t$$

und den Strom

$$J_t = J_{max} \,.\, \sin (\omega t - \varphi),$$

nimmt man also eine Phasenverschiebung φ als bestehend an, so wird der mittlere Werth der Arbeitsleistung

$$A = M\,(Ep_t\, J_t) = Ep_{max}\, J_{max} \,.\, M\,[\sin \omega t \sin (\omega t - \varphi)] \quad .\quad (7)$$

Den Mittelwerth aus $\sin \omega t \,.\, \sin (\omega t - \varphi)$ erhält man durch Auflösung dieses Produktes als Summe der Mittelwerthe

$$M\,(\sin^2 \omega t \cos \varphi) + M\,(\sin \omega t \cos \omega t \sin \varphi).$$

Da φ konstant ist, können cos φ und sin φ aus beiden Ausdrücken herausgezogen werden, und man erhält

$$\cos \varphi . M (\sin^2 \omega\, t) + \sin \varphi\, M (\sin \omega\, t \cos \omega\, t).$$

Hierin ist nach Gl. 3 S. 13

$$M (\sin^2 \omega\, t) = {}^1/_2,$$

dagegen ist, wie sogleich gezeigt werden soll,

$$M (\sin \omega\, t \cos \omega\, t) = 0.$$

In Fig. 36 stellt Kurve *I*, wenn man $\omega\, t$ als Abscisse betrachtet, die Funktion sin $\omega\, t$ dar, Kurve *II* die Funktion $(- \cos \omega\, t)$, denn bei $\omega\, t = 0$ hat die Ordinate der letzteren ihr negatives Maximum,

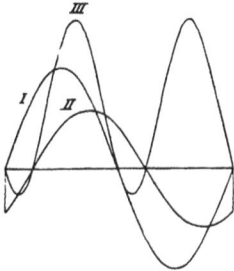

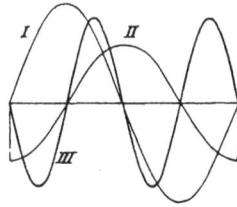

Fig. 35.   Fig. 36.

bei $\omega\, t = 90^0$ ist ihre Ordinate null u. s. w., Kurve *III* endlich veranschaulicht den Verlauf des Produktes der Ordinaten von *I* und *II*, also die Funktion $(- \sin \omega\, t . \cos \omega\, t)$. Wie man sieht, hat Kurve *III* gleich grosse positive und negative Theile. Die Gleichheit der positiven und negativen Kurvenstücke bedeutet aber, dass in der That der Mittelwerth der Ordinaten, wie oben behauptet wurde, null ist.

Demgemäss wird (Gl. 7)

$$M (A t) = A = Ep_{max} . J_{max} . {}^1/_2 \cos \varphi$$

und unter Berücksichtigung von Gl. 1 und 2 schliesslich

$$A = E_p . J \cos \varphi.$$

Der durch Gl. 6 definirte Leistungsfaktor F ist also einfach gleich dem Cosinus der Phasenverschiebung zwischen Spannungs- und Stromkurve:

$$F = \cos \varphi.$$

6*

Nach diesen Darlegungen reichen also Volt- und Ampèremeter
für die Messung der Leistung eines Wechselstromes nicht aus. Es
ist entweder nothwendig, neben den effektiven Werthen von Spannung und Strom den Leistungsfaktor für sich oder, was noch einfacher ist, die Leistung direkt durch ein besonderes Instrument
zu bestimmen. Diesem Zwecke dient das „Wattmeter", welches nun
beschrieben werden soll.

Seiner Bestimmung entsprechend muss das Wattmeter so eingerichtet sein, dass die Kraft, welche auf seine beweglichen und
den Zeiger tragenden Theile wirkt, proportional $Ep_t J_t$ ist. Man
erreicht dies am einfachsten unter Benutzung der sog. elektrodynamischen Kräfte, d. s. solche, welche zwei stromdurchflossene Leiter
aufeinander ausüben. Fig. 37 stellt ein Schema zweier elektrodyna-
misch aufeinander wirkender Leitungskreise dar: Wird der eine vom
Strome J_t, der andere vom Strome i_t durchflossen, so üben sie
aufeinander eine Kraft K_t aus, welche proportional $J_t . i_t$ ist. Wir
setzen

$$K_t = c . J_t . i_t,$$

wobei c ein Faktor ist, der von der Gestalt und gegenseitigen Lage
der Leiter abhängt. Will man also die Leistung eines Wechselstroms
in einem Widerstande W messen, so braucht man nur, wie in Fig. 38
schematisch angedeutet ist, den Leiter I, am besten in Form einer
Spule, wie ein Ampèremeter vor W zu schalten und den Leiter II in
Nebenschluss zu W zu legen. Leiter I führt dann den Strom J_t,
der in W einfliesst, und Leiter II, da er an die Klemmen von W
angeschlossen ist und zwischen diesen die Spannung Ep_t besteht,
den Strom $i_t = \dfrac{Ep_t}{\varrho}$, wenn sein eigner Widerstand ϱ ist. Demgemäss ist die elektrodynamische Kraft, die beide Leiter aufeinander
ausüben,

$$K_t = \frac{c . Ep_t . J_t}{\varrho} .$$

Denkt man sich (Fig. 39) die Spule I fest montirt, die Spule II
um eine vertikale Achse drehbar, den Strom dabei durch Queck-
silbernäpfe zugeführt und gegen die Drehung von II eine Spiral-
feder wirkend, so wird sich II unter dem Einfluss der elektrodynamischen Kraft so weit drehen, bis das rückwärtsdrehende Torsions-
moment der Feder dem ablenkenden elektrodynamischen Drehmoment
gleich ist. In diesem Drehungswinkel hat man dann offenbar ein

Maass für $Ep_t J_t$. Das gezeichnete Instrument würde den ausserordentlich schnellen Aenderungen von $Ep_t . J_t$, die bei den modernen
Wechselströmen von 50 Perioden pro Sekunde auftreten, seiner
mechanischen Trägheit wegen nicht folgen können. Die bewegliche
Spule würde sich auf eine feste Ablenkung einstellen, welche dem
mittleren Werthe der ablenkbaren Kraft, also

$$M(K_t) = \frac{c}{\varrho} . M(Ep_t J_t)$$

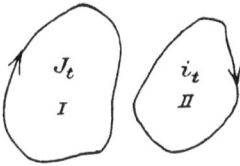

Fig. 37.

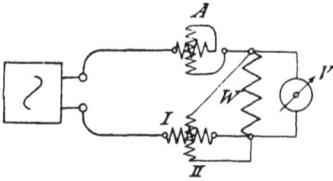

Fig. 38.

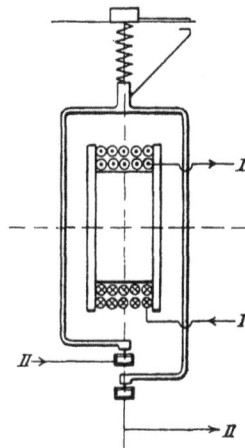

Fig. 39.

entspräche. Die Ablenkung würde also, abgesehen von den Konstanten c und ρ, nur von der mittleren Arbeitsleistung des Wechselstromes abhängen. Bei Gleichstrom, wo E_p und J unveränderlich
sind, also $M(E_p J) = E_p J$ ist, würde die Ablenkung in genau derselben Weise durch die konstante Leistung $E_p . J$ bestimmt sein.
Man könnte also ein solches Wattmeter mit Gleichstrom aichen und
es dann ohne Weiteres zur Messung der wahren Leistung eines
Wechselstromes benutzen.

Das in Fig. 39 gezeichnete, sehr gebräuchliche Wattmeter arbeitet in Wirklichkeit nicht ganz so, wie oben geschildert wurde.
Man lässt vielmehr die bewegliche Spule einen Ausschlag gar nicht
annehmen, sondern dreht die Feder so weit zurück, bis die Spule
wieder in ihrer Nulllage angekommen ist, und misst die Leistung

durch die Grösse dieses Torsionswinkels. Auf dieses Verfahren kann indessen nicht näher eingegangen werden. Der heutige Instrumentenbau hat auch die Tendenz, solche indirekten Ablesungen zu vermeiden und die Instrumente so einzurichten, dass sie alle Werthe durch direkte Ausschläge messen. Für die Erklärung des allgemeinen Messprincips war die vorliegende Wattmeterform aber die geeignetste.

Für die Wahrung des Ohmschen Gesetzes als Beziehung zwischen Ep_t und i_t, die oben für die bewegliche Spule als giltig vorausgesetzt wurde, sind besondere Vorsichtsmaassregeln nöthig, die aber Sache des speciellen Instrumentenbaues sind und hier keine Berücksichtigung finden können. Es sei nur noch erwähnt, dass auch die bewegliche Spule zur Verstärkung der Wirkung gewöhnlich nicht aus einer Windung, wie in Fig. 39, gezeichnet ist, sondern aus mehreren Windungen besteht und ausserdem meist noch einen Vorschaltwiderstand erhält.

Fig. 38 enthält ausser dem Wattmeter auch die schematische Anordnung eines Voltmeters V und eines Ampèremeters A, genau wie Fig. 1 im Buche über Gleichstrommotoren. A deutet eine besondere Art von Wechselstromamperemetern an, welche nach einem anderen Messprincip arbeitet, als das oben geschilderte Hitzdrahtamperemeter. Schaltet man nämlich in Fig. 39 feste und bewegliche Spule hintereinander und beide als Amperemeter in den Stromkreis, so dass sie beide vom Strome J_t durchflossen werden, also $i_t = J_t$ ist, so wird die ablenkende Kraft

$$K_t = c \cdot J_t{}^2,$$

und die mittlere Kraft, welche für die definitive Ablenkung entscheidend ist,

$$M(K_t) = c \cdot M(J_t{}^2) = c \cdot J^2.$$

Das Instrument misst also J^2, doch kann natürlich das Ausziehen der Wurzel dem Beobachter erspart und J auf der Skala direkt angegeben werden. Auf diesem dynamometrischen Princip beruht eine ganze Reihe von Amperemeterkonstruktionen.

VI. Die asynchronen Drehstrommotoren.

Um mehrere Drehstrommotoren gleichzeitig von einem Drehstromgenerator aus zu speisen, genügt es, vom Generator aus 3 Leitungen durch die mit Strom zu versorgenden Räume zu verlegen
und alle Motoren mit ihren 3 Klemmen an diese Leitungen anzuschliessen, so dass sich die von dem Generator kommenden Ströme
in die einzelnen Motoren verzweigen. Man bezeichnet dieses System
als die Parallelschaltung. Bei Kraftvertheilung über weitere Gebiete
bildet man ganze Vertheilungs-„Netze" aus, indem man starke Lei-
tungsstränge an die Stromquelle anschliesst und von diesen aus nach
Bedarf Nebenleitungen abzweigt, die nöthigenfalls wieder mit kleinen
Seitensträngen zur Speisung der einzelnen Anlagen versehen werden.
Die Hauptstränge können gleichzeitig an verschiedenen Stellen mit
Strom gespeist werden; man kann überall, wo es geeignet erscheint,
einen Generator an die 3 Leitungen des Stranges anschliessen und
ihn auf das Netz „arbeiten" lassen. Das ganze Vertheilungsnetz
verhält sich wie ein Druckrohrnetz, nur dass statt eines Rohres
immer drei Leitungen nebeneinander herzuführen sind.

Damit die angeschlossenen Motoren zu jeder Zeit und an jedem
Ort gleiche Betriebsbedingungen erhalten, regulirt man die Generatoren so, dass das ganze Vertheilungsnetz stets unter konstanter
Spannung steht. Hierunter ist natürlich Konstanz der effektiven
Werthe zu verstehen. Damit ferner die Rotationsgeschwindigkeit
der Drehfelder aller Motoren unveränderlich bleibt, wird die Periodenzahl der Wechselströme sorgfältig konstant gehalten und zu diesem
Zweck für eine exakte Regulirung der Tourenzahl der Generatoren
und ihrer Antriebsmaschinen Sorge getragen. Konstanz der Klemmenspannung und Konstanz der Periodenzahl der Wechselströme
sind also die wesentlichen Betriebsbedingungen, unter denen die
Drehstrommotoren arbeiten.

An Vertheilungsnetze, welche die genannten Bedingungen erfüllen, können ausser den Motoren auch Lampen angeschlossen werden. Die Glühlampen leuchten, mit Wechselstrom von 50 Perioden in
der Sekunde gespeist, ebenso gleichmässig, wie wenn sie mit Gleichstrom gespeist würden, denn die Temperatur der Glühfäden kann
die ausserordentlich schnellen Intensitätsschwankungen der Wechselströme nicht mitmachen. Bogenlampen zeigen bei Strömen von
weniger als 40 Perioden ein leises Flimmern, doch verschwindet dies
bei 50 Perioden schon vollständig. Solche Lampen kann man entweder zu je dreien von gleicher Stromaufnahme in Sternschaltung
schalten wie die Wicklungen der Motoren, so dass sie einerseits an
die Leitungen angeschlossen und mit den anderen Enden zu einem
neutralen Punkte vereinigt werden, oder man kann sie auch direkt
mit je 2 Leitungen des Netzes verbinden, wobei sie der verketteten
Spannung ausgesetzt sind. Ein specielleres Eingehen auf diesen
Gegenstand liegt ausserhalb des Zweckes dieses Buches; die wenigen
Bemerkungen sollten nur zeigen, dass Kraft und Licht von demselben
Drehstromnetz aus gleichzeitig vertheilt werden können.

Wir wenden uns jetzt der Betrachtung der Betriebseigenschaften
zu, welche Drehstrommotoren bei konstanter Spannung und Periodenzahl und bei verschiedenen Belastungen zeigen. Wir besprechen
zunächst die elektrischen und dann die mechanischen Betriebseigenschaften, die elektrischen zuerst, weil sie die Grundlage der mechanischen bilden. Zur Erhöhung der Uebersicht möge hier eine kurze
Disposition der nachfolgenden Darlegungen gegeben werden.

Elektrische Betriebseigenschaften.
  1. Die Stärke des Drehfeldes.
  2. Beziehung zwischen primärer und sekundärer Stromstärke
     bei verschiedenen Belastungen.
  3. Beziehung zwischen Arbeitsverbrauch und Leistung, Wir-
     kungsgrad.
  4. Leistungsfaktor bei verschiedenen Belastungen.
Mechanische Betriebseigenschaften.
  1. Beziehung zwischen Drehmoment und Schlüpfung.
  2. Tourenregulirung.
  3. Anlassvorrichtungen und Umsteuerung.
  4. Bremsung und Kraftrückgabe.
Am Schlusse soll endlich eine Zusammenstellung der für den
Betrieb besonders wichtigen elektrischen und mechanischen Eigen-

schaften erfolgen, um die Uebersicht über die Verwendbarkeit des Drehstrommotors als mechanischer Antriebsmotor zu erleichtern.

Die elektrischen Betriebseigenschaften.

Die Stärke des Drehfeldes.

Zum Studium der Stärke des Drehfeldes N greifen wir zurück auf die Ergebnisse des Abschnittes I, in welchem wir einen Drehfeldmotor betrachtet haben, bestehend aus einem rotirenden, permanenten Magnet oder einem mit Gleichstrom erregten Elektromagnet, in dessen Felde ein drehbarer, mit kurz geschlossenen Windungen versehener Anker angebracht ist. In diesem Anker werden durch die Bewegung des Feldes Ströme inducirt, deren Wechselwirkung mit dem Felde eine mechanische Zugkraft erzeugt, durch welche der Anker mitgenommen wird. Wenn das Magnetgestell p Polpaare hat, und jeder Pol N Kraftlinien in den Anker einstrahlt, so entsteht (Gl. 13 S. 16) in jeder Ankerwindung vom Widerstande w ein Strom vom Effektivwerthe

$$ J = \frac{N \cdot p \, (\omega_1 - \omega_2)}{w \cdot 2 \, \sqrt{2}}, \quad \ldots \ldots \quad (1) $$

wenn ω_1 die Winkelgeschwindigkeit des Feldes, ω_2 die des Ankers, $\omega_1 - \omega_2$ die Schlüpfung zwischen Feld und Anker ist. Haben alle Ankerwindungen zusammen n achsiale Drähte auf der Ankeroberfläche aufzuweisen, so ist das Drehmoment, welches der Anker erfährt (Gl. 16 S. 16),

$$ D = \frac{N \cdot n \cdot J \cdot p}{2 \cdot \sqrt{2}} \cdot \quad \ldots \ldots \quad (2) $$

Hieraus wurde gefolgert, dass bei gegebener Polstärke N und gegebenen Konstruktionsdaten n und p im Anker bei allen Zugkräften, die seine Welle zu leisten hat, ein Strom proportional dem auszuübenden Drehmomente sich von selbst einstellt und dass die Schlüpfung, um die Erzeugung des Stromes möglich zu machen, ihrerseits dem Drehmomente proportionale Werthe annimmt. Bei absolutem Leerlauf, wo die Zugkraft des Ankers null ist, kann ein Ankerstrom nicht vorhanden sein; auch die Schlüpfung muss daher null werden, der Anker also synchron mit dem Felde laufen.

Nach dieser Rekapitulation können wir uns der Betrachtung der Vorgänge in den primären Wickelungen des Drehstrommotors

zuwenden, welche uns zur Berechnung des Drehfeldes N hinüber-
führen werden. Um die Besprechung des Anlaufvorganges vorläufig
noch zu umgehen, nehmen wir an, dass die primäre Wicklung zunächst noch nicht an das Vertheilungsnetz angeschlossen wäre, und
dass der Anker künstlich durch eine Kraft mit einer Geschwindigkeit gedreht würde, welche dem späteren synchronen Lauf entspräche.
Wenn wir jetzt den Anschluss der Primärwicklungen an das Vertheilungsnetz durch einen Schalthebel plötzlich ausführen und dadurch jeder der drei Wickelungen die Phasenspannung Ep_t geben,
so fliesst in jede ein Strom J_t hinein nach der Gleichung

$$Ep_t = J_t \cdot w,$$

wenn w_1 der Widerstand einer primären Phase ist. Die Ströme in
den 3 Phasen erzeugen sofort ein Drehfeld, und dieses muss, da es
gegen die feststehende, primäre Wicklung eine Relativbewegung ausführt, nun in jeder der 3 Wicklungen eine E.M.K. induciren, welche
zu Ep_t hinzukommt und die obige Gleichung ungiltig macht. Wir
bezeichnen diese E.M.K. mit e_t und erhalten daher jetzt

$$Ep_t + e_t = J_t \cdot w.$$

Um den Einfluss von e_t zu untersuchen, ist sowohl die Richtung
als auch die Grösse von e_t festzustellen.

Würde e_t im Sinne von Ep_t wirken, so dass es zu Ep_t zu addiren wäre, so würde der von Ep_t erzeugte Strom J_t sofort vergrössert werden, was eine Verstärkung des von J_t erzeugten rotirenden Magnetfeldes und daher wieder eine Steigerung der inducirten
E.M.K. e_t zur Folge hätte. Das verstärkte e_t würde dann J_t weiter
vergrössern u. s. f., und so würde man bei gegebener Netzspannung
unendlich grosse Ströme in die Wicklung hineinschicken können,
was natürlich nicht möglich ist. Genau so wie bei Gleichstrommotoren
die durch die Ankerrotation erzeugte E.M.K., so wirkt auch hier
die inducirte E.M.K. e_t der Klemmenspannung Ep_t entgegen. Wir
addiren daher e_t zu Ep_t mit negativem Zeichen und schreiben

$$Ep_t - e_t = J_t \cdot w$$

oder

$$Ep_t = J_t \cdot w + e_t.$$

Genau genommen ist aber das Entgegenwirken zweier E.M.K. oder
Spannungen bei Wechselstrom kein so scharfer und eindeutiger
Begriff wie bei Gleichstrom. Eine entgegengesetzte Richtung besteht

in jedem Augenblicke nur dann, wenn beide eine Phasenverschiebung von 180⁰ haben, sodass die eine Spannungskurve ein Spiegelbild der anderen ist. Nur in diesem einen Falle sind die Ordinaten der einen Kurve stets positiv, wenn die der anderen Kurve negativ sind und umgekehrt. Aber auch bei einer Verschiebung von nahezu 180⁰ überwiegen die einander entgegenwirkenden Ordinaten auch diejenigen, welche sich unterstützen, und man kann daher von einer Entgegenwirkung beider E.M.K. reden. Um volle Klarheit über die Phasenverschiebung der inducirten E.M.K. e_t gegen Ep_t zu gewinnen, wollen wir daher jede Voraussetzung über den Sinn von e_t noch einmal fallen lassen und diesen durch besondere Betrachtung jetzt exakt bestimmen. Solange wir den Sinn von e_t noch nicht kennen, müssen wir natürlich e_t zu Ep_t algebraisch addiren, also

$$Ep_t + e_t = J_t . w \quad . \quad . \quad . \quad . \quad . \quad . \quad . \quad (3)$$

setzen.

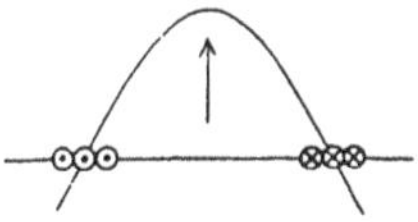

Fig. 40.

Ueber den Verlauf der inducirten E.M.K. gewinnen wir am leichtesten Einsicht durch eine Betrachtung der Fig. 40, welche eine Abwickelung des links oben gelegenen Quadranten der Fig. 18 bildet und 2 aufeinanderfolgende Spulenseiten einer Phase zusammen mit dem von ihnen erzeugten Magnetfeld darstellt. Wenn wir annehmen, der Strom in dieser Phase habe in dem bestimmten Augenblicke gerade seinen Maximalwerth, so hat auch das von ihm erzeugte und ihm proportionale Feld gerade seinen Höchstwerth. Aus den Betrachtungen auf S. 40 wissen wir nun, dass das gesammte Drehfeld, welches alle drei Phasen zusammen bilden, immer gerade über demjenigen feststehenden Wechselfeld liegen muss, das gerade seinen Höchstwerth hat, und dass das Drehfeld $1\frac{1}{2}$ mal so gross ist wie dieses. In Fig. 40 stellt also die Feldkurve in anderem Maassstabe gleichzeitig auch die Vertheilungskurve des Drehfeldes vor, welche in dem betrachteten Augenblick auftritt; sie umfasst zwischen den beiden Punkten, an denen sie durch null geht, gerade eine halbe Theilung. Wenn dieses Feld nun mit gleichförmiger Geschwindigkeit nach rechts oder links wandert, so entsteht in jeder Spulenseite eine E.M.K. e_t, welche in jedem Augenblick proportional der Ordinaten der Feldkurve über der Mitte der Spulenseite ist. e_t hat also seinen Maximalwerth, wenn der Maximalwerth der Vertheilungskurve über der Mitte der Spulenseite gelegen, d. h. wenn die Vertheilungskurve gegen die Stellung in Fig. 40 um eine Vierteltheilung nach rechts oder links gewandert ist. Da nun das Feld während einer Periode eine ganze Theilung zurücklegt, so ist also der Maximalwerth der inducirten E.M.K. e_t in jeder Phase um $^1/_4$ Periode zeitlich verschoben gegenüber dem Maximalwerth des Stromes J_t in derselben Phase. Es bleibt nur noch festzustellen, in welcher Richtung die inducirte E.M.K. wirkt.

Zu diesem Zweck erinnern wir uns an zwei Zeichenregeln, von welchen im Buche über Gleichstrom-Motoren Gebrauch gemacht worden ist. 1. Regel (G. S. 40): Um die Richtung der elektromagnetischen Zugkraft festzustellen, welche ein stromdurchflossenes Leiterstück an irgend einer Stelle eines magnetischen Feldes erfährt, lege man den Mittelfinger der rechten Hand in die Richtung der magnetischen Kraft, den Zeigefinger in die Richtung des Stromes; dann giebt der auf beide senkrecht gestellte Daumen die Richtung der elektromagnetischen Zugkraft an. 2. Regel (G. S. 53): Lässt man den Leiter sich durch diese Kraft bewegen, so entsteht in ihm eine elektromotorische Gegenkraft, d. h. eine solche, welche entgegengesetzt dem vorhandenen Strome gerichtet ist. Denken wir uns nun das Magnetfeld in Fig. 40 um eine Vierteltheilung gegen den Anker nach rechts bewegt, so dass der Maximalwerth gerade über der Mitte der rechten Spulenseite steht, so ergiebt die Anwendung der Fingerregel, dass die genannte Spulenseite bei dieser Stellung die Tendenz erhält, sich selbst auch relativ zum Felde nach rechts zu bewegen. Mit der letzteren relativen Bewegung wäre also eine E.M.K. entgegen der vorhandenen Stromrichtung verbunden. Da aber in Wirklichkeit nicht die Windung gegen das Feld, sondern das Feld gegen die Windung sich nach rechts verschiebt, also die relative Bewegung die umgekehrte ist, so muss eine E.M.K. im Sinne der vorhandenen Stromrichtung inducirt werden. Denken wir uns andererseits das Feld nach links um eine Vierteltheilung bewegt, so dass der Maximalwerth über der linken Spulenseite steht, so sucht die elektromagnetische Kraft die Spule stets relativ zum Felde nach links zu bewegen und dabei eine elektromotorische Gegenkraft zu erzeugen. Da aber in Wirklichkeit wieder die relative Bewegung die umge-

kehrte ist, so wird eine E.M.K. im Sinne der vorhandenen Stromrichtung inducirt. Das Ergebniss dieser Betrachtung ist also, dass
unabhängig von dem Drehungssinn des Feldes in jeder Phase eine
E.M.K. e_t entsteht, deren Maximalwerth um eine Viertelperiode
später auftritt als der des Stromes und dann dem während dieser
Viertelperiode vorhandenen Strome gleichgerichtet ist[1]).

In Fig. 41 möge die gestrichelte Kurve den zeitlichen Verlauf
von $J_t\,w$ in einer Spulenseite während zweier Perioden darstellen.
Der positive Maximalwerth a möge demjenigen Werthe von J_{max}
entsprechen, an welchen auch bei der Betrachtung der Fig. 40 gedacht worden ist. Da e_{max} erst um eine Viertelperiode später auftritt und dann auch positiv ist, wird e_{max} dargestellt durch die

---

[1]) Diese Ableitung könnte vielleicht als zu indirekt und daher als
überflüssig lang erscheinen. Aus den beiden oben angegebenen Finger-
regeln lässt sich natürlich auch eine Regel ableiten, welche die Richtung
des inducirten Stromes direkt angeben lehrt. Eine Kürzung des Gedankenganges tritt aber dadurch nicht ein. Die Herleitung der direkten Regel
möge aber zur Unterstützung des Verständnisses hier noch folgen. Sie
ergiebt sich am einfachsten aus den nachfolgenden Schemen, in denen Mittelfinger, Zeigefinger und Daumen der rechten Hand kurz mit M, Z und D
bezeichnet sind.

Bewegung des Ankers relativ zum Magnetfeld

I | M — Magnet. Kraft | Z — Vorhandener Strom | D — Bewegungsricht.
d. Ankers

II | M — Magnet. Kraft | Z — Entgegengesetzt d. | D — Bewegungsricht.
inducirten Strom | d. Ankers

Bewegung des Magnetfeldes relativ zum Anker

III | M — Magnet. Kraft | Z — Inducirter Strom | D — Bewegungsricht.
des Feldes

Regel I und II sind hierin die auch oben unter 1 und 2 gegebenen.
Regel III folgt unmittelbar aus II, da die Verlegung des Daumens in die
Bewegungsrichtung des Feldes, also in die umgekehrte des Ankers, auch
eine Umkehr der Richtung des Zeigefingers nach sich zieht. Aus Regel III
ergiebt sich für Fig. 40 unmittelbar, dass wenn das Feld um eine Vierteltheilung nach rechts gerückt ist und über der rechten Spulenseite steht,
bei weiterer Bewegung des Feldes nach rechts in dieser Spulenseite eine
E.M.K. im Sinne des vorhandenen Stromes inducirt wird. Entsprechendes
gilt auch für die linke Spulenseite.

Ordinate b. An b als positiven Maximalwerth lässt sich die Sinus-kurve für die zeitliche Veränderung von e_t leicht anschliessen; wir erhalten dafür die strichpunktirte Kurve. Die Grundgleichung (3) lehrt hieraus sogleich auch Ep_t bestimmen; es wird

$$Ep_t = J_t \cdot w - e_t \,.$$

Die ausgezogene Sinuskurve in Fig. 41 stellt Ep_t dar; sie ist ge-bildet worden, indem alle Ordinaten der strichpunktirten Kurve von denen der gestrichelten Kurve subtrahirt worden sind. Wir sehen, dass Ep_t gegen $J_t \cdot w$ um den Winkel φ nach links verschoben erscheint, also um φ in der Phase voraus ist gegenüber J_t.

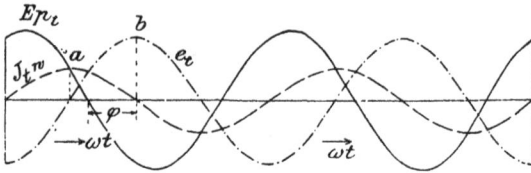

Fig. 41.

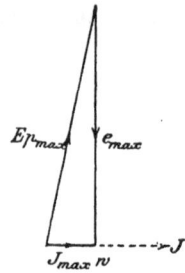

Fig. 42.

Die durch Fig. 41 gegebene Beziehung der Amplituden können wir wesentlich einfacher durch ein Vektordiagramm ermitteln. Zu diesem Zwecke ziehen wir (Fig. 42) eine horizontale Richtlinie und legen längs derselben $J_{max} \cdot w$. Auf diese senkrecht stellen wir mit der Pfeilrichtung nach unten e_{max} und ziehen darauf die Hypo-tenuse Ep_{max}. Dann ist e_{max} um 90^0 nach rechts gedreht gegen-über J_{max}; e_{max} ist also in der Phase um eine Viertelperiode zurück. Ferner ergeben Ep_{max} und e_{max} zusammen $J_{max} \cdot w$, wie es die Grundgleichung in der Form der Gl. 3 verlangt. Fig. 42 stellt also die elektrischen Vorgänge richtig dar. Statt der Maximalwerthe könnte man ebenso die effektiven Werthe E_p, e, $J \cdot w$ eintragen, denn, da alle Aenderungen sinusartig sind, ist für alle 3 Grössen nach Gl. 7 S. 13 das Verhältniss aus dem Maximalwerthe zum effek-tiven Werthe $= \sqrt{2}$.

Man sieht aus Fig. 42, dass e und E_p einander in der That fast genau entgegenwirken, und zwar um so genauer, je kleiner $J \cdot w$ ist. Bei allen modernen Motoren ist nun $J \cdot w$ gegenüber E_p

selbst bei den höchsten vorkommenden Stromstärken so gering, dass es praktisch vernachlässigt werden kann, genau so wie bei Gleichstromankern. Praktisch fallen also e und E_p zu einer Geraden von gleicher Länge zusammen, auf welcher e und E_p verschiedene Pfeilrichtungen haben. Es ist demnach

$$e = - E_p \ldots \ldots \ldots \ldots (4)$$

e ist eine elektromotorische Gegenkraft, welche fast die gleiche Grösse wie E_p annimmt. Fig. 42 zeigt ferner ebenso wie Fig. 41, dass J, weil nach rechts gedreht oder verschoben, in der That in der Phase beträchtlich zurück ist gegenüber E_p und zwar um so mehr, je geringer $J . w$ wird. Im Grenzfalle würde die Phasenverschiebung 90^0 erreichen. Diese Thatsache ist nicht nur für den Betrieb des Motors, sondern auch für seine Speisung aus der Centrale sehr wichtig. Wir kommen in diesem Abschnitt bei der Besprechung des Leistungsfaktors und im Abschnitte IX bei der Erörterung der Ankerrückwirkung in Generatoren noch einmal darauf zurück.

Will man die Eigenschaft des Entgegenwirkens von e und E_p schon in der Formel deutlich zum Ausdruck bringen, so kann man, wie wir es früher thaten, schreiben

$$E_{pt} - e_t = J_t . w$$

oder

$$E_{pt} = J_t . w + e_t.$$

Diese Formel ist identisch mit der Grundgleichung der Gleichstrom-Motoren: Wie der Gleichstrom-Motor in seinem Anker, so muss der Drehstrom-Motor in seiner Primärwickelung beim Betriebe so grosse elektromotorische Gegenkräfte entwickeln, dass die von aussen zugeführte Klemmenspannung bis auf den sehr kleinen Spannungsabfall in der Wickelung ausbalancirt wird.

Der Gleichstromanker erreicht diese Gegenkraft, indem er sich auf die zu ihrer Herstellung nothwendige Tourenzahl einläuft. Beim Drehstrom-Motor wird die Induktion hervorgerufen durch die Relativbewegung des Drehfeldes gegenüber dem Primärgehäuse. Da aber die Rotationsgeschwindigkeit des Drehfeldes nur von der Polzahl der Gehäusewicklung und von der Periodenzahl des Drehstromes abhängt, diese aber nach unseren Voraussetzungen über die Betriebsweise der Drehstrom-Motoren konstant sind, so müssen es andere variabele Grössen sein, durch deren selbstthätiges

Einstellen die Entwickelung der verlangten Gegenkraft gewährleistet wird. Um zu übersehen, welche Grössen dies sind, wollen wir uns daran erinnern, wovon e_t abhängig ist.

Die inducirte elektromotorische Kraft steht mit dem Felde, von dem sie hervorgerufen wird, natürlich in demselben Zusammenhang wie bei dem Drehstromgenerator, in dessen Wickelung durch Rotation eines Magnetsternes elektromotorische Kraft erzeugt wird. Für einen solchen ist e_t von uns schon früher berechnet worden. Wir fanden (Gl. 4 S. 59) pro Phase

$$e_t = 0{,}955 \cdot \mathfrak{B}_r \, l \, g \, n_1 ,$$

wenn wieder mit n_1 die primäre Windungszahl pro Phase bezeichnet wird. $\mathfrak{B}_r$ bedeutet in dieser Formel die radiale magnetische Kraft in der Mitte der Spulenseiten der betrachteten Phase.

Infolge der Rotation ändert sich $\mathfrak{B}_r$ sinusartig mit der Zeit und ist in dem obigen Ausdruck auch die einzige variabele Grösse. Wir erhalten daher den effektiven Werth

$$\sqrt{M(e_t{}^2)} = e = 0{,}955 \, l \, g \, n_1 \sqrt{M(\mathfrak{B}_r{}^2)}.$$

Ersetzen wir $\sqrt{M(\mathfrak{B}_r{}^2)}$ nach Gl. 10 S. 14 durch $\dfrac{\mathfrak{B}_{max}}{\sqrt{2}}$ und drücken wir $\mathfrak{B}_{max}$ nach Gl. 12 S. 15 durch die totale Kraftlinienzahl N aus, die ein Pol ausstrahlt, so erhalten wir

$$e = 0{,}955 \, l \, g \, n_1 \, \frac{p \, N}{2 \sqrt{2} \, r \, l} ,$$

wobei r den inneren Gehäuseradius bezeichnet. Da die absolute Umfangsgeschwindigkeit des Drehfeldes

$$g = 2 \, r \, \pi \, v$$

ist, wenn v für die sekundliche Tourenzahl des Feldes gesetzt wird, so ergiebt sich

$$e = \frac{\pi}{\sqrt{2}} \cdot 0{,}955 \cdot N \, p \, n_1 \, v = 2{,}12 \, N \, p \, n_1 \, v , \quad . \quad . \quad . \quad (5\,a)$$

eine Formel, die ebenso gut für den Drehstromgenerator wie für den Drehstrom-Motor benutzt werden kann. Für den letzteren ersetzt man am besten v durch $\dfrac{\nu}{p}$ nach S. 37 und erhält dann schliesslich

$$- E_p = e = 2{,}12 \, N \cdot n_1 \cdot \nu . \quad . \quad . \quad . \quad . \quad . \quad (5\,b)$$

In dieser Gleichung ist n_1 eine Konstruktionsgrösse der Gehäusewickelung, ν ist die konstant gehaltene Periodenzahl des Wechselstromes, N ist also die oben gesuchte einzige mit e veränderliche Grösse. Indem die vorhandene Klemmenspannung E_p den Motor zur Entwickelung einer bestimmten elektromotorischen Gegenkraft e zwingt, zwingt sie ihm also auch ein bestimmtes Drehfeld auf, das er herstellen muss, so lange E_p vorhanden ist. Wenn ein Drehstrommotor mit konstanter Spannung gespeist wird, wie es im praktischen Betriebe stets geschieht, so muss er also auch unter allen Umständen ein konstantes Drehfeld aufweisen. Sein Anker arbeitet also unter denselben Betriebsbedingungen wie der im Abschnitt I betrachtete Anker im Felde der konstanten rotirenden Magnete oder Elektromagnete (Induktionskupplung), dessen Verhalten im Eingange dieses Abschnittes rekapitulirt wurde. Alle für diese Induktionskupplung gefundenen Ergebnisse können also ohne Weiteres auf den Drehstrom-Motor übertragen werden.

Die Beziehung zwischen Primärstrom und Ankerstrom.

Die obige Bedingungsgleichung (5 b) für N involvirt zunächst das Auftreten eines durch N bestimmten Leerlaufstromes J_0. Wir verstehen darunter den Strom, den die primären Wickelungen des Motors aufnehmen, wenn der Anker ideell leerläuft, also gar keinen Strom führt. So lange kein Ankerstrom auftritt, ist es die Aufgabe von J_0 allein, das Drehfeld N zu erzeugen. Da nach Gl. 13 S. 39 jede Phase mit $^2/_3$ an der Herstellung des Gesammtfeldes betheiligt ist, so wird sich der Leerlaufstrom in jeder Phase so einstellen, dass er die Kraftlinienzahl $^2/_3$ N hervorzubringen vermag. Aufgabe einer guten Konstruktion muss es natürlich sein, J_0 so klein wie möglich zu machen, denn die Arbeit, die J_0 verbraucht, ist verschwendet, da ihr keine Nutzleistung gegenübersteht. Wir wollen nun untersuchen, mit welchen Mitteln man J_0 vermindern kann.

Für die Erreichung dieses Zieles giebt es offenbar 2 Wege, nämlich 1. die Herabdrückung der Stärke des Feldes $^2/_3$ N, welches der Leerlaufstrom zu erzeugen hat, und 2. die Schaffung günstiger Bedingungen für die Entstehung der Kraftlinien, so dass eine geringe Stromstärke zur Herstellung der verlangten Kraftlinienzahl ausreicht. Eine Verkleinerung von $^2/_3$ N erreicht man bei gegebener Span-

nung E_p und Periodenzahl ν der Wechselströme nach Gl. 5b, wenn
man n_1 möglichst gross macht. Grosse primäre Windungszahlen
führen aber zu grossen Widerständen w und daher bei Belastung,
wo die Stromaufnahme J der Motoren durch ihre Leistung gegeben
ist, zu grossen Effektverlusten J^2w, wenn nicht grosse Drahtquerschnitte gewählt und die Motoren dadurch voluminös, schwer und
theuer gemacht werden. Zweckmässiger ist es daher, das zweite
Mittel anzuwenden. Günstige Bedingungen für die Entstehung der
Kraftlinien erreicht man durch Ausbildung von magnetischen Kreisen
(Fig. 19) mit geringem magnetischen Widerstande, vor Allem durch
Benutzung kleiner Luftzwischenräume zwischen primärem Gehäuse
und Anker. Dieses Mittel wird denn auch in der That heute allgemein angewandt.

Wenn der zuerst leerlaufende Motor belastet wird, so muss
natürlich auch die Stromaufnahme in jeder Phase steigen, denn die
abgegebene mechanische Leistung muss in einer entsprechenden Zunahme des verzehrten Effekts ihr Aequivalent haben. Die oben be-
wiesene Thatsache, dass wegen der gering bleibenden Werthe von Jw,
trotzdem noch e und N konstant bleiben, lehrt nun in einfacher Weise
die Zunahme von J mit der Belastung berechnen. Die Frage ist
offenbar gelöst, wenn der Zusammenhang zwischen primärer und
sekundärer Stromstärke festgestellt ist, denn, da die sekundäre Stromstärke nach Gl. 2 proportional D ist, so ist damit auch die Abhängigkeit der Stromaufnahme von der Zugkraft oder Belastung bestimmt.

Wir gehen zu diesem Zwecke aus von der Thatsache, dass J_0
in allen drei primären Wickelungen zusammen das zur Ausbalancirung von E_p nöthige Feld erzeugt und bezeichnen die bei Belastung
gleichzeitig auftretenden primären und sekundären Ströme mit J_1
und J_2. Sobald der Motor belastet wird, und dadurch ein Ankerstrom J_2 entsteht, muss der Anker wie ein Gleichstromanker selbst
ein merkliches Feld N_2 herstellen, da er aus stromdurchflossenen
und um Eisen gewickelten Windungen besteht. Dieses Feld N_2
kommt zu dem ursprünglichen Feld N noch hinzu, und es scheint,
als ob dadurch die Konstanz des Gesammtfeldes gestört würde.
Dieser scheinbare Widerspruch löst sich dadurch, dass das Auftreten
des Sekundärstromes J_2 eine Aenderung des Primärstromes von J_0
in J_1 hervorbringt, derart, dass das Ankerfeld N_2 jetzt zusammen
mit dem von J_1 erzeugten primären Felde N_1 als resultirendes Feld
das frühere Leerlauffeld N ergiebt, welches nach wie vor E_p aus-

balancirt. Dieser Zusammenhang lässt sich kurz in die Gleichung kleiden

$$N_1 + N_2 = N = \text{const.} \quad \ldots \ldots \quad (6)$$

Da bei geringen Eisensättigungen, wie sie in der Wechselstromtechnik ausschliesslich verwendet werden, die Felder den Stromstärken proportional sind, von denen sie erzeugt werden, so führt die obige Gleichung zwischen N_1, N_2 und N schliesslich auch zu der gesuchten Beziehung zwischen J_1, J_2 und J_0. Zu ihrer speciellen Deutung beschäftigen wir uns zunächst mit dem Ankerfelde N_2.

In Fig. 43 stelle die gestrichelte Kurve die Vertheilung der radialen Komponente $\mathfrak{B}_r$ des Drehfeldes N eines 4-poligen Motors um den Anker in irgend einem Augenblicke dar. Wenn dieses Feld entgegen dem Uhrzeiger relativ zum Anker bewegt wird, so entstehen in dem betrachteten Moment in den äusseren achsialen Ankerdrähten Ströme von den gezeichneten Richtungen. Die Drähte vor den 4 Polen führen abwechselnd Ströme verschiedenen Sinnes, und jeder Strom fliesst so, dass sein Draht durch die auf ihn wirkende elektromagnetische Zugkraft nach der Fingerregel (Regel 1 S. 92) im Drehungssinne des Feldes bewegt, also vom Felde mitgenommen wird, wie es die Betrachtungen im Abschnitt I verlangen[1]). Derselbe Anker ist in Fig. 44 ohne die gestrichelte Feldkurve in gleicher Lage noch einmal gezeichnet; an dieser Figur möge die Vertheilung des Ankerfeldes näher betrachtet werden.

Wir sehen (Fig. 44) in der Mitte jedes Ankerquadranten einen Draht, welcher keinen Strom führt, weil er (Fig. 43) gerade vor dem Nullwerte des inducirenden Feldes liegt. Diese stromlosen Leiter trennen die Leiter mit verschiedenen Stromrichtungen von einander so, dass in jedem der vier durch das Achsenkreuz gebildeten Quadranten die eine Hälfte einen Strom von umgekehrter Richtung führt wie die andere. Das Bild der Stromvertheilung ist genau dasselbe wie bei dem Gleichstromanker mit Wicklung für gleiche Polzahl (G. Fig. 45). Indem wir nun immer die Drähte eines Quadranten zu einer Spule vereinigt denken, deren Achse radial durch den stromlosen Leiter geht, oder indem wir bedenken, dass jeder einzelne Ankerdraht mit konzentrischen Kraftlinien umgeben

---

[1]) Die Stromrichtung in Fig. 43 ergiebt sich auch direkt aus Regel III in der Anmerkung S. 93.

ist, können wir genau wie auf S. 47 bei Fig. 18 die Vertheilung
der radialen Kraftkomponenten der Ankerströme bestimmen. Wir
finden wieder maximale Feldstärke in der Spulenachse und Feldstärke null in der Mitte zwischen zwei Achsen, im Uebrigen eine
Kraftvertheilung genau so wie in Fig. 18, da Leiter und Stromrichtungen gerade so vertheilt sind wie dort. Die Vertheilungskurve
des Ankerfeldes ist in Fig. 44 strichpunktirt gezeichnet. Wir sehen,
dass das Ankerfeld um eine Vierteltheilung gegen das inducirende
(Fig. 43) nach rechts gedreht ist, denn entsprechende Punkte der
Felder, wie A und R, schliessen miteinander einen Winkel von 45°

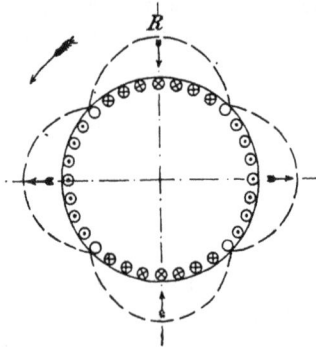

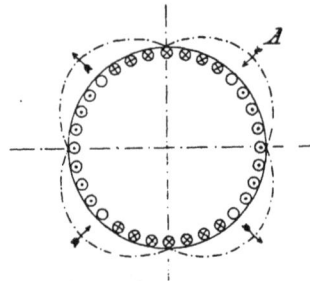

Fig. 43.   Fig. 44.

ein, der bei einem Motor von 2 Polpaaren eine Vierteltheilung bedeutet.

Denken wir uns nun wieder das inducirende Magnetfeld in Fig. 43
entgegen der Uhrzeigerbewegung rotiren, so muss sich die von ihm
hervorgerufene Vertheilung des Ankerstromes mit gleicher Geschwindigkeit mitdrehen. Mit der Feldkurve der Fig. 43 muss also
auch die Ankerfeldkurve der Fig. 44 gleich schnell rotiren, denn
diese ist nur bestimmt durch die Stromvertheilung. Da nun in
Fig. 44 das Ankerfeld um eine Vierteltheilung gegenüber dem inducirenden Feld in Fig. 43 nach rechts verstellt ist, die Drehung
beider Felder aber nach links geschieht, so bleibt das Ankerfeld
bei der Drehung gegen das resultirende immer um eine Vierteltheilung zurück. Das Wesentliche dieses Ergebnisses ist, dass das
Ankerfeld nicht mit der Geschwindigkeit des Ankers selbst rotirt,
sondern mit der um die Ankerschlüpfung grösseren Geschwindigkeit

des inducirenden Drehfeldes. Das Ankerfeld eilt gewissermaassen wie ein Schatten des inducirenden Feldes hinter diesem her, über den langsamer laufenden Anker hinweg. Die Stärke des inducirten Ankerstromes hängt natürlich nach wie vor von der Schlüpfung des Ankers gegen das inducirende Feld ab und ist dieser nach Gl. 1 proportional.

In Fig. 45a und 45b ist die Vertheilung des inducirenden Feldes (gestrichelte Kurve) und des Ankerfeldes (strichpunktirte Kurve) in der Abwicklung gleichzeitig gezeichnet. Bei 45a ist vorausgesetzt, dass sich beide Felder nach rechts, bei 45b dagegen,

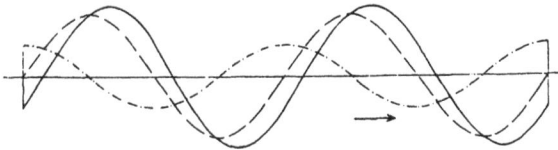

Fig. 45a.

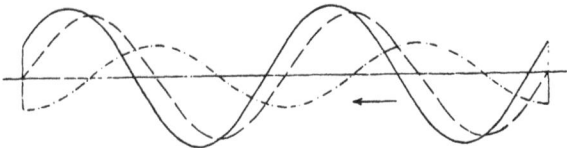

Fig. 45b.

dass sie sich nach links drehen. In Folge dessen erscheint das zurückbleibende Ankerfeld bei 45a um eine Vierteltheilung nach links, bei 45b um ebensoviel nach rechts verschoben. Das primäre Feld, welches nach Gl. 6 die Stärke $N_1 = N - N_2$ hat, ergiebt sich also als die stärker gezeichnete Kurve, deren Ordinaten in jedem Punkte gleich der Differenz der Ordinaten der gestrichelten und der strichpunktirten Kurve sind.

Um aus der gewonnenen Beziehung der Felder den Zusammenhang des primären und sekundären Stromes abzuleiten, ist es zweckmässig, die Drehfelder wieder in feststehende Wechselfelder zu zerlegen. Wir zerlegen zunächst das bei Leerlauf allein vorhandene Feld N, in die drei Wechselfelder, welche von den drei primären Wickelungen einzeln erzeugt werden, und zerlegen dann auch die beiden anderen Felder N_1 und N_2 derartig, dass ihre Einzelfelder auf die von N zu liegen kommen. Die räumliche Verschiebung der

Drehfelder gegen einander um einen bestimmten Theil der Theilung (z. B. um den x. Theil) muss dann eine zeitliche Verschiebung der auf einander liegenden feststehenden Wechselfelder um den gleichen (x.) Theil einer Periode zur Folge haben; denn nach S. 40 liegen die Drehfelder immer auf denjenigen ihrer Einzelfelder, welche gerade ihren Maximalwerth haben und bewegen sich während einer Periode der Einzelfelder um eine Theilung weiter, so dass eine Verschiebung mehrerer Drehfelder in der Theilung von einer gleichen Verschiebung ihrer Einzelfelder in der Phase begleitet sein muss. Wenn sich also eines der Einzelfelder des Drehfeldes N verändert nach dem Gesetze

$$N_t = N_{max} \sin \omega t,$$

so muss sich das daraufliegende Einzelfeld des Drehfeldes N_2, da N_2 nach Fig. 45 gegen N um eine Viertel theilung zurück ist, verändern nach dem Gesetze

$$N_{2t} = N_{max} \sin (\omega t - 90^0),$$

weil es um eine Viertelperiode gegen N_t verzögert sein muss. Das entsprechende Einzelfeld von N_1 endlich muss, da N_1 nach Fig. 45 um einen gewissen Winkel gegen N voraus ist, auch in der Phase eine gewisse Voreilung (φ) haben, also dem Gesetz gehorchen:

$$N_{1t} = N_{1max} \sin (\omega t + \varphi) \quad \cdots \cdots \quad (7)$$

Ferner muss sich auch die Beziehung der Drehfelder (Gl. 6)

$$N_1 + N_2 = N$$

auf die Einzelfelder übertragen, also

$$N_{1t} + N_{2t} = N_t \quad \cdots \cdots \cdots \quad (8)$$

sein. Dieser Zusammenhang lässt sich leicht durch ein Vektordiagramm darstellen.

Wir zeichnen (Fig. 46) zunächst die Amplitude N_{max} von N_t horizontal, stellen wegen der Phasenverzögerung senkrecht darauf und nach rechts gedreht N_{2max} und ziehen als Hypotenuse des rechtwinkligen Dreiecks N_{1max}. Dann erscheint in diesem Dreieck N_{max} als Resultirende von N_{1max} und N_{2max}, wie es Gl. 8 verlangt. Die Figur stellt also die Beziehungen der Amplituden richtig dar. Der Neigungswinkel zwischen N_{max} und N_{1max} bildet die in Gl. 7 enthaltene Phasenverschiebung φ.

Der in Fig. 46 gegebene Zusammenhang der Feldamplituden führt zunächt zu einer Beziehung der Amperewindungen der primären und sekundären Wickelung und schliesslich zu einer Beziehung der Stromstärken selbst. Da N_t die Stärke des feststehenden Einzelfeldes bedeutet, welches eine der 3 primären Wickelungen bei Leerlauf erzeugt, und die dabei vorhandene Amperewindungszahl $n_1 J_{0t}$ dieser Wickelung wegen der geringen Eisensättigung N_t proportional sein muss, so erhält man

$$N_{max} = k_1\, n_1\, J_{0max} \quad . \quad . \quad . \quad . \quad . \quad . \quad (9)$$

und

$$N_t = k_1\, n_1\, J_{0max}\, \sin \omega\, t,$$

wenn man den Proportionalitätsfaktor mit k_1 bezeichnet. Bei belastetem Motor erzeugt dieselbe Wickelung das in der Phase um φ verschobene Feld N_{1t} durch einen um ebensoviel in der Phase gegen J_{0t} voraneilenden Strom J_{1t}; dabei ist

$$N_{1max} = k_1\, n_1\, J_{1max} \quad . \quad . \quad . \quad . \quad . \quad . \quad (10)$$

und

$$N_{1t} = k_1\, n_1\, J_{1max}\, \sin (\omega\, t + \varphi)$$

Das Ankerfeld N_{2t} endlich muss dem Strome in jeder Ankerwindung und der Ankerwindungszahl selbst proportional sein. Da aber die Ankerwickelung eine andere ist als die primäre, so ist auch der Proportionalitätsfaktor ein anderer. Wir bezeichnen ihn mit k_2 und setzen daher

$$N_{2max} = k_2\, n_2\, J_{2max} \quad . \quad . \quad . \quad . \quad . \quad . \quad (11)$$

und

$$N_{2t} = k_2\, n_2\, J_{2max}\, \sin (\omega\, t - 90^0)$$

In Fig. 46 kann man sich also die Feldamplituden durch die Amplituden der Amperewindungszahlen nach Gl. 9, 10, 11 ersetzt denken. Statt der Maximalwerthe der Ströme können dabei auch die Effektivwerthe eingeführt werden, da Maximal- und Effektivwerthe nach Gl. 7 S. 13 im konstanten Verhältniss $\sqrt{2}:1$ stehen.

So aufgefasst, giebt Fig. 46 den gesuchten Zusammenhang zwischen J_1 und J_2 unmittelbar. Man braucht nur J_0 als den ein für alle Mal gegebenen Leerlaufstrom, also auch $k_1 n_1 J_0$, festzuhalten und (Fig. 47) $k_2 n_2 J_2$ nach einander verschiedene Grössen zu geben. Die Hypotenusen der Dreiecke müssen dann immer die zugehörigen Werthe von $k_1\, n_1\, J_1$ darstellen. Fig. 47 bildet also den einfachen graphischen Ausdruck der früher aufgestellten Bedingungsgleichung

$$N_1 + N_2 = N = \text{const},$$

und giebt den gesuchten Zusammenhang zwischen J_1 und J_2 in sehr einfacher Weise.

In Fig. 48 ist die in Fig. 47 enthaltene Beziehung zwischen $k_1\, n_1\, J_1$ und $k_2\, n_2\, J_2$ noch einmal in demselben Maassstabe im orthogonalen Koordinatensystem dargestellt. Die Anfangsordinate dieser

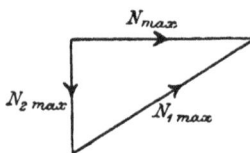

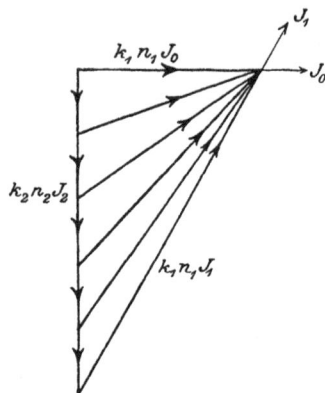

Fig. 46.   Fig. 47.

Kurve, bei der $k_2\, n_2\, J_2 = 0$ ist, ist natürlich $k_1\, n_1\, J_0$. Bei entsprechendem Maassstabe könnte diese Kurve ebenso gut den Zusammenhang zwischen J_1 und J_2, wie den zwischen $k_1\, J_1\, n_1$ und $k_2\, J_2\, n_2$ darstellen. Man sieht, dass die primäre Stromstärke schon bei kleinen Ankerströmen einen beträchtlichen Werth hat und mit steigender Belastung des Motors langsam und dann schneller wächst. Nimmt man an, dass das Ende der Kurve der normalen Leistung des Motors entspricht, so nimmt der Motor, leerlaufend, nach der ausgezogenen Kurve schon die Hälfte des normalen Stromes auf, dessen er bei voller Belastung benöthigt. Dieses Verhältniss entspricht etwa den Betriebseigenschaften kleiner Motoren. Bei grösseren Motoren lässt sich die Leerlaufstromstärke weiter herabdrücken. Um den in diesem Fall eintretenden Verlauf zu zeigen, ist in Fig. 48 noch eine strichpunktirte Kurve eingetragen, welche einen Leerlaufstrom von $1/3$ des normalen Stromes aufweist. Bei modernen Motoren bilden die genannten Werthe etwa die praktischen Grenzen des Leerlaufstromes. Dieser unvermeidlich höhere Leerlaufstrom ist ein offenbarer Nachtheil des Drehstrom-Motors gegenüber dem Gleichstrom-Motor. Bei dem im Buche über Gleichstrom-Motoren S. 66 und 67 ausführlich besprochenen Nebenschluss-Motor von 6 P.S. betrug der Leerlaufstrom nur etwa 11 % des normalen. Wir werden indessen sogleich sehen, dass die Leerlaufsarbeit procentisch weit geringer ist, was, um einem falschen Urtheil vorzubeugen, schon an dieser Stelle erwähnt werden möge.

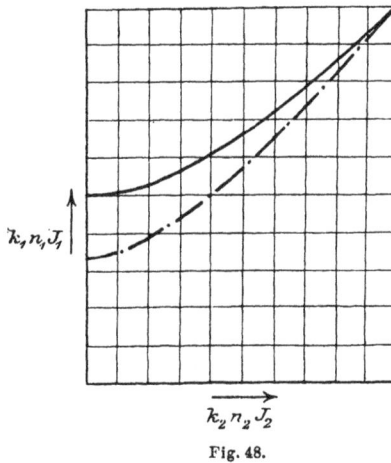

Fig. 48.

Fig. 47 lehrt ferner, dass die primären Ströme bei grösseren Belastungen in der Phase voraus sind den Strömen bei geringer Belastung. Die Gerade, welche $k_1 n_1 J_1$ für den höchsten Werth der primären Stromstärke darstellt, ist zugleich mit derjenigen, welche $k_1 n_1 J_0$ angiebt, durch einen dünneren Strich verlängert, so dass der Winkel, den diese beiden Linien miteinander einschliessen, die Phasenverschiebung zwischen J_1 und J_0 angiebt. Man sieht deutlich, dass J_1 nach links gedreht erscheint gegenüber J_0, also in der Phase wesentlich voraus ist. Uebertragen wir dies auf die für den Leerlauf geltende Fig. 42, indem wir darin E_p festhalten und $J w$ nach links drehen, so sehen wir, dass bei konstanter Spannung die Phasenverzögerung des primären Stromes gegen die Spannung mit wachsender Belastung des Motors abnehmen muss. Auf diese Thatsache kommen wir bei der Besprechung des Leistungsfaktors noch zurück.

Die geschilderten Vorgänge der Ankerrückwirkung stimmen vollständig mit den bei Gleichstrom-Motoren auftretenden überein, wie ein Vergleich der Fig. 46 dieses Buches mit Fig. 48 im Buche über Gleichstrom-Motoren lehrt. Wenn man das vom primären Strome des Drehstrom-Motors geschaffene Feld N_1 mit dem durch Erregung des Magnetgestells erzeugten Feld H des Gleichstrom-Motors, ferner die Ankerfelder N_2 und A und die resultirenden Felder N und R mit einander identificirt, so sieht man, dass beide Figuren einander vollständig gleich sind und sich nur dadurch unterscheiden, dass die eine gegen die andere um 90° gedreht ist. An der Beziehung der Grössen zu einander ändert dies natürlich nichts. Wie bei der Besprechung der Gleichstrom-Motoren dargethan ist, bilden dort die Bürsten die Orte der Maximalwerthe des Ankerfeldes und müssen stets so eingestellt werden, dass das Ankerfeld A um eine Vierteltheilung gegen das resultirende Feld R in der Richtung der Bewegung gezählt, zurück ist, wenn funkenloser Gang erreicht werden soll. In genau derselben Weise stellt sich bei Drehstrom-Motoren das Ankerfeld nach dem Induktionsgesetz von selbst ein. Wie nun bei Drehstrom-Motoren mit der Belastung der Primärstrom in der Phase voreilen und wachsen muss, um trotz des vorhandenen Ankerfeldes das resultirende Feld konstant zu halten, so müsste man auch bei Gleichstrom-Motoren, wenn die Bürsten und mit ihnen das Ankerfeld stehen bleiben sollten, das Magnetgestell in der Richtung der Rotation verstellen und gleichzeitig den Erregerstrom verstärken. Bei Gleichstrom-Motoren benutzt man aber natürlich nicht feststehende Bürsten und drehbare Magnetgestelle, sondern man montirt die Magnete fest und verstellt die Bürsten rückwärts. Arbeitet man ausserdem mit konstanter Erregung des Magnetfeldes H, so entspricht dies offenbar einem Drehstrom-Motor, der mit konstanter primärer Stromstärke (N_1) und nicht mit konstanter Spannung gespeist würde. Bei einem so betriebenen Motor bliebe das Ankerfeld bei wachsender Belastung um ebensoviel zurück, wie bei dem entsprechenden Gleichstrom-Motor die Bürsten verstellt werden müssen, um funkenlosen Gang zu geben, denn jeder Grösse des Ankerfeldes entspricht auch eine bestimmte Lage desselben bei gegebenem Hauptfelde; durch letztere aber ist die Bürstenstellung vollkommen definirt.

Beziehung zwischen Effektverbrauch und Leistung, Wirkungsgrad.

Ein Drehstrom-Motor, welcher eine Arbeitsleistung A_n als Bremsarbeit an seiner Welle abgeben soll, bedarf zu diesem Zwecke einer grösseren Arbeitszufuhr, da in ihm ein Theil der zugeführten Arbeit verloren geht. Wir können unterscheiden zwischen den Effektverlusten in den Kupferwickelungen, den Verlusten in den

magnetisch wirksamen Eisenkörpern und der Arbeitsleistung zur
Ueberwindung der auftretenden passiven mechanischen Widerstände.

Der Effektverlust in den Kupferwicklungen zerfällt in diejenigen
Effekte, welche in der primären und sekundären Wickelung verloren
gehen. Ist der primäre Strom J_1, der Widerstand jeder primären
Wickelung w_1, so ist der Verlust in allen 3 Phasen zusammen
$3 J_1^2 w_1$. Ist der Anker ein Kurzschlussanker mit Ringwickelung
und mit n Windungen versehen, von denen jede den Widerstand w_2
hat, und führt jede dieser Windungen den Strom J_2, so ist der
gesammte Effektverlust in der Ankerwickelung $n J_2^2 w_2$. Beide Verluste steigen mit der Leistung des Motors, da J_1 und J_2 gleichzeitig
mit ihr zunehmen.

Der Effektverlust im Eisen des primären Gehäuses möge mit
$\mathfrak{E}_I$, derjenige im Ankereisen mit $\mathfrak{E}_{II}$ bezeichnet werden. Ueber
beide ist schon auf S. 63 gesprochen worden. Beide Verluste hängen
ab von der Polstärke und von der Geschwindigkeit, mit der die
Pole dem Eisenkörper gegenüber rotiren. Da die konstante Klemmenspannung eine bei allen Belastungen unveränderliche Polstärke N
zur Folge hat, so bleibt nur noch der Einfluss der Geschwindigkeit
zu besprechen.

Bei einem primären Gehäuse von p Polpaaren und einer
sekundlichen Periodenzahl ν der Wechselströme rotirt das Feld in
einer Sekunde $\dfrac{\nu}{p}$ mal herum, und bei jeder Umdrehung geht p mal
ein Nordpol und p mal ein Südpol an jeder Stelle des Gehäuses
vorüber. In einer Sekunde folgen also ν Nordpole und ν Südpole
einander an jedem Orte, d. h. jedes Eisentheilchen erfährt in 1 Sekunde ν Ummagnetisirungen. Da diese Zahl aber als die Periodenzahl des Wechselstromes konstant ist, so muss auch der durch die
Ummagnetisirung hervorgerufene Verlust $\mathfrak{E}_I$ konstant und unabhängig
von der Belastung sein.

Der Verlust im Ankereisen ist bei absolutem Leerlauf noch
null, da hierbei der Anker mit dem Magnetfelde synchron rotirt,
also eine Relativbewegung zwischen Anker und Feld und infolgedessen eine Ummagnetisirung nicht stattfindet. Bei steigender Belastung wird die Zahl der sekundlichen Ummagnetisirungen der
Schlüpfung proportional. Da diese aber etwa nur 5 % von der Geschwindigkeit des Drehfeldes erreicht, so wird die Ummagnetisirungsarbeit $\mathfrak{E}_{II}$ des Ankereisens so wesentlich geringer als die an

sich schon kleine Arbeit $\mathfrak{E}_I$, dass man $\mathfrak{E}_{II}$ in der Bilanz der Ge-
sammtarbeitsleistung vernachlässigen kann. Wir setzen $\mathfrak{E}_I + \mathfrak{E}_{II} = \mathfrak{E}$
und nehmen dabei an, dass der gesammte Effektverlust $\mathfrak{E}$ im Eisen
wie $\mathfrak{E}_I$ konstant und unabhängig von der Belastung des Motors ist.

Die zur Ueberwindung der passiven mechanischen Widerstände,
also zum rein mechanischen Antrieb des Motors aufzuwendende
Arbeit setzt sich zusammen aus der Arbeit der Lagerreibung, des
Reibungswiderstandes zwischen Ankeroberfläche und umgebender
Luft u. s. w. Die Lagerreibung bildet dabei den weit überwiegenden
Theil. Nach neueren Untersuchungen kann dieser als unabhängig
vom Lagerdruck angenommen werden (s. G. S. 60). Da auch die
Geschwindigkeit des Motors mit wachsender Belastung wenig abnimmt, so kann also auch die gesammte Arbeit zur Ueberwindung
der passiven Widerstände als konstant betrachtet werden. Wir bezeichnen die letztere fortan mit L.

Wenn einem Drehstrom-Motor eine sekundliche Arbeit A_n ab-
gebremst werden soll, so muss also jeder primären Phase eine Arbeitsleistung A_1 von solcher Grösse zugeführt werden, dass

$$3\,A_1 = 3\,J_1^2\,w_1 + n\,J_2^2\,w_2 + \mathfrak{E} + L + A_n \quad \text{. . . (12)}$$

ist. Um einen Einblick in die Grössenordnung der Verluste bei
modernen Typen zu gewähren, möge hier die Arbeitsbilanz für einen
10-P.S.-Drehstrom-Motor angegeben werden, welchen der Verfasser
untersucht hat. Es ergab sich für normale Belastung

$$3\,A_1 = 3\,J_1^2\,w_1 + n\,J_2^2\,w_2 + \underbrace{\mathfrak{E} + L}_{} + A_n$$
$$9024 = 455 \quad + 402 \quad + \underbrace{635}_{} + 7532,$$

wobei sämmtliche Grössen in Watt angegeben sind. Man sieht,
dass der Kupferverlust in jeder von beiden Wickelungen etwa je
$5\,\%$, die Gesammtheit der Ummagnetisirungs- und mechanischen
Verluste etwa $7\,\%$ des Arbeitsverbrauches bei voller Belastung
beträgt.

Bei absolutem Leerlauf fällt ausser A_n wegen des Synchronismus
zwischen Anker und Drehfeld auch $n\,J_2^2\,w_2$ weg, und es ist daher

$$3\,A_0 = 3\,J_0^2\,w_1 + \mathfrak{E} + L. \quad \text{. . . . . . (13)}$$

Beim praktischen Leerlauf fand der Verfasser bei dem oben genannten Motor

$$3\,A_0 = 3\,J_0^2\,w_1 + \underbrace{\mathfrak{E} + L}_{}$$
$$816 = 120 \quad + \underbrace{696}_{}.$$

Man sieht, dass $\mathfrak{E} + L$ nicht ganz konstant ist, wie theoretisch angenommen wurde, sondern bei voller Belastung etwas geringer ist als bei Leerlauf. Der Unterschied von $696 - 635 = 61$ Watt kommt aber in der Gesammtbilanz gegenüber der Nutzleistung und der Effektaufnahme des Motors so wenig in Betracht, dass auf seine Erklärung hier nicht eingegangen zu werden braucht. Weit wichtiger ist für den praktischen Betrieb, dass trotz des grossen Leerlaufstromes, der hier etwa die Hälfte des primären Stromes bei voller Belastung beträgt, der Effektverbrauch A_0 nur 9 % der normalen Leistung A_n ausmacht, also sehr gering ist. Der Grund hierfür liegt hauptsächlich in der geringen Grösse der Widerstände w_1, welche nur 0,115 Ω pro Phase betragen und zur Folge haben, dass der Effektverlust $3 J_0^2 w_1$ trotz des hohen Werthes von J_0 nur 120 Watt, also 1,6 % der normalen Nutzleistung erreicht. Der unvermeidlich grosse Leerlaufstrom involvirt also durchaus nicht eine entsprechend grosse Leerlaufsarbeit. Die letztere ist vielmehr weit weniger bestimmt durch den Leerlaufstrom selbst und die zum Durchtriebe durch die primäre Wickelung nöthige Arbeit $3 J_0^2 w_1$ als durch die rein mechanische Leerlaufsarbeit L und durch die Ummagnetisirungsarbeit $\mathfrak{E}$, welche in unserem Beispiel zusammen fast 6 mal so gross sind wie $3 J_0^2 w_1$.

Was die Kurve für den Zusammenhang zwischen Effektaufnahme und Leistung, und was den Wirkungsgrad angeht, so lässt sich hier ohne Weiteres alles das übernehmen, was auf S. 60 und 61 im Buche über Gleichstrom-Motoren von dem Magnet-Motor gesagt worden ist. Vergegenwärtigt man sich, dass nach Gl. 12

$$\mathfrak{E} + L + A_n = 3 A_1 - 3 J_1^2 w_1 - n J_2^2 w_2$$

ist, und daher $\mathfrak{E} + L + A_n$ als Differenz aus der totalen dem Motor zugeführten und der in der Motorwickelung verloren gegangenen Arbeit nichts anderes bedeutet als diejenige Gesammtarbeit, welche in mechanische (und magnetische) Arbeit umgewandelt wird, und bezeichnet man diese Grösse mit A_e, so wird

$$3 A_1 = 3 J_1^2 w_1 + n J_2^2 w_2 + A_e.$$

Vernachlässigt man zunächst die in der Kupferwicklung auftretenden Verluste, setzt man also

$$3 A_1 = A_e,$$

so bildet $3 A_1$, als Funktion von A_e im orthogonalen Koordinatensystem dargestellt, bei gleichem Maassstabe für beide Grössen eine

unter 45^0 geneigte gerade Linie. In Fig. 49, welche aus dem Buche
über Gleichstrom-Motoren übernommen ist (G. Fig. 25), stellt A diese
Linie dar, $O'\,Y'$ ist die zugehörige Ordinatenachse. In Wirklichkeit
kommen aber zu A_e noch die beiden Verluste $3\,J_1^2\,w_1 + n\,J_2^2\,w_2$
hinzu, welche quadratisch mit der Stromstärke, also schneller als
geradlinig ansteigen. $3\,A_1$ wird daher in Wirklichkeit durch $O'\,B$
dargestellt. Aus den Abscissen A_e erhält man endlich die wahren
Bremsarbeiten A_n, indem man die Ordinatenachse um die konstante
Grösse $\mathfrak{E} + L$ nach $O\,Y$ rückt. In der Figur ist nur L als Abstand angegeben, da L von $\mathfrak{E} + L$ den bei weitem überwiegenden

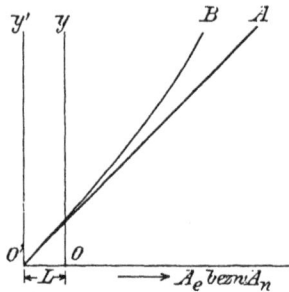

Fig. 49.

Theil bildet. So wird schliesslich $3\,A_1$ als Funktion von A_n durch
die Linie B im Koordinatensystem der Figur mit der Ordinatenachse $O\,Y$ dargestellt.

Dieses theoretische Ergebniss stimmt mit der Wirklichkeit überein, wie die Kurve für $3\,A_1$ in Fig. 50 zeigt. Diese ist einer Ver-
öffentlichung einer grossen deutschen Firma über einen ihrer modernen
10-P.S.-Drehstrom-Motoren entnommen und hat genau denselben
Charakter wie die soeben besprochene. Die Figur zeigt ausserdem den
Verlauf der primären Stromstärke für denselben Motor. Man sieht deutlich, wie hohe Werthe der Leerlaufstrom schon gegenüber dem normalen hat und wie gering trotzdem die Leerlaufsarbeit ist. Für
die Leerlaufstromstärke kann das Verhältniss $^1/_2$ bis $^1/_3$, für die Leer-
laufarbeit das Verhältniss 10 bis 5 % bei modernen Motoren festgehalten werden. Beide Zahlen nehmen mit wachsender Grösse und
Leistungsfähigkeit der Motoren ab.

Der Wirkungsgrad wird, wenn man zunächst wieder die Verluste in den Kupferwickelungen vernachlässigt, nach Gl. 12

$$\eta = \frac{A_n}{3\,A_1} = \frac{A_n}{\mathfrak{E} + L + A_n}.$$

Als Funktion von A_n betrachtet, ist η wegen der Konstanz von $\mathfrak{E} + L$ nach dieser Gleichung eine Hyperbel, welche sich asymptotisch dem Werthe 1 nähert und in Fig. 51 durch die gestrichelte Kurve dargestellt ist. Wegen der in Wirklichkeit vorhandenen Verluste in den Kupferwickelungen wird η um so mehr herabgedrückt, je mehr der Motor leistet, und kann sogar bei sehr grossen Belastungen

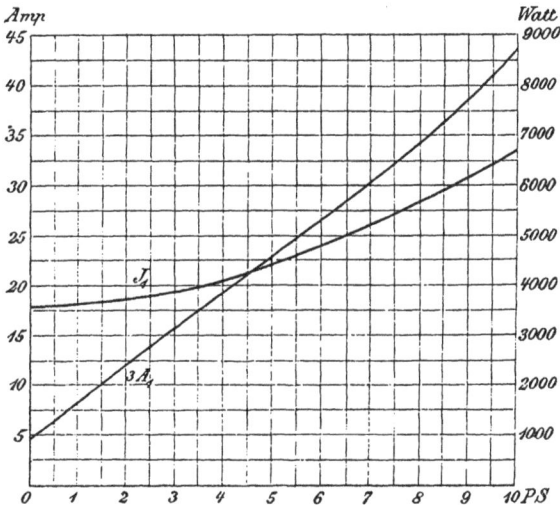

Fig. 50.

wegen der hohen Werthe von J_1 und J_2 wieder abnehmen, wie die ausgezogene Kurve in Fig. 51 zeigt. Gute Motoren haben den höchsten Wirkungsgrad gerade bei normaler Belastung, und die Kurve für η ist in der Nähe dieses Punktes so flach, dass der Wirkungsgrad sich zwischen $3/4$ und $5/4$ der normalen Belastung nur wenig ändert. Alle diese Ergebnisse gelten genau so wie für den Gleichstrom-Motor. Fig. 51 konnte daher auch aus dem Buche über Gleichstrom-Motoren entnommen werden (G. Fig. 26).

Fig. 52 zeigt wieder die Uebereinstimmung dieser theoretischen Herleitung mit Bremsergebnissen bei praktischen Versuchen. Die in ihr enthaltene Kurve η stellt den Verlauf des Wirkungsgrades eines modernen 5-P.S.-Motors dar und zeigt, wie η sich bei weiten Schwan-

kungen der Belastung um den normalen Werth auf voller Höhe hält.
Erst wenn die Belastung unter 40 % der normalen heruntergeht,
nimmt η beträchtlich ab. Man sollte daher Drehstrom-Motoren wie
Gleichstrom-Motoren, wo es zu vermeiden ist, nicht mit zu geringen Belastungen laufen lassen, also bei Kraftvertheilungsbetrieb
nicht unnöthig grosse Typen wählen. Bekanntlich gilt dies in noch
höherem Maasse auch für alle mechanischen Motorarten; denn hier
sinkt der Wirkungsgrad unterhalb der normalen Belastung meist weit
schneller, da keiner von den Verlusten bei abnehmender Leistung

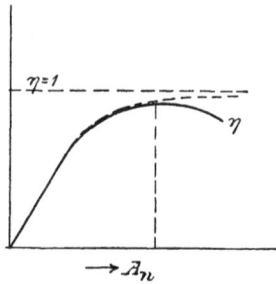

Fig. 51.

so schnell heruntergeht, wie der Verlust in den Kupferwickelungen
der Elektromotoren. In diesem Unterschied liegt in vielen Fällen
ein nicht unwesentlicher Vorzug des elektrischen Antriebes.

Der Leistungsfaktor.

Bei Gleichstrom-Motoren würde in der Thatsache, dass der
Leerlaufstrom $1/3$ bis $1/2$, die Leerlaufsarbeit aber nur $1/20$ bis $1/10$ des
bei normaler Belastung auftretenden Werthes annimmt, ein nicht zu
überbrückender Widerspruch liegen, da

$$A = E_p \cdot J$$

ist, und deshalb A und J beim Betriebe mit konstanter Spannung
bei allen Belastungen in demselben Verhältniss stehen müssen. Bei
Drehstrom-Motoren ist dieser Widerspruch nur ein scheinbarer,
denn E_p stellt nur scheinbar die Arbeitsleistung einer Phase dar,
die wahre Leistung aber ist (nach S. 83) bei den effektiven Werthen
E_p und J_1

$$A_1 = F \cdot E_p \cdot J_1 = \cos \varphi \cdot E_p \cdot J_1,$$

wobei φ die Phasenverschiebung zwischen E_{p_t} und J_{1_t} ist und cos $\varphi = F$ als Leistungsfaktor bezeichnet wird. Da oben (S. 105) festgestellt worden ist, dass bei einem Drehstrom-Motor die Phasenverschiebung φ zwischen Spannung und Primärstrom mit wachsender Belastung abnimmt, so muss also der Leistungsfaktor F mit wachsender Leistung des Motors zunehmen. Selbstverständlich kann aber cos φ und daher auch der Leistungsfaktor nicht grösser als 1 werden.

In Fig. 52 zeigt die Kurve F, wie der Leistungsfaktor eines modernen 5-P. S.-Motors bei wachsender Belastung ansteigt. Diese Kurve hat Aehnlichkeit mit der Kurve des Wirkungsgrades und

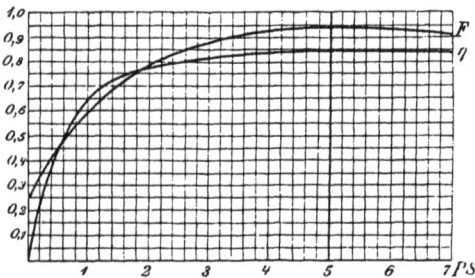

Fig. 52.

unterscheidet sich von letzterer nur dadurch, dass sie bei Leerlauf nicht durch Null geht. Von dem kleinen für Leerlauf geltenden Werthe ausgehend, steigt F erst schneller und dann sehr langsam an, um schliesslich jenseits der normalen Belastung wieder leise abzunehmen.

Dieser Charakter der Kurve geht auch aus einer Betrachtung von Fig. 50 hervor. Da nämlich

$$F = \frac{A_1}{E_p\, J_1},$$

und E_p dabei konstant ist, kann der Bruch $\dfrac{A_1}{J_1}$ als Maassstab für F genommen werden. Man sieht aus Fig. 50, dass J_1 zunächst sehr langsam, A_1 dagegen schon sehr schnell ansteigt; $\dfrac{A_1}{J_1}$ muss daher zuerst schnell zunehmen. Später steigt auch J_1 schneller an, und die Zunahme von $\dfrac{A_1}{J_1}$ kann daher nur geringer sein.

Roessler, Dreh- u. Wechselstrom. 8

Der Leistungsfaktor kann für die Wirthschaftlichkeit eines Drehstrombetriebes sehr grosse Bedeutung haben; denn er liefert ein Maass für die Ausnutzung des Stromes zur Arbeitsleistung. Schreibt man die Grundgleichung für die Arbeitsleistung in der Form

$$A_1 = E_p \, (J_1 \, F).$$

so sieht man, dass von dem vorhandenen Strom J_1 nur der Theil $F J_1$ zur Arbeitsleistung verwerthet wird, während der ganze Strom natürlich Spannungs- und Arbeitsverluste (Jw und J^2w) hervorbringt. Ein geringer Leistungsfaktor setzt also den Wirkungsgrad der Motoren bei gegebener wahrer Leistung des Stromes A_1 herab, und vermindert zugleich auch den Wirkungsgrad der Generatoren und Fernleitungen zwischen diesen und den Motoren, weil alle diese Organe der Anlage denselben, gegenüber der Leistung zu hohen Strom zu führen haben. Aus diesem Grunde sollte man den Motoren nicht nur um ihrer selbst willen, sondern auch mit Rücksicht auf alle anderen Theile der Anlage einen möglichst hohen Leistungsfaktor zu geben suchen. Wenn für eine herzustellende Kraftübertragung mit bestimmter Leistung nur Motoren mit kleinem Leistungsfaktor zur Verfügung stehen, so müssen die Generatoren und Leitungen für weit höhere Ströme gebaut werden und daher weit grössere Kupferquerschnitte erhalten als der wahren Leistung entspricht; sie werden also grösser, schwerer und theuerer. Auf die besonderen Eigenschaften der Generatoren gehen wir bei der Besprechung der Ankerrückwirkung (Abschnitt IX) noch ein. Die Grösse der mechanischen Antriebsmaschinen für die Generatoren wird natürlich durch den Leistungsfaktor der elektrischen Anlage nicht beeinflusst; für sie ist nur die wahre Leistung des zu erzeugenden Stromes (A_1 bez. 3 A_1) maassgebend[1]).

Das beste Mittel, in Drehstrom-Motoren schon bei geringen Belastungen genügend grosse Leistungsfaktoren herzustellen, besteht in möglichster Verringerung des Leerlaufstromes. Setzt man in Gl. 13 für A_0 den Werth $E p . J_0 . F_0$ ein, und vernachlässigt man für den Augenblick das verhältnissmässig kleine $3 J_0^2 w_1$, so erhält man

$$3 \, Ep \, J_0 \, F_0 = \mathfrak{E} + L,$$

---

[1]) Der Theil des ganzen Stromes J, welcher Arbeit leistet ($J F$), wird nach dem Vorgange von M. von Dobrowolski allgemein als die Wattkomponente des Stromes bezeichnet.

woraus man ersieht, dass in der That bei gegebener mechanischer und magnetischer Leerlaufsarbeit nur eine Verkleinerung von J_0 den Werth F_0 vergrössern kann. Für eine Verminderung von J_0 haben wir auf S. 97 zwei Mittel kennen gelernt, nämlich eine Vergrösserung der Windungszahl n_1 und eine Verbesserung des Kraftlinienweges. Verringert man J_0 durch Vergrösserung der Windungszahl, so erhält man dadurch auch eine Erhöhung des Widerstandes w_1. In der Gleichung

$$3\,E p\,J_0\,F_0 = 3\,J_0{}^2\,w_1 + \mathfrak{E} + L$$

wird dann auf der linken Seite J_0 verkleinert, während sich der Werth der rechten Seite wegen der geringen Grösse von $3\,J_0{}^2 w_1$ nur wenig ändert; F_0 muss also steigen. Bei Vergrösserung von w_1 erkauft man aber die Erhöhung des Leistungsfaktors durch Verminderung des Wirkungsgrades, während die Verkleinerung von J_0 durch Verbesserung des Kraftlinienweges diese Folge nicht hat. Man kann daher die Eigenschaften eines Motors nur dann gerecht beurtheilen, wenn man Leistungsfaktor und Wirkungsgrad gleichzeitig ins Auge fasst.

Der geringe Leistungsfaktor und die damit verbundene relativ hohe Stromaufnahme bildet einen Nachtheil des Drehstrom-Motors gegenüber dem Gleichstrom-Motor, doch darf natürlich für eine vergleichende Beurtheilung beider Typen nicht eine Eigenschaft allein herausgegriffen werden. Wir werden einen weitergehenden Vergleich erst später ausführen.

Die mechanischen Betriebseigenschaften.

Zusammenhang zwischen Drehmoment und Schlüpfung. Nach Gl. 2 ist das Drehmoment eines Drehstrom-Motors

$$D = \frac{N\,n\,J_2\,p}{2\,\sqrt{2}}\,; \quad \ldots \ldots \quad (14)$$

wobei nach Gl. 1

$$J_2 = \frac{N\,p\,(\omega_1 - \omega_2)}{w_2\,2\,\sqrt{2}} \quad \ldots \ldots \quad (15)$$

ist. In diesen Gleichungen sind die in Gl. 1 und 2 benutzten Bezeichnungen J und w durch J_2 und w_2 ersetzt, um diese Grössen deutlich als sekundären Strom und sekundären Widerstand zu charakterisiren. Indem wir aus den auf der rechten Seite von Gl. 14 und

8*

15 stehenden Ausdrücken die konstanten Konstruktionsgrössen n und p herausziehen, durch leicht verständliche Substitution die konstanten Faktoren c und k einführen und schliesslich die Schlüpfung

$$\omega_1 - \omega_2 = \sigma$$

setzen, erhalten wir

$$D = c\,N\,J_2 \quad \ldots \ldots \ldots \quad (16)$$

und

$$J_2 = k\,N\,\frac{\sigma}{w_2}, \quad \ldots \ldots \ldots \quad (17)$$

wobei N die constante Polstärke des die primäre Spannung ausbalancirenden Drehfeldes, und J_2 und w_2 Strom und Widerstand einer kurzgeschlossenen Ankerwindung sind.

Nach Gl. 16 und 17 ist D der Ankerstromstärke und durch diese der Schlüpfung proportional. Wenn der Motor zunächst leerläuft und dann belastet wird, so muss die Schlüpfung proportional der zu entwickelnden Zugkraft steigen, und umgekehrt die Zugkraft mit der Schlüpfung zunehmen, bis der Motor stillsteht.

Die Erfahrung lehrt nun, dass dies in Wirklichkeit nicht der Fall ist. Bei steigender Belastung nimmt zwar die Schlüpfung zu, die Zugkraft erreicht aber, lange bevor das Schlüpfungsverhältniss den Werth 1 erreicht hat, einen Grenzwerth, den sie nicht zu überschreiten vermag. Wird der Motor noch darüber hinaus belastet, so bleibt er plötzlich stehen; er fällt, wie man zu sagen pflegt, „aus dem Tritt". Die wahre Kurve des Drehmomentes ist in Fig. 53 ausgezogen gezeichnet. Man sieht D mit σ zunächst steigen, dann den genannten Maximalwerth annehmen und bei weiterer Steigung von σ wieder fallen. Neben der Kurve für D ist noch eine an diese Kurve im Anfang tangirende Gerade gezeichnet, welche den nach der bisher entwickelten Theorie zu erwartenden proportionalen Anstieg des Drehmomentes mit der Schlüpfung zeigt.

Die Erklärung für die Abweichung zwischen Theorie und Erfahrung liegt in dem Hervortreten einer Erscheinung, welche bisher noch nicht berücksichtigt wurde, nämlich in der magnetischen Streuung. Diese Erscheinung besteht darin, dass nicht alle von der primären Wicklung erzeugten Kraftlinien, so wie es in Fig. 19 dargestellt ist, zum Anker übergehen und dort die verlangte Zugkraft hervorbringen. Um die an der inneren Peripherie des primären Gehäuses anzubringenden, wirksamen achsialen Leiter sicher zu befestigen, ist es nothwendig, sie in Löchern einzubetten, die in die Gehäusebleche, rings um die innere Peripherie gleichmässig vertheilt, einzustanzen sind. Wir wollen zunächst annehmen, dass diese Löcher sich wie in Fig. 54 in einiger Entfernung von der Peripherie befinden, dass aber das zwischen ihnen und dem inneren Gehäuserand befindliche „Fleisch" die in der Figur gezeichneten Schlitze noch nicht aufweist. Dann sucht jeder Leiter in der ihn umgebenden

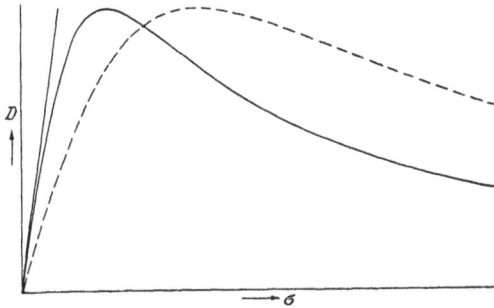

Fig. 53.

Eisenzone mit seinem eigenen Querschnitt koncentrische Kraftlinien herzustellen, wie er sie auch in freier Luft erzeugen würde. Diese Kraftlinien sind in Fig. 54 gezeichnet; sie gehen also gar nicht zum Anker hinüber und sind daher für den Betrieb des letzteren verloren. Wir bezeichnen solche Kraftlinien als Streulinien.

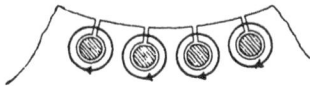

Fig. 54.

Man kann die Zahl dieser Streulinien herabdrücken, indem man ihrem Wege einen magnetischen Widerstand einfügt. Ein solcher wird z. B. leicht gebildet, wenn man das zwischen Drähten und Rand gelegene Fleisch wie in Fig. 54 radial aufschlitzt. Die Schlitze bilden dann magnetische Widerstände, durch welche die vorhandene magnetomotorische Kraft der Windungen keinen so starken Streulinienstrom mehr zu senden vermag wie früher. Um den magnetischen Widerstand der Luftstrecke möglichst zu vergrössern, liegt es nahe, die Schlitze breiter zu machen, etwa so breit wie den da-

zwischen liegenden Eisensteg, so dass der innere Gehäuserand mit
abwechselnd aufeinander folgenden ungefähr gleich breiten Zähnen
und Zahnlücken versehen wird. Gegen diese Gestaltung ist aber
einzuwenden, dass dann die Kraftlinien, welche zum Anker übergehen, natürlich den mit geringem Widerstand versehenen Weg durch
die Zähne einschlagen und die Lücken vermeiden, so dass das Feld
in lauter einzelne dichte und dünne Bündel von Kraftlinien zer-
hackt wird. Die gleichmässige sinusartige Vertheilung der radialen
Kraftkomponenten hört dabei natürlich auf und damit auch das Entstehen reiner Drehfelder.

Man schliesst heutzutage zwischen den beiden Forderungen des
grossen Luftwiderstandes für die Streulinien und der gleichmässigen
Vertheilung der wirksamen Kraftlinien um den Anker einen Kom-
promiss, indem man zur Einbettung der Drähte kreisförmige Löcher
verwendet und diese so nahe am Rande des Gehäuses anbringt, dass
nur noch ein schmaler eiserner Steg, der selbst einen grossen magnetischen Widerstand bildet, an diesem Rande übrig bleibt und
häufig auch noch in der Mitte durchschnitten wird. Wenn eine
grössere Windungszahl in jedem Loche unterzubringen ist, so werden
die Löcher auch wie in Fig. 55 gestaltet, wobei dieselben Grundsätze
zum Ausdruck kommen.

Um festzustellen, warum die Streulinien das Verhalten des
Motors in der geschilderten Weise beeinflussen, wollen wir die Kraftlinienzahl, welche bei Leerlauf in den Anker übertritt, von jetzt an
mit N_0 bezeichnen. Es ist hervorzuheben, dass diese Kraftlinienzahl nicht allein die primäre Spannung ausbalancirt, sondern mit
den Streulinien zusammen, weil beide die primären Windungen
umgeben. Nennen wir die Zahl der Streulinien bei Leerlauf N_{0_s}
und das gesammte Feld, welches die Ausbalancirung besorgt und
daher zusammen mit E_p konstant bleibt, $N_{(Ep)}$, so ist also

$$N_0 + N_{0_s} = N_{(Ep)} = \text{const.} \quad \ldots \ldots \quad (18)$$

Ausser $N_{(Ep)}$ sind aber auch N_0 und N_{0_s} einzeln constant, da sie nur
für Leerlauf gelten und daher nur einen einzigen Werth haben
können.

Für den belasteten Motor möge das in den Anker eintretende
Feld mit N, das Streufeld mit N_s bezeichnet werden; dann ist, da
das Gesammtfeld wieder die Spannung auszubalanciren hat, wiederum

$$N + N_s = N_{(Ep)} = \text{const.} \quad \ldots \ldots \ldots \quad (19)$$

Da nun mit wachsender Belastung die primäre Stromstärke steigt und daher auch das Streufeld N_s, das von dieser allein erzeugt wird, so muss N mit wachsender Leistung des Motors abnehmen. Die Streuung hält also von den gesammten Kraftlinien im primären Gehäuse um so mehr zurück und lässt in den Anker um so weniger übertreten, je mehr Strom der Motor primär aufnimmt oder je mehr Arbeit der Anker leistet.

Fig. 55.

Da das in den Anker eintretende Feld N für die Induktion des Ankerstromes und daher auch für die Bildung der Zugkraft maassgebend ist, so muss die Streuung die Zugkraft vermindern und zwar um so mehr, je grösser die Belastung ist. Aus Gl. 18 und 19 erhält man für N den Werth

$$N = N_0 - (N_s - N_{0_s}).$$

Hierin bedeutet $N_s - N_{0_s}$ die Zunahme der Streuung mit der Belastung gegenüber Leerlauf. Da im letzten Grunde nur das Auftreten des Ankerstromes die Ursache dieser Zunahme ist, so wollen wir $N_s - N_{0_s}$ dem Strom J_2 proportional setzen. Wir erhalten dann

$$N = N_0 - m J_2,$$

wobei m constant ist und als Streuungsfaktor bezeichnet werden kann[1].

Die Gleichungen 16 und 17 für Drehmoment und Ankerstromstärken ändern sich hierdurch natürlich nicht, denn für beide Grössen

---

[1] Diese Darstellung ist nicht ganz exakt, denn sie berücksichtigt nicht die Phasenverschiebungen der Felder gegen einander und die Periodenzahl des Wechselstromes. Sie hat aber den Vorzug der Einfachheit und wird hier gewählt, weil alle Schlussfolgerungen über die Betriebseigenschaften der Drehstrom-Motoren, so weit sie im Folgenden gezogen werden, mit der genauen Theorie übereinstimmen. Die exakte Theorie wird am besten graphisch entwickelt, würde aber weit über den Rahmen dieses Buches hinausführen.

ist allein das in den Anker eintretende wirksame Feld N maassgebend.

Für die Berechnung des Drehmomentes sind daher folgende
Formeln zu benutzen:

$$I. \quad N = N_0 - m J_2$$

$$II. \quad J_2 = k \cdot N \frac{\sigma}{w_2}$$

$$III. \quad D = c N J_2 \, ,$$

von denen die ersten beiden die Faktoren N und J_2 der dritten zu
berechnen gestatten.

Setzt man J_2 aus Gleichung II in Gleichung I ein, so lässt sich
aus Gleichung I N berechnen, und man erhält

$$N = \frac{N_0}{1 + m k \frac{\sigma}{w_2}} \quad \cdot \quad \cdot \quad \cdot \quad \cdot \quad \cdot \quad (20)$$

und dann aus Gleichung II

$$J_2 = \frac{k N_0 \frac{\sigma}{w_2}}{1 + m k \frac{\sigma}{w_2}}, \quad \cdot \quad \cdot \quad \cdot \quad \cdot \quad (21)$$

also

$$D = c k N_0^2 \frac{\frac{\sigma}{w_2}}{\left(1 + m k \frac{\sigma}{w_2}\right)^2} \quad \cdot \quad \cdot \quad \cdot \quad (22)$$

Diese Gleichung stellt die Beziehung zwischen Drehmoment und
Schlüpfung unter Berücksichtigung der Streuung dar, während man
ohne Streuung, wo $m = 0$ und $N = N_0$ ist, erhielte

$$D = c k N_0^2 \frac{\sigma}{w_2} \, .$$

Der quadratische Ausdruck im Nenner von Gl. 22 ist es also,
welcher die Wirkung der Streuung zum Ausdruck bringt, wie er
allein denn auch den Streuungsfaktor m enthält. Wir sehen deutlich, da der Nenner immer positiv und grösser als 1 ist, dass die
Streuung das Drehmoment für alle Schlüpfungen verkleinert, was
auch zu erwarten war.

Um die Wirkung der Streuung zu diskutiren, wollen wir zwei Fälle nach einander betrachten, nämlich erstens den Fall einer sehr kleinen Schlüpfung, wobei also $\frac{\sigma}{w_2}$ fast null wird, und zweitens den Fall einer sehr grossen Schlüpfung, wobei $\frac{\sigma}{w_2}$ fast unendlich oder $\frac{w_2}{\sigma}$ fast null wird. Im ersten der beiden Fälle verschwindet im Nenner der Ausdruck $m\,k\,\frac{\sigma}{w_2}$ gegenüber 1, und man erhält

$$ D = c\,k\,N_0^2\,\frac{\sigma}{w_2}\,, \quad\ldots\ldots\quad (23) $$

und im zweiten Falle verschwindet 1 gegenüber $\frac{\sigma}{w_2}$, und es wird

$$ D = \frac{c}{m^2 k}\,N_0^2\,\frac{w_2}{\sigma}\,. \quad\ldots\ldots\quad (24) $$

Man sieht daraus, dass bei sehr kleinen Schlüpfungen D proportional σ, also geradlinig, ansteigt, genau so, als wenn keine Streuung vorhanden wäre, dass es aber bei sehr grossen Schlüpfungen mit zunehmendem σ nach einer gleichseitigen Hyperbel abnimmt. Die Vereinigung beider Kurven muss also in der That die in Fig. 53 dargestellte ergeben.

Alle guten Motoren müssen natürlich so berechnet sein, dass der Maximalwerth der erreichbaren Zugkraft der Drehmomentkurve in Fig. 53 weit höher liegt als die Belastungsgrenze, welche durch die Erwärmung der Wickelung gezogen wird, damit nicht schon eine geringe Ueberlastung den Motor aus dem Tritt wirft. Dies muss in besonders hohem Maasse der Fall sein bei Motoren, welche ihrer normalen Belastung immer nur auf kurze Zeit ausgesetzt sind, und bei denen die Erwärmung daher für die Ueberlastung kaum eine Grenze zieht; dies ist z. B. der Fall bei Antriebsmotoren von Hebezeugen. Um möglichst starke Maximalmomente zu erreichen, muss man nach Gleichung 22 mit möglichst starken Feldern N_0 arbeiten. Bei gegebener Primärspannung erhält man nach Gl. 5b hohe Werthe von N_0, wenn man die Zahl der Primärwindungen n_1 reducirt, denn bei geringem n_1 können nur starke Felder die Ausbalancirung der Klemmenspannung möglich machen. Zur Herstellung hoher Werthe von N_0 bei wenigen Windungen sind aber grosse Leerlaufströme nöthig, und die Leistungsfaktoren werden zunächst für Leerlauf und in Folge dessen auch für die höheren Belastungen geringer. Das

hohe Maximalmoment kann man daher nur unter Aufopferung anderer
Eigenschaften der Motoren erkaufen. Man betrachtet aus diesem
Grunde solche Ueberlastungs-Motoren auch als abnormale Typen und
baut sie nur für besonderen Bedarf.

Die Regulirung der Tourenzahl.

Die Tourenzahl eines Drehstrom-Motors ist zunächst gegeben
durch die sekundliche Umdrehungszahl des Drehfeldes, welche bei
ν sekundlichen Perioden der 3 Wechselströme und bei einer Polzahl des Motors von $2\,p$ nach S. 37

$$v = \frac{\nu}{p}$$

beträgt. Diese Tourenzahl nimmt auch der Anker an bis auf etwa
5 % Schwankung zwischen Leerlauf und voller Belastung.

Da ν direkt durch die Rotationsgeschwindigkeit des Drehstrom-
generators gegeben ist, welcher die 3 Wechselströme für die Speisung des Motors erzeugt, so kann man die Tourenzahl des Motors
durch die des Generators reguliren, wobei man natürlich nur so weit
herabgehen kann, dass der Generator bei der höchsten, erreichbaren
Erregung auch noch die genügende Spannung zu liefern vermag.
Diese Regulirweise ist natürlich nur in besonderen Fällen möglich;
für grössere Vertheilungsnetze dagegen, bei welchen viele Motoren
an einem Generator hängen, ist sie ausgeschlossen.

Ein zweites Mittel ist eine Aenderung der Polzahl $2\,p$ des
Motors. Diese hat zu geschehen durch eine Umschaltung der primären Wickelung, welche, wie wir früher gesehen haben, durch
entsprechende Verbindung der achsialen Drähte für die Herstellung
einer bestimmten Polzahl eingerichtet werden kann. Solche Um-
schaltungen ermöglichen natürlich nur sprungweise vor sich gehende
Veränderungen der Tourenzahl im Verhältniss von $1:2:3:\ldots$
und sind analog der Regulirung durch Stufenscheiben. Die Umschaltung der Wickelung von einer Polzahl auf die andere verlangt
andererseits ziemlich komplicirte Schalteinrichtungen, sodass dieses
Regulirungssystem wohl praktisch ausgeführt, aber, soviel dem Verfasser bekannt, von keiner Firma bei ihren normalen Typen verwendet wird. Für die in Deutschland übliche Periodenzahl von
$\nu = 50$ in der Sekunde würden sich für die verschiedenen Polzahlen
die folgenden Tourenzahlen in der Minute ergeben:

2 Pole	4 Pole	6 Pole	8 Pole	10 Pole
$p=1$	$p=2$	$p=3$	$p=4$	$p=5$
$u=3000$	$u=1500$	$u=1000$	$u=750$	$u=600$ ....

Alle diese Tourenzahlen hinab bis auf 300 pro Minute kommen bei den normalen Typen der deutschen Firmen vor. Die hohe Tourenzahl von 3000 pflegt man nur zum direkten Antriebe auf die Achse gesetzter Schleifsteine, Putzbürsten und dergleichen anzuwenden. Tourenzahlen von 300 finden sich nur bei sehr grossen Motoren von mehr als 100 P.S.

Eine allmähliche und stetige Aenderung der Tourenzahl kann man nur erreichen durch Zuschaltung von Regulirwiderständen zu den Ankerwindungen. Hierbei ändert sich für eine gegebene Zugkraft die Schlüpfung in demselben Verhältniss, wie der Widerstand jeder Ankerwindung verändert wurde. Wir erkennen dies sogleich bei der Betrachtuug der Gl. 22 für das Drehmoment. In dieser kommen σ und w_2 nicht allein, sondern nur im Quotienten $\frac{\sigma}{w_2}$ vor. Wenn der Motor also mit einer bestimmten Zugkraft eine Belastung durchzuziehen hat, und plötzlich w_2 verdoppelt wird, so muss sich auch σ verdoppeln, damit dieselbe Zugkraft weiter ausgeübt werden kann; der Motor muss sich also von selbst auf doppelte Schlüpfung einlaufen. In Fig. 53 giebt die ausgezogene Kurve den Verlauf des Drehmomentes für einfachen, die gestrichelte den für doppelten Ankerwiderstand an: Die Abscissen sind für sämmtliche Ordinaten bei der letzteren Kurve doppelt so gross wie bei der ersteren.

Den inneren Grund für diesen, bis jetzt nur an der mathematischen Schlussformel für D äusserlich konstatirten Regulirvorgang, können wir durch die Betrachtung der drei Grundgleichungen I, II, III auf Seite 120 leicht erkennen. Nach Gl. III muss der Motor, um ein bestimmtes Drehmoment zu entwickeln, sich auf alle Fälle so einlaufen, dass das Produkt aus der Polstärke N und Ankerstromstärke J_2 unveränderlich bleibt. Da aber nach Gl. I eine feste Beziehung zwischen N und J_2 besteht, so müssen beide Grössen, Polstärke und Ankerstromstärke, auch einzeln constant bleiben. Um aber bei gegebenen Polstärken trotz doppelten Widerstandes dieselben Stromstärken entwickeln zu können, muss der Motor nach Gl. II doppelt so schnell schlüpfen wie vorher.

Diese Betrachtung zeigt aber sofort einen Nachtheil der Regulirmethode, nämlich den, dass mit Verdoppelung des Ankerwiderstandes

auch der Effektverbrauch der Ankerwickelung verdoppelt wird, denn
während dieser vorher für jede Windung $J_2{}^2 w_2$ war, wird er nach
der Verdoppelung des Widerstandes $J_2{}^2 . 2 w_2 = 2 J_2{}^2 w_2$. Die Regulirung geschieht also auf Kosten des Wirkungsgrades. Wir sehen
ferner, dass durch diese Methode die Tourenzahl auch nur herunter-
gedrückt, nicht aber erhöht werden kann. Ein dritter Nachtheil ist
endlich der, dass durch die Einschaltung der Widerstände die Selbst-
regulirfähigkeit in demselben Maasse wie die Tourenzahl vermindert
wird. Vergleichen wir nämlich die Tourenzahl des Motors vom
Ankerwiderstand w_2 mit derjenigen des Motors von $2 w_2$ einmal bei
absolutem Leerlauf und dann bei steigender Belastung, so sehen
wir (Fig. 53) zunächst (bei $D = 0$) volle Uebereinstimmung beider
Schlüpfungen und dann steigende Differenz ihrer absoluten Werthe.
Wenn der Motor mit w_2 zwischen Leerlauf und voller Belastung seine
Tourenzahl um 5 % ändert, so ändert sie derjenige von $2 w_2$ um 10 %.
Der Nachtheil dieser Methode liegt also darin, dass zwar für eine
bestimmte Belastung die Tourenzahl auf jeden Werth herabgedrückt
werden kann, dass sie aber schon bei geringer Entlastung sofort
wieder steigt und bei Leerlauf endlich den Synchronismus wieder
erreicht. Für jede Belastung muss also eine besondere Einregulirung
auf die gewünschte Tourenzahl erfolgen. Dieses Ergebniss stimmt
genau mit demjenigen überein, welches im Buche über Gleichstrom-
Motoren für die Tourenregulirung durch Ankervorschaltwiderstände
(G. S. 73) gefunden wurde.

Bei der praktischen Ausführung dieser Methode ist es natürlich
nicht möglich, jeder einzelnen Windung des Ankers einen besonderen Vorschaltwiderstand zu geben. Es wird daher nothwendig,
die Windungen zu Spulen hinter einander zu schalten und die Zahl
der Vorschaltwiderstände dadurch auf die Zahl der Spulen herabzu-
setzen. Bei der Ausbildung und Schaltung der Spulen ist man
scheinbar unbeschränkt, da früher (S. 7) nachgewiesen wurde, dass
der Anker vom Drehfeld in jedem Falle mitgenommen wird, wie
auch die Ankerwickelung beschaffen sei. Für einen guten Motor ist
aber natürlich die Forderung zu erfüllen, dass die gewünschten
Drehmomente bei möglichst geringer Schlüpfung erreicht werden,
d. h. dass die Ankerwickelung so beschaffen ist, dass schon bei
geringer Schlüpfung genügend starke Ströme in den Spulen entstehen. Diese Forderung legt aber bei der Ausbildung der Spulen
Beschränkung auf, denn sie zwingt dazu, die Breiten der Spulen-

seiten nicht über ein gewisses Maass auszudehnen, da sonst der Spulenfaktor, also auch der bei gegebener Schlüpfung inducirte Strom, zu gering wird.

Die höchste Breite, welche man einer Spulenseite geben darf, beträgt natürlich eine halbe Theilung des magnetischen Feldes, erstreckt sich also auf den Wirkungsbereich eines Magnetpoles. Wenn man die Breite darüber hinaus vergrösserte, so würden selbst bei der Mittelstellung der Spulenseiten vor den Magnetpolen, wobei die inducirte E.M.K. ihren Maximalwerth erreicht, die aussen gelegenen Drähte in die Nachbarfelder hineinragen und dadurch entgegengesetzte Induktion erfahren. Würde man die Spulenseiten genau über je eine halbe Theilung ausdehnen, so wäre bei derselben Mittelstellung die Richtung der in allen Drähten einer Seite inducirten E.M.K. die gleiche und wechselte in den benachbarten Spulenseiten wie die Kraftrichtung der davor liegenden Pole ab. Man könnte daher die einzelnen Drähte genau so mit einander verbinden wie in Fig. 20 und die freien Enden, wie in Fig. 3, an isolirte Schleifringe mit feststehenden Bürsten führen, an die schliesslich die Regulirwiderstände angeschlossen würden. Die inducirte E.M.K. bei dieser Art der Wickelung wäre aber relativ klein, da der Spulenfaktor nach S. 58 hierfür $f = 0{,}637$ ist.

Eine Verbesserung gegenüber der genannten Schaltung erhält man, wenn man die Spulenbreite auf die Hälfte der eben genannten Grösse verringert; dann wird der Spulenfaktor $f = 0{,}900$. Man erreicht dies, indem man jede der alten Spulenseiten in zwei Theile theilt und die Hälften der Seiten so mit einander verbindet, wie früher die ganzen Seiten. Auf diese Weise entstehen 2 von einander getrennte Ankerwickelungen, von denen jede an einen besonderen Regulirwiderstand anzuschliessen ist. In Fig. 56a ist dies dargestellt. A^I und A^{II} bedeuten hierin die Ankerspulen, ρ^I und ρ^{II} die Regulirwiderstände; in jede der 4 Leitungen ist ein Schleifring mit Schleifbürste zur Ueberführung des Stromes von dem bewegten Anker in den feststehenden Widerstand eingeschaltet zu denken. Diese Schaltung kann noch dadurch vereinfacht werden, dass man die beiden Rückleitungen zum Anker in eine einzige zusammenlegt (Fig. 56b), welche den Summationsstrom führt. Die Zahl der Schleifringe wird dadurch auf 3 reducirt, von denen 2 für die Hinleitung und der dritte für die Rückleitung dient. Die Regulirung beider Widerstände kann dabei durch eine gemeinsame Kurbel geschehen

(Fig. 56 c), an deren Drehachse die Rückleitung angeschlossen wird.

Noch besser aber als in der Fig. 56 kann man den Wickelungs-raum des Ankers ausnutzen, wenn man die Wickelung so ausführt, dass pro halbe Theilung nicht 2 sondern 3 Spulenseiten vorhanden sind. Die Wickelung wird dann genau so, wie die primäre Dreh-stromwickelung (Fig. 22), und der Spulenfaktor steigt nach S. 59 auf $f = 0{,}955$. Als Schema für die in diesem Falle herzustellende Schal-tung kann Fig. 28a dienen, wenn man unter G die 3 Ankerwicke-lungen und unter M die 3 Vorschaltwiderstände versteht. Statt

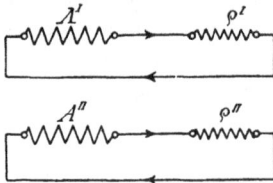

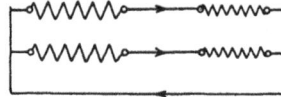

Fig. 56 a.   Fig. 56 b.

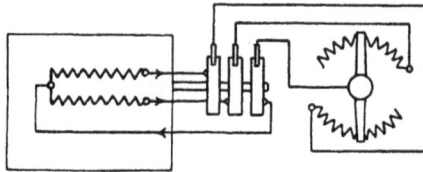

Fig. 56 c.

der 3 Rückleitungen kann man wieder eine gemeinsame Rückleitung wählen (Fig. 28b) und diese schliesslich sogar wegfallen lassen, da sie keinen Strom führt. Man kommt also auch hier mit 3 Schleif-ringen aus, wie in Fig. 57a dargestellt ist. Hierin bedeutet II die Ankerwickelung und I die direkt an das Vertheilungsnetz ange-schlossene Primärwickelung; die 3 Widerstände werden wieder durch ein gemeinsames Kurbelkreuz gleichzeitig regulirt, dessen Drehachse den neutralen Punkt bildet. Man sieht, dass der Verbesserung, welche die Verwendung dreier Wickelungen durch die Vergrösse-rung des Spulenfaktors mit sich bringt, keine Verschlechterung gegen-übersteht, da man auch hier mit 3 Schleifringen auskommt. Eine noch weiter gehende Verringerung der Spulenbreite würde sich nicht lohnen, da die geringe noch mögliche Vergrösserung des Spulenfaktors die Komplikation, welche durch die Vergrösserung der Schleifringzahl aufträte, nicht aufwöge. Die in Fig. 57a dargestellte Schaltungsweise ist denn auch die allgemein gebräuchliche, wenn Regulirwiderstände an den Anker angeschlossen werden sollen. Man bezeichnet einen so eingerichteten Anker als einen Phasen- oder Schleifringanker.

Mit Rücksicht auf die praktische Bedeutung dieses Ankertypus wollen wir noch einen Blick auf seine weiteren Eigenschaften werfen.

Wir stellen zunächst fest, dass der Phasenanker, da er eine Drehstromwickelung besitzt, natürlich auch ein Drehfeld erzeugt, welches dem inducirenden Felde um eine Vierteltheilung nacheilt, so dass sich an der auf S. 100 besprochenen Theorie der Ankerrückwirkung und den daraus folgenden Beziehungen zwischen primärer und sekundärer Stromstärke nichts ändert.

Die Effektaufnahme der 3 Wickelungen des Phasenankers ist, wenn man pro Phase die inducirte E.M.K. mit e_2, den Strom mit J_2, den Widerstand mit w und die Windungszahl mit n_2 bezeichnet,

$$Q = \frac{3\,e_2^2}{w} = 3\,J_2^2\,w \ \ \ . \ . \ . \ . \ . \ . \ (25)$$

J_2 entnimmt man dabei am einfachsten aus Gl. 15, welche für jede einzelne Windung eines Kurzschlussankers gilt. Da hier n_2 Windungen pro Phase hinter einander geschaltet sind, so ist die pro Phase inducirte E.M.K. n_2 mal oder wegen der endlichen Spulenbreite, genauer genommen, $n_2 f$ mal so gross, wie die pro Windung inducirte. Multiplicirt man mit $n_2 f$ und führt man statt des Widerstandes w_2 einer Windung den Widerstand w der ganzen Phase ein, so erhält man aus Gl. 15

$$J_2 = \frac{e_2}{w} = \frac{f\,N\,n_2\,p}{2\,\sqrt{2}\,w}\,(\omega_1 - \omega_2)$$

Hieraus folgt Q und daraus unter Benutzung der allgemeinen Gl. 1 S. 7

$$D = \frac{3\,f^2\,N^2\,n_2^2\,p^2}{8\,w}\,(\omega_1 - \omega_2)$$

Setzt man hierin den obigen Werth von J_2 ein, so erhält man

$$D = \frac{3\,f\,N\,n_2\,p\,J_2}{2\,\sqrt{2}}$$

oder, indem man $3\,n_2$ zur gesammten Drahtzahl n auf dem Anker zusammenfasst,

$$D = f \; \frac{N \, n \, J_2 \, p}{2 \sqrt{2}} \quad \ldots \ldots \quad (26)$$

Diese Formel stimmt mit derjenigen für den Kurzschlussanker (Gl. 14) überein, bis auf den Faktor $f = 0{,}955$, welcher hier hinzukommt. Das Drehmoment des Phasenankers ist also bei gleicher Polstärke und Stromstärke nicht ganz so gross, wie das des Kurzschlussankers.

Setzt man den Widerstand einer Ankerwindung wieder w_2, sodass w als Gesammtwiderstand aller n_2 Windungen einer Phase $= n_2 w_2$ ist, so erhält man

$$J_2 = f \; \frac{N \, p \, (\omega_1 - \omega_2)}{w_2 \, 2 \sqrt{2}} \quad \ldots \ldots \quad (27)$$

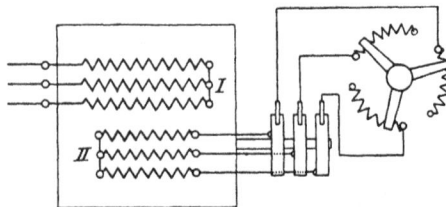

Fig. 57 a.

Da die letzten beiden Gleichungen mit Gl. 14 und 15 bis auf den konstanten Faktor f übereinstimmen, und Gl. 14 und 15 als Grundlage für die 3 Hauptgleichungen auf S. 120 dienten, so müssen die Hauptgleichungen auch für den Phasenanker gelten. Alle daraus für den Kurzschlussanker gezogenen und noch zu ziehenden Schlussfolgerungen sind also ohne Weiteres auf den Phasenanker übertragbar.

Anlassvorrichtungen.

Wenn man die primäre Wickelung eines Drehstrom-Motors mit Kurzschlussanker ohne besondere Vorkehrung an ein Netz mit konstanter Spannung anschliesst, so wird der Anker plötzlich der Induktionswirkung eines Drehfeldes ausgesetzt, welches mit sehr grosser Geschwindigkeit um ihn herum rotirt und daher sehr starke Ströme in ihm inducirt. Zur Beurtheilung der Stärke der im ersten Augenblick entstehenden Ankerströme ist zu bedenken, dass der Motor im vollen Laufe mit normaler Belastung nur um etwa 5 % gegen das Drehfeld schlüpft. Da im Momente des Anlaufens die Schlüpfung 100 % beträgt, so muss wegen der 20 fachen relativen Geschwindigkeit der Strom im Anker auch 20 mal so gross sein wie der normale Betriebsstrom. Dieser sehr grosse Ankerstrom hat natürlich auch eine entsprechende Steigerung des primären Stromes, des eigentlichen Anlaufstromes, zur Folge, wie man bei Betrachtung der Fig. 47 sogleich erkennt.

Das gewaltige Anwachsen der Stromstärke wird allerdings durch die in Fig. 47 noch nicht berücksichtigte magnetische Streuung wesentlich gemildert. Denken wir uns zunächst den ganzen, dem streuungslosen Motor entsprechenden Strom im ersten Augenblick des Anschlusses in die primäre Wickelung des Motors einströmen und nun die Streuung plötzlich in Erscheinung treten, so bleibt ein Theil der von den primären Strömen erzeugten Kraftlinien im primären Gehäuse zurück und tritt nicht in den Anker über. Der Ankerstrom muss also sogleich kleiner werden. Die Verringerung des Ankerstromes hat aber wiederum eine Verminderung der primären Stromstärke zur Folge. Die gesammte, sich dadurch schliesslich ergebende Verkleinerung des Primärstromes ist sehr beträchtlich, da die immer noch starken Anlaufsströme sehr grosse Streufelder erzeugen. Der thatsächlich auftretende Strom beim Anlauf des belasteten Motors beträgt nur etwa das Dreifache des Stromes bei normalem Laufe. Dieser Werth liegt in den Grenzen, dass jeder Drehstrom-Motor mit Kurzschlussanker auch voll belastet, ohne selbst Schaden zu nehmen, ohne irgend eine Anlassvorrichtung plötzlich an das Netz angeschlossen werden kann. Vorausgesetzt ist natürlich dabei, dass das Anlassen nicht zu oft hintereinander wiederholt wird, weil sonst die grossen Anlaufstromstärken durch die Häufigkeit ihres Auftretens den Motor doch zu sehr erhitzen könnten. Weitere Einschränkung erfordert noch die Rücksicht auf die Centrale.

Wenn ein grosser Motor plötzlich mit dem Netz einer Centrale verbunden wird, so erzeugt die momentane Vergrösserung der Stromstärke in den Generatoren eine bremsende elektromagnetische Kraft und giebt den Antriebsmaschinen einen Ruck, der ein Niederzucken der Spannung zur Folge hat; eine weitere Verminderung der Spannung tritt ein durch die Erhöhung des Spannungsabfalles in den Leitungen, welche durch die Vergrösserung der Stromstärke verursacht wird. Bei reinen Kraftübertragungsanlagen müssten diese Schwankungen schon beträchtlich sein, um störend einzuwirken, da sich die laufenden Motoren durch ihre Trägheit selbst über den Augenblick der Spannungszuckung hinweghelfen. Bei gleichzeitiger Vertheilung von Licht dagegen wird eine geringere Spannungs-schwankung durch ein Zucken der Lichtstärken schon unangenehm bemerkbar. Die Centralen geben daher gewöhnlich Vorschriften über die maximale Grösse der Motoren, welche ohne Anlassvorrich-tungen angeschlossen werden dürfen, und lassen zum Anschluss unter Belastung Motoren mit Kurzschlussankern nur von ganz kleiner Grösse zu. Bei einer Anlage, wo Licht und Kraft von denselben Maschinen geliefert werden und die Fernleitungen für beide sich schon an den Generatorklemmen oder an den Vertheilungsschienen des Schaltbrettes abzweigen, kann ein Motor von etwa $1/_{20}$ der Leistung der Primärstation ohne Anlassvorrichtungen leer mit einfachem Schalt-hebel an das Netz angeschlossen werden. Wo es möglich ist, wird man besondere Maschinen zur Speisung der Licht- und Kraftnetze benutzen. Wo dagegen umgekehrt Lampen und Motoren sogar nicht nur an denselben Maschinen, sondern auch an demselben Vertheilungsnetz hängen, müssen auch schon für kleinere Motoren Anlassvorrichtungen zur Herabdrückung der Stromstärken construirt werden. Die Grenzen der Leistungsfähigkeit, bis zu welcher die einzelnen Firmen Motoren mit Kurzschlussankern als normale Typen herstellen, ist verschieden. Bis etwa $1^1/_2$ P.S. werden wohl überall normal nur Kurzschlussanker eingebaut. Von etwa 20 P.S. an werden wohl ausschliesslich solche mit Anlassvorrichtungen verwendet. Bei den dazwischen liegenden Leistungen pflegt man die Wahl des Ankertypus von den Betriebs-bedingungen abhängig zu machen, unter denen die Motoren arbeiten. Hiernach können Werkzeugmaschinen, die meist nur ausserordentlich geringer Leistung bedürfen, fast stets durch Kurzschlussanker an-getrieben werden, eine Thatsache, die für die elektrische Kraft-vertheilung in Fabriken von sehr grosser Wichtigkeit ist.

Die Aufgabe aller Anlassvorrichtungen ist es, den Anlaufstrom auf denjenigen Werth herabzudrücken, den der mit voller Touren-zahl laufende Motor bei gleicher Kraftentwickelung aufnimmt. Bei grösseren Motoren sollte der Strom beim ersten Anlaufen sogar noch geringer sein. Die Mittel für die Verminderung des primären Stromes können wir erkennen, wenn wir den Ankerstrom be-trachten, da dessen Grösse auch für den Primärstrom maassgebend ist. Wir schreiben zu diesem Zwecke Gl. 21 in der Form

$$J_2 = \frac{k\,N_0\,\sigma}{w_2 + m\,k\,\sigma}$$

und sehen, da m und k konstant sind, dass es bei gegebener Schlüpfung σ zwei Mittel giebt, J_2 zu verringern, nämlich erstens eine Verkleinerung von N_0 und zweitens eine Vergrösserung von w_2. Diese beiden Methoden sollen jetzt nacheinander erörtert werden.

Da N_0 die Polstärke des Drehfeldes ist, welches beim Leerlauf mit dem Streufelde zusammen die primäre Spannung ausbalancirt, indem es die elektromotorische Gegenkraft e_t erzeugt, so erkennt man, dass man N_0 nur vermindern kann, wenn man ihm die Aufgabe giebt, ein kleineres e_t zu entwickeln. e_t ist bestimmt durch die Gleichung

$$E p_t = J_{1t} w_1 + e_t.$$

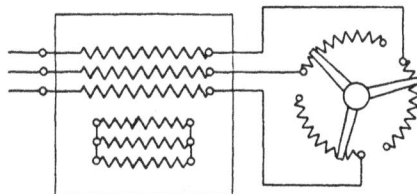

Fig. 57 b.

Man sieht daraus, dass man bei gegebener Netzspannung die elektromotorische Gegenkraft e_t durch Vergrösserung des primären Widerstandes w_1 „herabdrosseln" kann. Zu diesem Zweck braucht man nur jeder der 3 Primärwickelungen einen Regulirwiderstand vorzuschalten, den man beim Anlauf des Motors allmählich verkleinert. Konstruktiv ist dies einfacher ausführbar, wenn man die Widerstände nicht zwischen Netz und Primärklemmen, sondern zwischen die hinteren Enden der Primärwickelung und den neutralen Punkt legt, wie in Fig. 57 b. Der Anker ist in dieser Figur wie ein kurzgeschlossener Phasenanker gezeichnet, kann aber natürlich auch ein Kurzschlussanker im eigentlichen Sinne sein.

Das geschilderte Verfahren hat den Vorzug, dass die Regulirwiderstände an feststehende Klemmen angeschlossen werden, dass also keine Schleifringe und Schleifbürsten nöthig sind. Es hat aber den Nachtheil, dass nach Gl. 22 mit N_0 auch das Drehmoment herabgedrückt wird. Man wird also diese Methode nur dort gern an-

9*

wenden, wo die Motoren leer oder wenig belastet anlaufen können. Für belastet anlaufende Motoren dagegen ist die Methode der Vergrösserung von w_2 die geeignetere.

Um eine Erhöhung seines Widerstandes möglich zu machen, wickelt man den Anker als Phasenanker und versieht ihn mit Schleifringen und Schleifbürsten und einem Regulirwiderstand wie in Fig. 57a. Beim Anlassen wird der primäre Theil des Motors direkt an das Vertheilungsnetz angeschlossen und der Zusatzwiderstand des des Ankers dann allmählich ausgeschaltet. Da das Anlassen nur ein vorübergehender Betriebszustand ist, können diese Anlasswiderstände knapp dimensionirt werden, sie müssen aber auch schnell — gewöhnlich wird vorgeschrieben mindestens in einer halben Minute — ausgeschaltet werden. Sollen die Widerstände gleichzeitig auch zur Tourenregulirung dienen, so bedürfen sie natürlich grösserer Querschnitte, um dauernd den Ankerstrom zu vertragen, und können dann bei genügender Grösse gleichzeitig auch als Anlasswiderstände benutzt werden. Für grössere Drehstrom-Motoren verwendet man, wie auch bei Gleichstrom-Motoren, nicht Draht-, sondern Flüssigkeitsanlasser. Diese bestehen aus drei nebeneinanderliegenden Holzkammern, die innen mit Weissblech ausgeschlagen und von einander isolirt sind. Die drei Beschläge werden mit den drei Schleifbürsten des Ankers verbunden, und alle drei Kammern werden mit Soda- oder Pottaschelösung angefüllt. In die drei Kammern kann man mittels eines gemeinsamen Hebels drei mit einander leitend verbundene Weissblechplatten eintauchen. Die drei Ankerströme fliessen dann durch die Beschläge der Kammern in die darin enthaltenen Salzlösungen ein und zu den drei eingetauchten Blechen hinüber, deren Verbindungsstück schliesslich den neutralen Punkt bildet. Je tiefer diese Bleche eintauchen, desto grösser ist der Querschnitt der durchströmten Flüssigkeitsschicht und desto kleiner deren Widerstand. Durch immer tieferes Eintauchen kann man also die drei Widerstände allmählich ausschalten.

Vermittels der geschilderten Anlasswiderstände kann man den Anlaufstrom leicht auf denjenigen Werth herabdrücken, den er im Betrieb bei voller Belastung hat. Da nach Hauptgleichung I Seite 120 dann auch das in den Anker eintretende Feld N dasselbe bleibt, so bleibt nach Hauptgleichung III auch D dasselbe wie bei voller Belastung. Das Anlassverfahren gestattet also, den Motor mit der für den Lauf giltigen Normalstromstärke und der dazu gehörigen Zug-

kraft anlaufen zu lassen; bei doppelt belastetem Anlaufe würde etwa
die doppelte Stromstärke auftreten u. s. f. Da nun, worauf schon
früher hingewiesen wurde, für die kurze Zeit des Anlaufes, ohne
dass zu grosse Erwärmung befürchtet werden müsste, auch wesentlich über das normale Drehmoment und die dazu gehörige Stromstärke hinausgegangen werden kann, so kann man beim Anlauf im
Allgemeinen bis zu dem Drehmomente emporgehen, bei dem der
Motor aus dem Tritt fällt. Für den Betrieb von Bahnen, Hebezeugen etc., wo grosse Anzugskräfte nöthig sind, ist dies von sehr
grosser Wichtigkeit. Als praktische Grenze bei grösseren Motoren
dient nur die Rücksicht auf die Centrale. Wenn Licht- und Kraft-
leitungen schon vom Schaltbrett der Centrale aus getrennt verlegt
sind, so wird gewöhnlich gestattet, dass Motoren bis zu $1/_{20}$ der Gesammtzugkraft der Primärstation mittels dieser Anlaufsvorrichtung
unter Last angelassen werden.

Die Berechnung der zum Anlauf mit beliebiger Zugkraft nöthigen
Anlasswiderstände ergiebt sich leicht aus einer der Kurven für das
Drehmoment in Fig. 53, wenn man annimmt, dass das Ende dieser
Kurven dem Stillstande des Motors entspricht. Da nach Früherem
immer eine Verdoppelung des Widerstandes auch eine Verdoppelung
der Abscisse bei gleicher Ordinate zur Folge hat u. s. w., braucht
man nur für gewünschte Drehmomente z. B. in der ausgezogenen
Kurve die Abscissen zu suchen und das Verhältniss aus diesen und der
Abscisse des Endpunktes der Kurve zu bilden. Die gewonnene Zahl
giebt dann gleichzeitig an, in welchem Verhältniss die Ankerwiderstände vergrössert werden müssen.

Es möge an dieser Stelle noch auf die scheinbar paradoxe Thatsache aufmerksam gemacht werden, dass beim Anlauf des Motors
eine Erhöhung des vorgeschalteten Ankerwiderstandes die Zugkraft
vergrössert. Wir entnehmen dies aus Fig. 53, wo die gestrichelte
Kurve, welche für doppelte Widerstände gilt, am Ende höhere Ordinaten hat als die ausgezogene. Die Erklärung dafür finden wir
am Besten in Gl. 23 und Gl. 24, welche die verschiedene Wirkung
hinzugefügter Widerstände beim laufenden und beim anlaufenden
Motor, sehr deutlich zeigen. Gl. 23 gilt für kleine Schlüpfungen,
also für den Lauf, Gl. 24 für grosse, also für den Anlauf. Man
sieht, dass beim Anlauf das Drehmoment mit dem Widerstande
proportional zunimmt, so dass man durch Erhöhung des Anlass-
widerstandes bis zu dem Maximaldrehmomente emporklimmen kann,

welches der Anker auch im Laufe auszuüben vermag. Beim Kurzschlussanker fehlt natürlich dieses Mittel, und es kann daher bei
starken Streuungen vorkommen, dass ein solcher trotz der hohen
Stromaufnahme nur mit sehr geringer Zugkraft anzulaufen fähig ist.

Will man bei Kurzschlussankern die Aufgabe lösen, hohe An-
laufszugkräfte und gleichzeitig geringe Anlaufsströme herzustellen,
so kann man sich nicht anders helfen, als den Ankerwindungen
selbst einen verhältnissmässig grossen Widerstand zu geben. Nach
Gl. 24 für den laufenden Motor hat dies bei gegebener Zugkraft
wiederum hohe Schlüpfung zur Folge und, weil der Effektverlust im
Anker, $n\,J_2^2\,w_2$, mit w_2 wächst, auch grosse Effektverluste, also eine
Verminderung des Wirkungsgrades. Dieser Nachtheil kann aber
durch den Vortheil des einfachen Anlassens für viele Betriebszwecke
mehr als aufgewogen werden. Es sei nur der Fall des Anlassens aus
der Ferne erwähnt, etwa von der Centrale aus, wie es z. B. bei den
Schöpfwerken des Memeldeltas geschieht. Hier werden die mit Kurzschlussankern versehenen, im Maschinenraume der Schöpfwerke
stehenden Drehstrom-Motoren durch einfache Schalter in der Centrale angelassen, ohne dass in den Schöpfwerken selbst Wärter zu-
gegen wären. Die grossen Anlaufsmomente sind hier ebenfalls durch
Kurzschlussanker mit verhältnissmässig grossem Widerstand erreicht.
Die Bedeutung des verringerten Wirkungsgrades tritt aber vollständig
zurück gegenüber dem Vortheile der ersparten Motorwartung. Bei
der Einrichtung, wie sie an der genannten Stelle getroffen ist, be-
schränkt sich jene Wartung einfach darauf, dass alle sieben Tage
ein Wärter den Maschinenraum des Schöpfwerkes betritt und die
Schmierbehälter neu füllt. Die Benutzung von Schleifringankern und
Anlasswiderständen wäre umständlicher, da vom Anker aus besondere
Leitungen nach der Centrale geführt werden müssten.

Unter gewöhnlichen Betriebsverhältnissen, wenn die Motoren
durch Wärter an ihrem Standorte angelassen werden, bilden die
Schleifringe und Schleifbürsten keine wesentliche Komplikation der
Einrichtung. Man war besonders in den ersten Jahren nach der
Erfindung des Drehstrom-Motors der Meinung, den in der einfachen
Einrichtung der Kurzschlussanker gelegenen Vortheil nicht opfern
zu dürfen, und glaubte mit Schleifringen und Schleifbürsten wieder
zu den verwickelten Einrichtungen der Gleichstrom-Motoren zurück-
zukehren. Dies ist indessen keineswegs der Fall. Die Kommu-
tatoren der Gleichstrom-Motoren sind in Lamellen unterteilt,

während die Schleifringe der Drehstrom-Motoren geschlossene Ringe sind. Eine Funkenbildung kann bei letzteren überhaupt nicht eintreten; auch der Ort, wo die Bürsten aufliegen, ist vollständig gleichgültig, also gerade das, was den Kommutator zum empfindlichsten Theil des Gleichstrom-Motors macht, fällt beim Schleifringanker des Drehstrom-Motors vollständig weg. Die Schleifringe und Bürsten des letzteren sind nur rein mechanischer Abnützung ausgesetzt, die natürlich durch passende Einrichtungen sehr gering gemacht werden kann. Der Phasenanker steht also praktisch thatsächlich wenig hinter dem Kurzschlussanker zurück.

Noch auf einen anderen, wesentlichen Vorzug der Drehstrom-Motoren möge hier hingewiesen werden, der ebenfalls durch den Schleifringanker keineswegs eingeschränkt wird, nämlich auf die Verwendbarkeit hoher Betriebsspannung. Wenn man eine Leistung $E_p . J$ durch eine Leitung vom Widerstande w fortleitet, so tritt dabei der Energieverlust $J^2 w$ auf. Dieser lässt sich bei gegebenem w vermindern, wenn man J möglichst klein wählt, also die gegebene Leistung durch eine hohe Spannung E_p und einen geringen Strom J herstellt. Für Kraftübertragung und Kraftvertheilung auf weite Entfernung ist dieses Mittel offenbar von sehr grosser wirthschaftlicher Bedeutung. Gleichstrom-Motoren lassen nun die direkte Verwendung hoher Spannung nicht zu, da es sehr schwierig ist, die Kommutatorlamellen bei der fortwährenden Gefahr des Verschmierens durch Bürstenstaub bei hoher Spannung gut von einander isolirt zu halten. Bei Drehstrom-Motoren dagegen besteht dieser Uebelstand nicht. Die primäre Wickelung, welche feststeht, kann für sehr hohe Spannung gewickelt und durch Schutzkappen um die Klemmen vollständig unzugänglich gemacht werden. Die Anker aber lassen sich, wie sogleich gezeigt werden soll, immer so bewickeln, dass sie überhaupt keine hohe Spannung führen.

In Kurzschlussankern tritt eine hohe Spannung niemals auf, da in einer einzelnen Windung naturgemäss keine grosse E. M. K. inducirt werden kann. Aber auch bei Phasenankern kann die Ankerspannung durch Verminderung der Ankerdrahtzahl beliebig herabgesetzt und dennoch jedes Drehmoment erreicht werden.

Betrachtet man nämlich den Ausdruck für das Drehmoment des Phasenankers in der Form, in welcher man es durch Vereinigung der Gl. 26 u. 27 erhält, also in der Form

$$D = \frac{f^2 N^2 p^2 (\omega_1 - \omega_2)}{8} \; \frac{n}{w_2},$$

so enthält der erste Bruch nur Glieder, die durch die primäre, der zweite nur solche, die durch die sekundäre Wickelung bestimmt sind. Im letzteren bedeutet n die Gesammtzahl der äusseren achsialen Leiter auf dem Anker, w_2 den Widerstand **einer Anker- windung**. Setzt man $w_2 = \dfrac{c\, l'}{q}$, indem man mit l' die Länge einer Ankerwindung, mit q ihren Querschnitt und mit c ihren spec. Wider- stand bezeichnet, so wird

$$\frac{n}{w_2} = \frac{n\, q}{c\, l'}.$$

Da c und l' für jede Windung konstant sind, so kann man also bei kleinem n durch Wahl entsprechend grosser Querschnitte oder geringer Widerstände ein bestimmtes Drehmoment ebenso gut her- stellen, wie bei grossem n und kleinem q. Im ersteren Falle arbeitet man mit kleinen Ankerspannungen und grossen Ankerströmen, im zweiten mit hohen Spannungen und geringen Strömen.

So kann man also jedes Drehmoment bei beliebig kleinen Ankerspannungen erzeugen und bei Motoren, deren primäre Wicke- lungen mit sehr hoher Spannung gespeist werden, die Bedienung der Ankerschleifbürsten ganz ungefährlich machen. Drehstrom- Motoren können auf diese Weise mit mehreren 1000 Volt betriebs- sicher und physiologisch ungefährlich gebaut werden, während man sich bei Gleichstrom - Motoren auf wenige 100 Volt beschränken muss.

Zur Vermeidung der Schleifringe ist von Görges eine Anker- schaltung erfunden worden, welche als Gegenschaltung bezeichnet wird. Die Ankerwickelung besteht hierbei aus 2 Phasenanker- wickelungen, die in denselben Nuten vertheilt werden, aber ver- schiedene Windungszahl haben. Die eine hat z. B. zwei, die andere eine Windung in jeder Nute. Beim Anlassen werden die beiden Wickelungen, wie in Fig. 58a, gegen einander geschaltet, d. h. so, dass sich ihre elektromotorischen Kräfte in jeder Phase sub- trahiren. Wären die Windungen einer Phase sämmtlich so hinter einander geschaltet, dass sie sich addirten, wie beim einfachen Phasenanker, so wäre die E.M.K. im Verhältniss von $2 + 1 = 3$ zu $2 - 1 = 1$ grösser. Durch die Gegenschaltung werden also E.M.K.

und Strom in jeder Phase auf den dritten Theil herabgedrückt oder der
Widerstand, wie durch einen Vorschaltwiderstand, scheinbar auf das
Dreifache erhöht. Sobald der Anker die volle Tourenzahl erreicht
hat, werden die Punkte *b* durch kurze und dicke Leitungen miteinander verbunden. Dadurch wird die Schaltung wie in Fig. 58 b,
wo die gestrichelten Linien als so kurze und dicke Verbindungsleitungen zu denken sind, dass die Punkte *a* unter sich und die
Punkte *b* unter sich zusammenfallen. Die beiden Verbindungsleitungen sind in Wirklichkeit etwas länger gezeichnet, um zu zeigen,
dass der Anker bei dieser Schaltung zwei unabhängige Phasen-
ankerwickelungen hat. Da die eine der beiden Wickelungen wegen

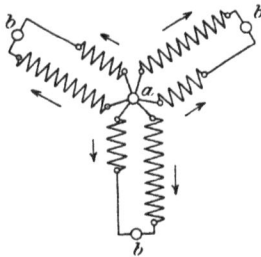 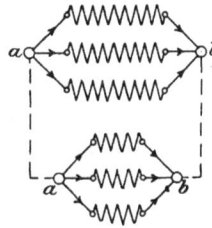

Fig. 58 a.　　　　　　　　　Fig. 58 b.

der doppelten Windungszahl gleichzeitig den doppelten Widerstand
und die doppelte E.M.K. hat wie die andere, so sind die Stromstärken in beiden dieselben, und jede arbeitet, als wenn die andere
nicht vorhanden wäre.

Am Schlusse dieses Abschnittes mögen zur Vervollständigung
noch 2 Wickelungsarten von Kurzschlussankern geschildert werden,
welche man bei modernen Motoren sehr viel verwendet.

Bei Trommelankern, d. h. bei solchen, welche achsiale Leiter nur
auf der äusseren Ankerfläche tragen, ist eine Kurzschlusswickelung, die
aus lauter einzelnen in sich kurzgeschlossenen Windungen besteht, wie
die bisher betrachtete (Fig. 1), nicht möglich, da bei Trommelankern
auf der inneren Cylinderfläche des Ankers keine achsialen Leiter vorhanden sind, welche als Rückleitung dienen könnten. Man muss daher
als Rückleitung für einen achsialen Draht einen anderen genau so wie
der erste vor dem Nachbarpole stehenden achsialen Leiter benutzen,
indem man die Drahtenden an den Stirnflächen des Ankers durch

Gabeln, ähnlich wie bei den Primärwickelungen, unter einander verbindet. Wenn statt 2 Pole p Polpaare vorhanden sind, so kann
man auf diese Weise sämmtliche $2\,p$ Leiter, welche den einzelnen
Polen in gleicher Lage gegenüberstehen, in der geschilderten Weise
hintereinander schalten. In Fig. 59 ist dies für einen 4 poligen
Motor schematisch dargestellt.

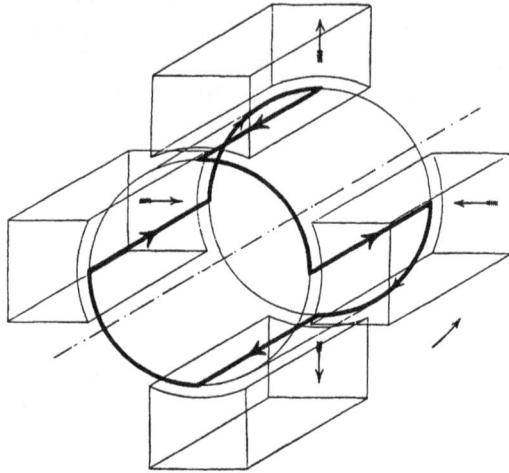

Fig. 59.

Fig. 60 zeigt eine andere Ankerform, welche von M. von Dobrowolski herrührt und als Käfigwickelung bezeichnet werden kann.
Hier sind die Enden der achsialen Leiter vorn und hinten durch
je einen angelötheten oder angenieteten, leitenden Stirnring miteinander verbunden; die einzelnen Ankerstäbe tauschen die in ihnen
inducirten Ströme mit einander aus, und der gesammte Stromfluss
ist sehr verwickelt. Sind die Stirnringe sehr dick, ihr Widerstand
also sehr klein, so ist, wie nähere Betrachtungen zeigen, der Stromfluss in jedem Stab gerade so, als wenn der letztere unabhängig
von allen anderen Stäben durch einen Leiter vom Widerstande null
in sich kurzgeschlossen wäre. Der ganze Anker verhält sich dann
genau so wie ein Ringanker (Fig. 1) mit lauter in sich kurzgeschlossenen Windungen, je vom Widerstande w eines der Ankerstäbe. Der praktisch immer vorhandene Widerstand der Stirn-

ringe ändert dies nur insofern ab, als der Strom in jeder Windung in einem bestimmten und überall gleichen Verhältniss verkleinert wird, also so, als ob der Widerstand jeder einzelnen kurzgeschlossenen Ankerwindung grösser wäre als w. Für die Grösse
dieses Verhältnisses spielt der Widerstand der Ringe eine sehr er-
hebliche Rolle, so dass auch dicke Ringe schon die Stromstärke beträchtlich verkleinern. Dieser Thatsache zu Folge kann man einen
Käfiganker, der einen zu grossen Anlaufstrom oder ein zu geringes
Anlaufsmoment zeigt, durch einfaches Abdrehen seiner Stirnringe
nachträglich in der gewünschten Weise umändern. Es verdient

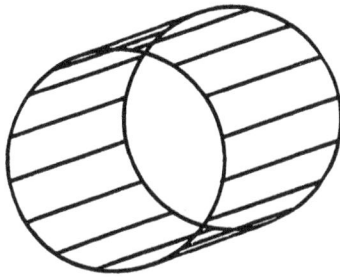

Fig. 60.

auch als Vorzug des Käfigankers erwähnt zu werden, dass er für
Gehäuse von jeder Polzahl passt, während Anker von den früher
geschilderten Konstruktionen von vornherein für bestimmte Polzahlen
gewickelt werden müssen[1]).

Umsteuerung, Bremsung, Kraftrückgabe.

Es ist schon auf Seite 40 am Ende des Abschnittes II nachgewiesen worden, dass die Umsteuerung eines Drehstrom-Motors
durch Vertauschung der Wechselströme in zweien der Primärwickelungen erfolgen kann. Nach Fig. 32 kann dieses einfach dadurch
geschehen, dass man die Zuleitungen zu zweien der Motorklemmen
(e_1, e_2, e_3) miteinander vertauscht, ohne die Generatoranschlüsse zu
verändern, oder indem man die Vertauschung an den Generatorklemmen ausführt und die Anschlüsse der Motorklemmen bestehen

[1]) Näheres findet sich in einer Arbeit des Verfassers in der Elektrotechnischen Zeitschrift 1898, S. 45 und 46.

lässt. Praktisch wird meist der erstere Fall eintreten, immer aber
dann, wenn mehrere Motoren gleichzeitig an demselben Vertheilungsnetz hängen, die von einander unabhängig laufen sollen; die letzte
Umsteuerungsart dagegen wird gewählt werden müssen, wenn man
den Motor von der Centrale aus zu lenken wünscht. Umsteuerung
von Zwischenstellen aus ist in genau entsprechender Weise möglich.

Für die Vertauschung zweier Leitungsanschlüsse könnte natürlich ein gewöhnlicher Umschalter verwendet werden, wie er auch
für die Umsteuerung der Gleichstrom-Motoren benutzt wird. Meist
aber vereinigt man Ausschalter und Umschalter konstruktiv miteinander, indem man für die Ausschaltung der drei Ströme einen dreifachen Hebel benutzt, der in zwei verschiedenen Lagen die gewünschten verschiedenen Verbindungen zwischen den Generator- und
Motorklemmen herstellt.

Die Umsteuerung kommt natürlich auf ein Abstellen und Wiederanlassen hinaus. Wenn der Anker bei voller Belastung mit
5 % Schlüpfung, also in Theilen der Drehfeldgeschwindigkeit ausgedrückt, mit der Geschwindigkeit von 0,95 läuft, und der Drehungssinn des Feldes plötzlich umgekehrt wird, so hat das neue Feld
gegenüber dem Anker eine Geschwindigkeit von 1,95 oder eine
Schlüpfung von 195 %. Bei dieser starken Schlüpfung müssen nach
Fig. 47 sehr grosse Primärströme entstehen, so dass höchstens kleine
Motoren mit Kurzschlussankern, welche zum Anlaufen durch einfache Schalthebel an das Netz angeschlossen werden dürfen, auf diese
Weise umgesteuert werden können; grössere müssen erst bis zum
Stillstande gebremst und dann mit Anlasswiderstand wie gewöhnlich
angelassen werden.

Der Primärstrom bei der Schlüpfung von rund 200 %, welcher beim
Umsteuern auftritt, ist nur unwesentlich grösser als der Anlassstrom bei
100 % Schlüpfung, denn auch der Ankerstrom hat nicht wesentlich höhere
Werthe. Denkt man sich die Gl. 21 für den letzteren oben und unten
durch σ dividirt und σ sehr gross werden, so erhält man

$$J_2 = \frac{N_0}{m}.$$

Bei sehr hohen Werthen von σ ändern sich also J_2 und J_1 mit σ
nicht mehr.

Die Bremsung der Drehstrom-Motoren kann nicht in der
Weise geschehen wie bei Gleichstrom-Motoren, dass man die Motorklemmen vom Netz abtrennte und sie dann durch einen Widerstand

verbände oder ohne einen solchen ganz kurzschlösse. Durch die Abschaltung vom Netz hört das Drehfeld des Motors auf, und der Anker dreht sich rein mechanisch infolge seiner Trägheit und derjenigen der von ihm angetriebenen Maschinen oder Fahrzeuge weiter. Die Bremsung kann nur mechanisch oder elektromagnetisch durch äussere, mit den Betriebseigenschaften des Motors nicht zusammenhängende Kräfte geschehen. Als wirksamstes Mittel bleibt natürlich die Verwendung von „Gegenstrom", d. h. die Umsteuerung übrig. Wie wir oben gesehen haben, vertragen kleinere Motoren den Gegenstrom immer, grössere im Nothfalle, doch nicht ohne schädliche Rückwirkung auf die Centrale. Während bei Gleichstrom diese Bremsmethode nicht ohne heftige Zerstörungen im Kommutator benutzt werden könnte, kann sie bei Drehstrom-Motoren wenigstens als Nothbremsung ohne Schaden für die Motoren selbst verwendet werden.

Eine **Kraftrückgabe** des Motors an das Vertheilungsnetz ist möglich, wenn der Anker in der Richtung des Feldes künstlich schneller als dieses selbst gedreht wird. Man kann zunächst das allgemein Princip dieser Methode leicht verstehen, wenn man zurückdenkt an die im ersten Abschnitt besprochene Induktionskupplung. Dort ist gezeigt worden, dass ein beliebig bewickelter Anker ein ihn umgebendes drehbares Magnetsystem bei seiner eigenen Drehung mitnimmt, wobei das Magnetsystem eine geringe Schlüpfung hat. Darnach vermag also ein rotierender Kurzschlussanker auf ein langsamer als er selbst sich drehendes Magnetfeld Arbeit zu übertragen. Bei Drehstrom-Motoren wird diese Arbeit vom Drehfelde in Form von elektrischer Energie an die Primärwicklung abgegeben und geht dann weiter in das Vertheilungsnetz; der Motor nimmt also nicht mehr Strom auf, sondern erzeugt Strom als Generator. Es darf aber nicht vergessen werden, dass zur Ausübung dieser Energieübertragung auf das Drehfeld ein Drehfeld überhaupt vorhanden sein muss; dies ist aber nur der Fall, wenn der Motor an ein Verteilungsnetz mit Drehstromspannung angeschlossen ist, welches ihn zur Ausbalancirung dieser Spannung und daher zur Erzeugung eines entsprechenden Drehfeldes zwingt. Ohne diese von aussen zugeführte Drehstromspannung wäre ein magnetisches Feld überhaupt nicht da, und der Anker könnte ebensowenig Energie auf die primäre Wickelung übertragen, wie auf die Magnete der Induktionskupplung, wenn diese nicht erregt wären. Der Drehstrom-Motor kann also niemals als selbständiger Generator arbeiten wie ein Gleichstrom-

Motor, sondern nur im Anschluss an ein Vertheilungsnetz, das von anderen Generatoren gespeist wird. Sind solche Generatoren vorhanden, so kann ein angeschlossener asynchroner Drehstrom-Motor allerdings zu ihrer Unterstützung herangezogen werden.

Noch schärfer übersieht man, wie der Drehstrom-Motor zum Generator wird, wenn man, genau wie früher bei positiver Schlüpfung an der Hand der Fig. 47, jetzt bei negativer Schlüpfung die Bedingung für die primäre Stromstärke ableitet. Bei der Aufstellung der Fig. 47 ist gezeigt worden, dass ein Anker, welcher mit Schlüpfung hinter dem Drehfelde herläuft, selbst ein Feld erzeugt, welches dem Drehfelde mit gleicher Geschwindigkeit wie ein Schatten folgt und dagegen um eine Vierteltheilung zurück ist. Läuft der Anker wie im vorliegenden Fall dem Felde mit Schlüpfung voran, so ist die relative Bewegung die umgekehrte, und daher muss auch ein umgekehrtes Ankerfeld entstehen, aber ebenfalls mit der Geschwindigkeit des Drehfeldes rotiren. Während also bei positiver Schlüpfung ein nach links rotirendes Feld rechts von seinem Nordpol den benachbarten Nordpol des Ankers hat, wird bei negativer Schlüpfung rechts ein Südpol, also links, d. h. im Sinne der Drehrichtung verschoben, ein Nordpol liegen. Bei negativer Schlüpfung eilt also das Ankerfeld dem Drehfelde um eine Vierteltheilung **voran**.

In Fig. 47 kommt die Nacheilung des Ankerfeldes dadurch zum Ausdruck, dass der Vektor der Amperewindungen $J_2 n_2$ des Ankers gegen den Vektor $J_0 n_1$ um 90° nach **rechts** gedreht ist, bei negativer Schlüpfung ist er also um 90° nach **links** zu drehen. In Fig. 61 sind für positive und negative σ beide Felder zusammen gezeichnet; $k_1 J_0 n_1$ erscheint beidemale als Resultirende von $k_2 J_2 n_2$ und $k_1 J_1 n_1$. Ausserdem ist der Vektor der Primärspannung E_p auf Grund von Fig. 42 eingetragen. Letztere Figur gilt für Leerlauf und zeigt, dass die primäre Spannung E_p dem Leerlaufstrom fast um 90° in der Phase voraus ist. Man begeht also nur einen kleinen Fehler, wenn man E_p genau senkrecht und nach links gedreht auf $k_1 J_0 n_1$ stellt, wie es in Fig. 61 geschehen ist. Betrachtet man in dieser Figur die Lage der Vektoren von $k_1 J_1 n_1$ oder ihre mit J_1 bezeichneten Verlängerungen, so sieht man, dass bei positiver Schlüpfung der Strom um weniger, bei negativer Schlüpfung um mehr als 90° in der Phase zurück ist gegenüber der Spannung. Da nun die Leistung des Wechselstromes in jeder Phase $E_p J_1 \cos \varphi$ ist, wenn φ den Winkel der Phasenverschiebung zwischen E_p und J_1 bedeutet, so erkennt man, dass in der That bei negativen Schlüpfungen die Leistung des Wechselstromes entgegengesetztes Vorzeichen hat als bei positiven, denn cos φ ist positiv, wenn $\varphi < 90^0$ und negativ, wenn $\varphi > 90^0$ ist. Der Effektaufnahme des zurückbleibenden Ankers steht also eine Effekthergabe des voraneilenden gegenüber, und bei der Schlüpfung Null ist auch die Leistung Null.

In Wirklichkeit ist allerdings E_p nicht genau senkrecht auf $k_1 J_0 n_1$ zu stellen, sondern nach Fig. 42 gegen die in Fig. 61 gezeichnete Lage etwas nach rechts zu neigen. Wird der dann von E_p und J_0 eingeschlossene Winkel mit q_0 bezeichnet, so ist $E_p J_0 \cos q_0 = A_0$ die Leerlaufsarbeit des Motors

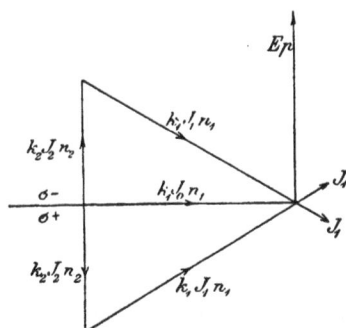

Fig. 61.

als solcher. Der Anker muss nun erst eine gewisse negative Schlüpfung oder Voreilung erhalten, damit der Winkel zwischen J_1 und E_p 90^0 wird. In Wirklichkeit wird der Motor also erst bei bestimmter geringer Voreilung seines Ankers zum Generator.

In der vorangehenden Darstellung ist mehr Werth darauf gelegt, den Sinn als die Grösse der zwischen den Motorklemmen auftretenden Arbeitsleistung festzustellen. Die Streuung ist deshalb zunächst nicht berücksichtigt worden. Wegen der Gleichartigkeit beider Erscheinungen muss zwischen dem Drehmomente, welches der Motor als Generator für die Lieferung elektrischer Energie an das Netz braucht, und der Grösse der negativen Schlüpfung ein ähnlicher Zusammenhang bestehen, wie er in Fig. 53 für die Beziehung zwischen dem ziehenden Drehmomente des Motors und seiner positiven Schlüpfung dargestellt ist. Gl. 20:

$$N = \frac{N_0}{1 + m\,k\,\dfrac{\sigma}{w_2}}$$

muss offenbar auch bei dem als Generator wirkenden Motor für das
in den Anker übertretende Feld N Gültigkeit behalten, denn auch
bei negativer Schlüpfung kann die Streuung, welche durch den
Koefficienten m gemessen wird, als ein Kraftlinienverlust das in den
Anker eintretende Feld natürlich nur vermindern[1]). Der durch
Hauptgleichung II S. 120 definirte Ankerstrom kehrt sich, wie bereits
oben besprochen wurde, mit σ um und wird

$$J = -kN\frac{\sigma}{w_2},$$

und man erhält daher das Drehmoment nach Hauptgleichung III
S. 120

$$D = cNJ = -ckN_0^2\frac{\dfrac{\sigma}{w}}{\left(1+mk\dfrac{\sigma}{w_2}\right)^2},$$

d. h. bei bestimmter negativer Schlüpfung verbraucht der Motor als
Generator immer ein ebenso grosses Drehmoment zu seinem Antrieb,
wie er es als Motor bei gleicher positiver Schlüpfung selbst ausüben
würde. In Fig. 62 sind beide Drehmomente gleichzeitig dargestellt;
in ihrer rechten Hälfte ist diese Figur nichts als eine Wiederholung
von Fig. 53.

Man sieht aus Fig. 62, dass man, vom Synchronismus ausgehend,
um den Anker immer schneller anzutreiben, eines immer mehr an-
steigenden Drehmomentes bedarf und dadurch immer mehr Arbeit
in das Netz zurückzuschicken im Stande ist, bis zu einem Grenzwerth, über den hinaus eine Beschleunigung der Ankerdrehung die
Leistung nicht mehr vergrössert, sondern verkleinert.

Diese Erscheinung kann man natürlich zum Bremsen von Drehstrom-Motoren zunächst nicht benutzen, denn sie verlangt eine Beschleunigung der Ankerdrehung, während die Bremsung in einer
Verzögerung bestehen soll. Nach einem sehr interessanten Vor-
schlage von W. Kübler[2]) liesse sich aber eine Bremsung dadurch erreichen, dass man in dem Augenblicke, wo sie vor sich gehen sollte,
den Motor von seinem Vertheilungsnetz abtrennte und an ein anderes

---

[1]) S. Anmerkung S. 119.
[2]) Verhandlungen des Vereins zur Beförderung des Gewerbfleisses
1898, S. 163 u. 242: Ein Entwurf für die Einführung des elektrischen Betriebes auf der Wannseebahn von Wilhelm Kübler und Gustav Schimpff.

Vertheilungsnetz anschlösse, welches Wechselströme von kleinerer Periodenzahl, etwa von der Hälfte, also von $\nu = 25$ erzeugte. Das neue Vertheilungsnetz würde in dem Motor ein Drehfeld von halber Geschwindigkeit herstellen. Der Anker liefe also im ersten Augenblicke mit fast doppelter Geschwindigkeit wie das Feld, also mit einer negativen Schlüpfung von fast 100 %. Damit träte der Anker am linken Ende in die negative Drehmomentkurve (Fig. 62) ein (wenn Fig. 62 für die niedere Periodenzahl gezeichnet wäre) und lieferte Strom in das Netz zurück, dabei ein Drehmoment von zunächst geringer Grösse verzehrend. In dem Maasse, wie durch

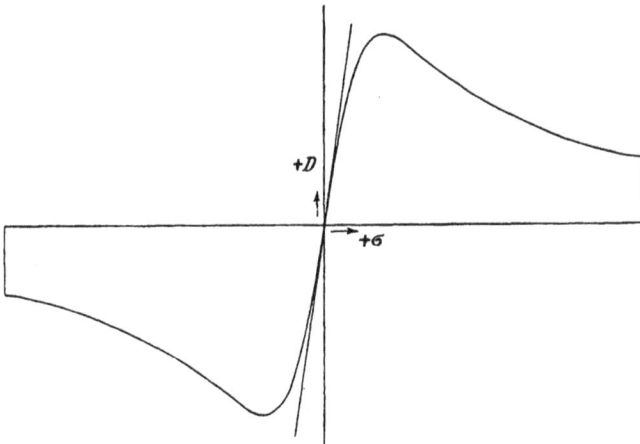

Fig. 62.

dieses bremsende Moment die Tourenzahl nachliesse, würde das Moment selbst allmählich bis zu einem Maximalwerthe ansteigen, genau entsprechend einer langsam angezogenen mechanischen Bremse. Der Maximalwerth wäre bei etwa 5 % Voreilung gegenüber dem neuen Drehfeld, also bei etwa der Hälfte der ursprünglichen Tourenzahl erreicht, und die weitere Bremsung müsste dann auf anderem Wege erfolgen. Für stationäre Motoren würde man dieses System nicht anwenden wollen, weil dazu 2 Maschinenanlagen und 2 Vertheilungsnetze nothwendig wären. Der Kübler'sche Vorschlag richtet sich vielmehr auf die Verwendung bei Bahnen in der Weise, dass vor den Bahnhöfen und in ihrer Nähe der Strom von geringer und auf der freien Strecke der Strom von hoher Periodenzahl den Wagen zugeführt werden soll. Nachdem ein Zug auf der letzteren mit voller Geschwindigkeit gefahren ist, soll er kurz vor jedem Bahnhofe an das Vertheilungsnetz mit kleiner Periodenzahl gelangen und dadurch nicht nur automatisch mit steigender Kraft, wie es mechanisch wünschenswerth ist, gebremst werden, sondern auch noch den grössten Theil seiner lebendigen Kraft in Form von elektrischer Energie wieder zurückgeben.

Die Bremsung durch Stromrückgabe kann aber auch bei Vorhandensein eines einzigen Drehstromvertheilungssystems bei gewissen Betrieben mit Vortheil benutzt werden, so z. B. bei Bergbahnen, wenn die Wagen abwärts fahren. Schaltet man zur Abwärtsfahrt einer mit Drehstrom getriebenen Bergbahn die Rotationsrichtung der Drehfelder der Motoren um, so nehmen die Wagen zunächst die dem Synchronismus entsprechende Geschwindigkeit an und werden bei weiter zunehmender Geschwindigkeit immer stärker gebremst. Schliesslich laufen sie sich ein auf eine Geschwindigkeit, bei der die nach unten wirkende Zugkraft der Gravitation der Bremskraft gleich ist. Da sowohl bei positiver wie auch bei negativer Schlüpfung das Maximum des Drehmomentes bei etwa 5 % Abweichung vom Synchronismus erreicht wird, so fährt der abwärtsfahrende Wagen nur um wenige Procente schneller als der aufwärts fahrende. Selbstverständlich muss dafür Sorge getragen werden, dass die an steilster Stelle nach unten wirkende Zugkraft die höchste erreichbare Bremskraft nicht überschreitet. Da die letztere aber immer dieselbe ist wie die maximale bei der Auffahrt erreichbare Zugkraft, so sind die Sicherheitsbedingungen für Auffahrt und Abfahrt die gleichen.

Zur Erleichterung der Uebersicht folgt hier noch eine kurze

Zusammenstellung der Betriebseigenschaften des asynchronen Drehstrom-Motors.

Anlauf: Der Motor läuft von selbst an. Bei Kurzschlussankern erhält man eine Anzugskraft gleich der normalen Zugkraft im Betriebe unter Aufwand von etwa der dreifachen normalen Stromstärke. Schleifringanker mit Anlasswiderständen dagegen liefern normale Anzugskraft auch bei normaler Stromaufnahme, doppelte Anzugskraft bei etwa doppelter Stromaufnahme des Motors. Kurzschlussanker dürfen daher mit Rücksicht auf die stromliefernden Centralen nur für kleine Leistungen benutzt werden. Mit Schleifringanker ausgerüstet, verhält sich der asynchrone Drehstrom-Motor beim Anlauf wie ein Gleichstrom-Nebenschlussmotor.

Lauf: Die Leerlaufstromstärke beträgt $\frac{1}{2}$ bis $\frac{1}{3}$, die Effektaufnahme bei Leerlauf nur etwa 10 bis 5 % derjenigen bei normaler Belastung. Der Unterschied rührt her von einer Phasenverzögerung der Stromstärke gegenüber der Spannung, welche bei Leerlauf besonders gross ist. Die Belastungsgrenze ist gegeben erstens durch die Erwärmung der Wickelungen und zweitens dadurch, dass der Motor bei bestimmter Ueberlastung aus dem Tritt fällt und stehen bleibt.

Die Tourenzahl nimmt bei steigender Belastung langsam ab, von Leerlauf bis zur vollen Belastung um etwa 5 %. Eine Beseitigung dieses Tourenabfalles oder Tourenerhöhung sind nicht möglich. Tourenerniedrigung kann man dagegen in beliebigem Umfange bei gleichbleibender Zugkraft durch Zuschalten von Widerständen zum Anker erreichen. Der Wirkungsgrad nimmt dabei aber in demselben Maasse ab, wie die Tourenzahl, und die Tourenschwankungen, welche bei bestimmten Belastungsschwankungen eintreten, steigern sich im Verhältniss der Ankerwiderstände. Durch Umschaltung der Primärwickelung auf andere Polzahl kann man schliesslich die Tourenzahl stufenweise, nämlich im umgekehrten Verhältniss der Polzahl ändern.

Umsteuerung ist möglich durch Vertauschung von zweien der drei Zuleitungen zum Motor. Bei grösseren Motoren mit Schleifringankern ist bei der Umsteuerung behufs Vermeidung zu grosser Stromstärken Abstellen und Wiederanlassen unter Benutzung der Anlasswiderstände nöthig.

Bei Uebersynchronismus wirkt der Motor als Generator und giebt Strom in das Netz zurück. Er vermag dabei ungefähr ebensoviel elektrische Arbeit zu liefern, wie er als Motor an mechanischer Arbeit zu leisten vermag. Bei gleicher Leistung ist der Grad des Uebersynchronismus des einen ungefähr ebenso gross, wie der Grad der Schlüpfung des anderen.

—— —— —— ——

VII. Die asynchronen Einphasen-Motoren.

Allgemeine Wirkungsweise.

Wenn man von den Zuleitungen eines Drehstrom-Motors in Sternschaltung die eine unterbricht, so bemerkt man, dass der Motor trotzdem weiter läuft. Der neue Motor hat aber andere Betriebseigenschaften als der alte, denn wenn man die beiden Zuleitungen mit einander vertauscht, so kehrt er seine Drehrichtung nicht um; er läuft vielmehr im alten Sinne ohne Stoss und Ruck weiter. Wenn man den neuen Motor nach Unterbrechung seiner Zuleitung abstellt und ihn dann durch Schliessen der Leitung wieder anzulassen sucht, so findet man, dass dies nicht möglich ist. Um den Anker anzulassen, muss man ihm vielmehr erst künstlich eine kleine Geschwindigkeit ertheilen. Wenn dies geschehen ist, so arbeitet er sich selbst zu der Geschwindigkeit des Drehstrom-Motors empor, aber auch nur dann, wenn er leer läuft oder sehr wenig belastet ist. In welchem Sinne das Andrehen geschah, ist dabei völlig gleichgültig; der Anker rotirt ebenso gut links wie rechts herum.

Um diese Eigenschaften des neuen Motors zu erklären und zur Beurtheilung seiner wirthschaftlichen Brauchbarkeit seinen Strom- und Energieverbrauch festzustellen, ist es nothwendig, zunächst ganz allgemein zu betrachten, welche magnetischen und elektrischen Vorgänge in ihm auftreten. Denken wir uns in Fig. 32 Leitung 3 unterbrochen, so ist Phase 3 dadurch ausgeschaltet, und die neue Schaltung wird die in Fig. 63 dargestellte. Hierin bilden also die beiden noch benutzten Wickelungen des Generators mit denen des Motors und den Zuleitungen einen einfachen, in sich geschlossenen Stromkreis, in welchem nur ein einfacher Wechselstrom fliessen kann. Dieser strömt wie jeder einfache Strom in jedem Augenblicke durch Hin- und Rückleitung in verschiedener Richtung. In Fig. 63 ist ein

Augenblick herausgegriffen, in welchem der Strom durch die obere
Leitung (1) von links nach rechts und durch die untere (2) von
rechts nach links fliesst. Vergleicht man dies mit Fig. 32, so sieht
man, dass die Pfeilrichtung in 1 dieselbe geblieben, in 2 dagegen
umgekehrt ist. Wie in der Leitung 2 selbst, so ist also auch in
den daran angeschlossenen Wickelungen des Generators und Motors
die Pfeilrichtung der Ströme umzukehren. Der Einfluss dieser
Umkehr auf die Vorgänge im Motor lässt sich leicht herleiten aus
Fig. 17, welche die Stromvertheilung im Motor bei gleicher Pfeilrichtung darstellt wie Fig. 32, nämlich so, dass der Drehstrom in
e_1, e_2, e_3 ein- und aus a_1, a_2, a_3 wieder austritt.

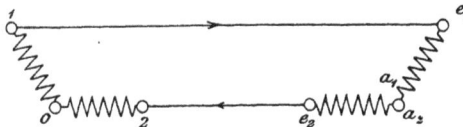

Fig. 63.

Man hat nach dem Vorangegangenen in Fig. 17 die Vertheilung
der Stromrichtung, also die Vertheilung der Kreuze und Punkte in
den Leiterquerschnitten bei Phase I bestehen zu lassen, bei II dagegen umzukehren. In Fig. 64 ist dies geschehen: Man sieht, dass
die Kreuze und Punkte in der Wickelung e_1 a_1 dieselben geblieben,
in Wickelung e_2 a_2 dagegen mit einander vertauscht worden sind.
Die unterbrochene Phase III ist dadurch markirt, dass die Buchstaben e_3 a_3 weggelassen worden sind. Wir wollen uns zunächst
auch noch die Kreuze und Punkte in den Leiterquerschnitten von
III wegdenken; von diesen soll erst später gesprochen werden. Um
die wirksamen beiden Wickelungen I und II deutlicher hervorzuheben, sind sie mit zwei stark ausgezogenen Kreisbögen ◠ versehen.

Betrachtet man die gesammte wirksame Wickelung (I und II)
in Fig. 64, so sieht man, dass sie aus zwei Spulenseiten besteht,
von denen die eine einen Strom in die Papierebene hinein- und
die andere einen solchen aus der Papierebene herausführt. Jede
von beiden Spulenseiten wird durch einen der beiden soeben genannten Kreisbögen zusammengefasst. Beide bilden also zusammen
eine Spule, deren Achse schräg von rechts unten nach links oben
geht; in dieser Richtung blickend, sieht man den Strom im Sinne

des Uhrzeigers fliessen, in dieser Richtung auch strömen also die
Kraftlinien. Wir nehmen wieder sinusartige Vertheilung der radialen
magnetischen Kräfte als vorhanden an, die Maximalwerthe auf der
Spulenachse, die Nullwerthe in der Mitte der Spulenseiten. Diese
Kraftvertheilung wird also durch die ausgezogene Kurve mit ihren
Pfeilen dargestellt. Auf die gestrichelte Vertheilungskurve, welche
durch die dritte jetzt ausgeschaltete Phase hervorgerufen wird, gehen
wir noch nicht ein.

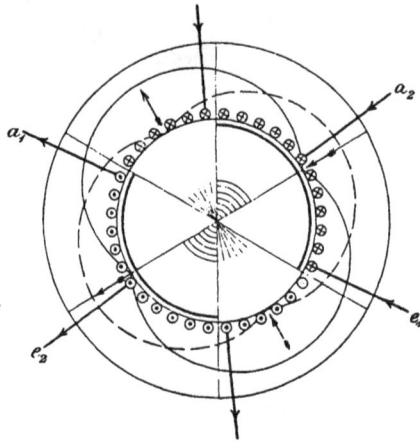

Fig. 64.

Da die beiden Wickelungen *I* und *II* nach Fig. 63 hintereinander von demselben Wechselstrom durchflossen werden, so bildet
also die ausgezogene Vertheilungskurve in Fig. 64 den momentanen
Werth eines einfachen Wechselfeldes. Ein einfaches feststehendes
Wechselfeld ist also in dem neuen Motor das wirksame Agens, der
Ersatz für das konstante Drehfeld im alten Motor. Da dieses Feld
durch einen einfachen Wechselstrom hervorgebracht wird, so wird
der Motor allgemein als Einphasen-Motor bezeichnet. Die Thatsache, dass nach der vorliegenden Ableitung sowohl im Motor, als
auch im Generator noch zwei Wickelungen des Drehstrom-Motors
benutzt werden, thut der Berechtigung des Namens „Einphasen-
Motor" keinen Abbruch, denn man hätte bei Fig. 64 von vornherein
von einer Bewickelung mit einer einzigen Spule reden können, in die
ein einfacher Wechselstrom hineingeschickt werden müsse. Der Umweg

über den Drehstrom-Motor schien aber dem Verfasser deswegen von
Werth zu sein, weil er gleich am Anfang eine Gegenüberstellung der
Eigenschaften beider Motorgattungen zu geben gestattet.

In Fig. 65 ist eine vierpolige Einphasen-Motorwickelung dargestellt. Sie ist entstanden aus der Fig. 64, indem die Wickelung
der letzteren auf die eine Hälfte des Gehäuseumfanges zusammen-
gerückt und auf der anderen wiederholt ist ganz analog der früheren
Umwandlung des zweipoligen Drehstrom-Motors in den vierpoligen
(Fig. 17 u. 21). Man sieht wieder, durch stark ausgezogene Kreis-

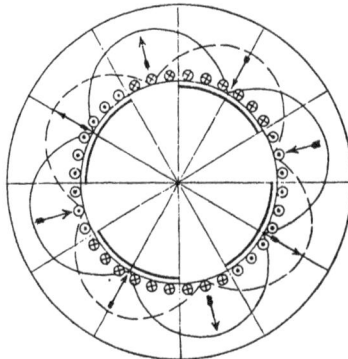

Fig. 65.

bögen hervorgehoben, vier Spulenseiten, welche zusammen die ausgezogene Feldkurve erzeugen müssen. Diese Feldkurve stimmt
überein mit derjenigen in Fig. 18. Der Verlauf der Kraftlinien ist
daher wie in Fig. 19, die früher aus Fig. 18 abgeleitet wurde. Nach
diesen Vorausschickungen über die Wirkungsweise des neuen Motors
kann die Erklärung seiner vorhin genannten Betriebseigenschaften
begonnen werden.

Erklärung des allgemeinen Verhaltens des Einphasen-Motors.

Man kann sich die Erscheinung, dass ein laufender Drehstromanker in einem einfachen feststehenden ·Wechselfelde ein Drehmoment erfährt, am einfachsten auf Grund einer Thatsache erklären,
welche geeignet ist, die sämmtlichen weiteren Betrachtungen des
Einphasen-Motors auf die des Drehstrom-Motors zu reduciren. Diese
Thatsache besteht darin, dass man sich feststehende Wechselfelder

in zwei Drehfelder zerlegt denken kann. Definirt man das betrachtete Wechselfeld nach Gl. 2 S. 25 durch den mathematischen Ausdruck

$$\mathfrak{B}_{a,\,t} = \mathfrak{B}_{max} \cdot \sin p\,\alpha \cdot \cos \omega\, t,$$

so sieht man sogleich, dass auch folgende Schreibweise mathematisch gerechtfertigt ist:

$$\mathfrak{B}_{a,\,t} = \frac{\mathfrak{B}_{max}}{2} \cdot \sin (p\,\alpha - \omega\, t) + \frac{\mathfrak{B}_{max}}{2} \cdot \sin (p\,\alpha + \omega\, t), \quad . \quad (1)$$

denn dieser Ausdruck wird, wie man leicht erkennt, durch Auflösung mit dem ersten identisch. Wir bezeichnen die beiden Summanden, in die $\mathfrak{B}_{a,\,t}$ jetzt zerlegt ist, mit $\mathfrak{B}_{a,\,t}^{I}$ und $\mathfrak{B}_{a,\,t}^{II}$. In Gl. 1 stellt der Ausdruck

$$\mathfrak{B}_{a,\,t}^{I} = \frac{\mathfrak{B}_{max}}{2} \cdot \sin (p\,\alpha - \omega\, t)$$

nach den ausführlichen Betrachtungen auf S. 36 ein Drehfeld von der Amplitude $\frac{\mathfrak{B}_{max}}{2}$ dar, welches sich mit der konstanten Winkelgeschwindigkeit von $\frac{\omega}{p}$ im Sinne der Zählrichtung von α herumdreht. Aus demselben Grunde bedeutet

$$\mathfrak{B}_{a,\,t}^{II} = \frac{\mathfrak{B}_{max}}{2} \cdot \sin (p\,\alpha + \omega\, t)$$

ein Drehfeld von der Amplitude $\frac{\mathfrak{B}_{max}}{2}$, welches ebenfalls mit $\frac{\omega}{p}$, aber entgegen der Zählrichtung von α rotirt; denn, fasst man den Ort ins Auge, wo die Amplitude des Drehfeldes gelegen, wo also $\mathfrak{B}_{a,\,t}^{I} = \frac{\mathfrak{B}_{max}}{2}$ ist, so muss dafür

$$\sin (p\,\alpha + \omega\, t) = 1$$

oder

$$p\,\alpha + \omega\, t = 90^{0}$$

sein. Hieraus folgt

$$-p\,\alpha = \omega\, t - 90^{0}$$

d. h. mit zunehmender Zeit t nimmt der Winkel α, der die Lage der Amplitude des Drehfeldes angiebt, entgegen seiner Zählrichtung proportional der Zeit zu; das Feld dreht sich also mit konstanter Geschwindigkeit entgegen der Zählrichtung von α herum, wie oben behauptet wurde.

Unter Hinweis auf die ausführliche Diskussion auf S. 36 u. 37 lässt sich dieses Ergebniss in folgender Weise in Worte kleiden: Jedes feststehende Wechselfeld von beliebiger Polzahl 2 p, dessen radiale Komponenten sich sinusartig um den Ankerumfang vertheilen und sich zeitlich sinusartig verändern, kann in zwei konstante Drehfelder von gleicher Polzahl, sinusartiger Vertheilung und halber Stärke des Wechselfeldes zerlegt werden, die im entgegengesetzten Sinne mit konstanter Geschwindigkeit rotiren und dabei während einer Periode des Wechselfeldes den p-ten Theil einer Umdrehung zurücklegen. In Fig. 66 ist diese Zerlegung dargestellt. Man sieht links unter-einander gezeichnet drei verschiedene Zustände eines feststehenden Wechselfeldes mit sinusartiger Kraftvertheilung, oben den Höchst-werth, unten den Nullwerth und in der Mitte einen Zwischenwerth. Rechts von diesem Wechselfeld sind die Lagen der sinusartig ver-theilten Drehfelder dargestellt; das erste davon rotirt nach rechts, das zweite nach links. Man übersieht deutlich, wie die Summe bei-der Drehfelder in jeder Lage gleich dem Wechselfelde ist. In der untersten Stellung sind die beiden Drehfelder entgegengesetzt ge-richtet und heben sich auf.

Zu demselben Resultate kann man auch dadurch kommen, dass man sich die Wickelung eines Einphasen-Motors zu derjenigen eines Zweiphasen-Motors ergänzt denkt. Da nach S. 32 ein Zwei-phasen-Motor mit zwei feststehenden Wechselfeldern arbeitet, welche um eine Vierteltheilung räumlich und um eine Viertelperiode zeit-lich gegeneinander verrückt sind und zusammen ein Drehfeld er-geben, so würde dem Einphasen-Motor, um ihn zu einem Zwei-phasen-Motor zu machen, noch eine zweite Wickelung zu geben sein, welche um eine Vierteltheilung gegen die erste zu versetzen und mit einem Wechselstrome von einer Viertelperiode Phasen-verschiebung zu speisen wäre. Hätte dieser zweite Strom eine Vor-eilung von einer Viertelperiode, so würde das Drehfeld entgegen-gesetzt rotiren, als wenn er eine ebenso grosse Nacheilung hätte. Die Stärke des Drehfeldes wäre in beiden Fällen wie beim Zwei-phasen-Motor immer gleich der Stärke der beiden Wechselfelder im Augenblicke ihres Höchstwerthes.

So kann Fig. 64 als Wickelungsschema für einen zweipoligen Zwei-phasen-Motor betrachtet werden, wenn man die Wickelung ohne die Kreisbögen ◠ als zweite Wickelung ansieht und durch sie einen Strom von einer Phasenverschiebung von einer Viertelperiode gegen den

Strom in der ersten Wickelung hindurchschickt. Das Feld der zweiten
Spule ist dann das gestrichelt gezeichnete; Feld I und II haben
also in der That eine Verschiebung von einer Vierteltheilung. Bei
einem wirklichen Zweiphasen-Motor müssen allerdings auch die
Wickelungen gleich dimensionirt sein, um genau gleiche Felder zu

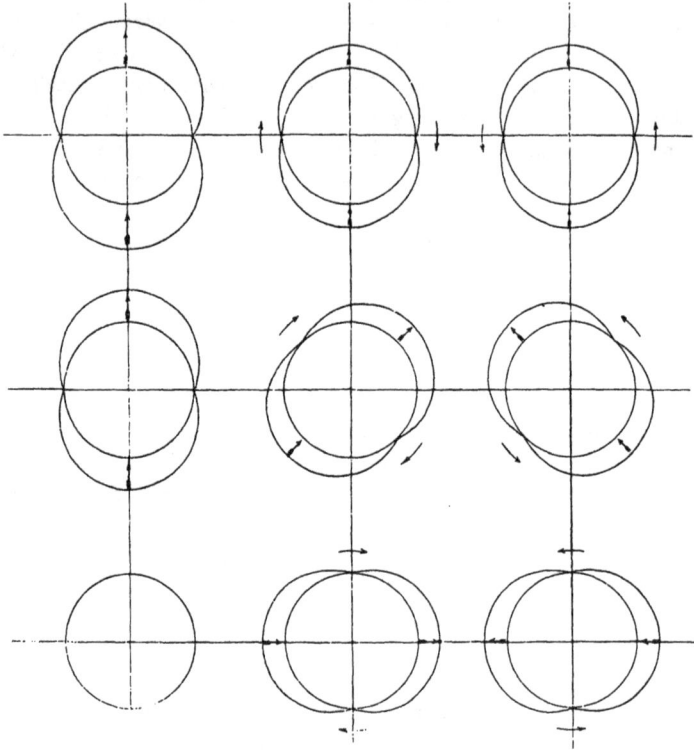

Fig. 66.

ergeben; wir müssen uns zu diesem Zwecke die beiden Spulenseiten der Wickelung I noch auf den vierten Theil des Umfanges
verkürzt und die beiden Spulenseiten der Wickelung II auf denselben Raum ausgedehnt denken. Fig. 65 bildet aus denselben
Gründen das Schema eines vierpoligen Zweiphasen-Motors, wenn die
Spulenseiten beider Wickelungen je den achten Theil des Umfanges
einnehmen. Auch nach der Aenderung der Spulenbreite macht jede

von beiden Wickelungen, allein benutzt, den Motor natürlich zu einem Einphasen-Motor, da sie ein einfaches feststehendes Wechselfeld erzeugen muss.

Denkt man sich den Motor nun zunächst als Einphasen-Motor, seine eine Wickelung von Wechselstrom durchflossen, und dann die zweite ihn zu einem Zweiphasen-Motor ergänzende Wickelung zwar hinzugethan, aber zunächst noch stromlos, so ist dies dasselbe, als wenn die zweite Wickelung garnicht vorhanden wäre. Den Strom Null, den sie führt, kann man sich aber denken als Summe zweier Ströme, von denen der erste dem Strome in der Spule I um eine Viertelperiode voraus, der andere um ebensoviel zurück ist; denn unter dieser Voraussetzung haben beide Ströme eine Phasenverschiebung von einer halben Periode gegeneinander, d. h. der eine hat ebenso grosse positive wie der andere negative Werthe; sie heben sich also auf. Die Stärke, welche man den Strömen in Spule II in Gedanken zuertheilt, ist dabei natürlich gleichgültig.

Wir wollen annehmen, dass die Ströme in Spule II halb so gross wären, wie in Spule I, also auch halb so starke Felder erzeugten. Denkt man sich dann auch das Wechselfeld $\mathfrak{B}_{max}$ der Spule I in zwei Felder von halber Stärke $\dfrac{\mathfrak{B}_{max}}{2}$ zerlegt, so kann man sich jedes von beiden mit dem ebenso starken Felde eines der beiden Ströme in Spule II nach dem Princip des Zweiphasenmotors zu dem rotirenden Felde $\dfrac{\mathfrak{B}_{max}}{2}$ vereinigt denken. $\dfrac{\mathfrak{B}_{max}}{2}$ von Spule I giebt dann mit dem in der Phase voraneilenden Felde der Spule II ein Drehfeld in einem Sinne, und das andere Feld $\dfrac{\mathfrak{B}_{max}}{2}$ von Spule I giebt mit dem in der Phase nacheilenden Felde von Spule II ein Drehfeld im anderen Sinne. Beide Drehfelder sind also gleich stark, nämlich gleich der halben Stärke des Wechselfeldes, und rotiren im entgegengesetzten Sinne, genau wie oben festgestellt wurde.

Aus diesem Ergebniss geht klar hervor — was auf S. 148 behauptet worden ist —, dass der Anker des Einphasen-Motors nicht von selbst anlaufen kann. Die beiden gleich starken Felder, die ihn, wenn er still steht, mit gleicher Geschwindigkeit im entgegengesetzten Sinne umkreisen, suchen ihn beide mit gleicher Zugkraft in ihrem eigenen Drehungssinne mitzunehmen; die beiden entgegengesetzten und an Grösse gleichen Drehmomente heben sich also auf.

Anders aber verhält sich der Anker, wenn man ihm künstlich eine Winkelgeschwindigkeit ω_2 in einer von beiden Drehrichtungen gegeben hat. Nehmen wir an, dass die Polstärke des wirksamen Feldes des Einphasen-Motors N und die Polstärke der rotirenden Felder beider Zweiphasen-Motoren daher $\frac{N}{2}$ wäre, und dass sich die beiden Drehfelder mit den Winkelgeschwindigkeiten ω_1 drehten, so wäre die relative Geschwindigkeit des ersten sich im Sinne des Ankers drehenden Feldes gegen den Anker $\omega_1 - \omega_2$, die des anderen $\omega_1 + \omega_2$. Das bei Vernachlässigung der Streuung im Sinne der Ankerdrehung wirksame Drehmoment wäre daher nach Gl. 15 S. 16

$$D_1 = \frac{N^2}{4} \cdot \frac{p^2 \cdot n}{8\,w} \,(\omega_1 - \omega_2),$$

das entgegengesetzte aber

$$D_2 = \frac{N^2}{4} \cdot \frac{p^2 \cdot n}{8\,w} \,(\omega_1 + \omega_2).$$

Es hat also den Anschein, als wenn die geringe relative Winkelgeschwindigkeit $\omega_1 - \omega_2$ des im Sinne der Ankerdrehung laufenden Feldes I ein kleineres Drehmoment zur Folge hätte, als die grössere relative Geschwindigkeit $\omega_1 + \omega_2$ des entgegengesetzt laufenden Feldes II, und als wenn daher der Anker, statt im Sinne seiner ursprünglichen Drehung weiter vorwärts getrieben zu werden, im Gegentheil durch die überwiegende Kraft des Feldes II zurückgehalten würde. Dieses Ergebniss widerspricht der früheren Angabe, dass der laufende Anker von dem feststehenden Wechselfelde in seiner eigenen Drehrichtung weiter getrieben wird. In unserer Ueberlegung liegt aber ein Trugschluss, der daher rührt, dass das Feld des Ankers nicht mit berücksichtigt worden ist.

Eine genaue Betrachtung der Eigenschaften des äquivalenten Zweiphasen-Motors lehrt auch die Ankerrückwirkung in exakter Weise in Betracht ziehen. Da wir die Zweiphasen-Motoren nicht specieller studirt haben, so wollen wir zunächst feststellen, dass ihr Verhalten dem der Drehstrom-Motoren vollkommen gleich ist bis auf den Unterschied, dass das Drehfeld nicht durch drei, sondern durch zwei Ströme hervorgerufen wird, und dass es daher gleich dem Höchstwerthe eines Wechselfeldes und nicht $^3/_2$ mal so gross ist. Im Uebrigen können wir die früher entwickelten Eigenschaften des Drehstrom-Motors für den Zweiphasen-Motor einfach übernehmen, da die Drehfelder bei beiden auf den Anker natürlich in gleicher Weise inducirend wirken.

Statt wie früher zu der Einphasenwickelung noch eine Zweiphasenwickelung hinzuzudenken, welche von zwei entgegengesetzten Strömen, d. h. also in Wirklichkeit von gar keinem Strome durchflossen wird, wollen wir jetzt den beiden Strömen eine reale Existenz verleihen, indem wir sie durch zwei getrennte und entgegengesetzt gewickelte Wickelungen wirklich fliessen lassen. Wir denken uns zu diesem Zwecke den Motor längs der Achse in 2 Hälften getheilt und diese ein wenig aus einander gerückt, so dass sie getrennt bewickelt werden können. Fig. 67 A stelle den Motor vor der Theilung dar. H bedeute eine Windung der stromdurchflossenen Wickelung des Einphasen-Motors; wir bezeichnen diese als Hauptwickelung. N bedeute die hinzugethane, den Einphasen-Motor zum Zweiphasen-Motor ergänzende, aber noch nicht vom Strome durchflossene zweite Wickelung; wir nennen sie Nebenwickelung. Selbstverständlich dürfen beide nach Fig. 64 und 65 eigentlich nicht in einem Schnitte des primären Gehäuses gezeichnet werden, da sie in verschiedenen Diametralebenen liegen. Die vorliegende Darstellung musste aber gewählt werden, um beide Wickelungen gleichzeitig in einer Figur zur Anschauung zu bringen; dass die Windungen in verschiedenen Ebenen liegen, möge durch die Bruchlinien angedeutet werden, welche zeigen sollen, dass die eine der beiden Windungen erst abgehoben und in die richtige Ebene gelegt werden müsste. Solange es sich nur um die Besprechung von Schaltungskombinationen handelt, können wir offenbar auch festsetzen, dass die eine Windung H die ganze Hauptwickelung und die Windung N die ganze Nebenwickelung symbolisiren soll.

Nach der Theilung des Primärgehäuses denken wir uns die beiden Motor-Hälften, wie in Fig. 67 B und 67 C, getrennt bewickelt, und die Hauptwickelungen H derart hintereinander geschaltet, dass der Strom in allen radialen und achsialen Leitern so fliesse wie in Fig. 67 A. Die beiden Nebenwickelungen N denken wir uns einmal so hintereinander geschaltet (Fig. 67 B), dass sie im gleichen Sinne vom Strome durchflossen werden und dann gegeneinander geschaltet (Fig. 67 C), so dass sie in entgegengesetzter Richtung Strom führen. Hat der Strom in den Wickelungen N gleiche Grösse und eine Phasenverschiebung von einer Viertelperiode gegen den Strom in den Wickelungen H, so bilden die Motoren in

Fig. 67B also zwei hintereinander geschaltete Zweiphasen-Motoren mit gleich grossen und gleich schnell in demselben Sinne rotirenden Drehfeldern. Werden N^I und N^{II} dann aber gegeneinander geschaltet (Fig. 67 C), so dass der Strom in N^I die alte Richtung beibehält, in N^{II} dagegen umgekehrt wird, so wirkt der Strom in N^{II} wie ein Strom von einer halben Periode Phasenverschiebung gegen den Strom in N^I. Hat der erste eine Voreilung von einer Viertelperiode gegen den Strom in den Hauptwickelungen, so hat der zweite eine ebenso grosse Verzögerung. Sind die Ströme in Haupt- und Nebenwickelungen der Grösse nach

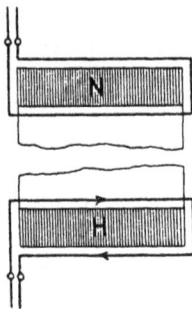 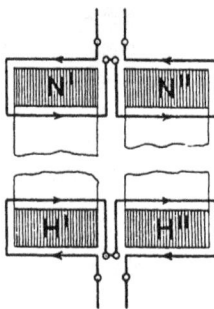 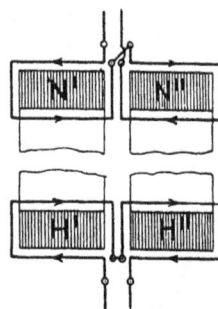

Fig. 67 A.   Fig. 67 B.   Fig. 67 C.

einander gleich, so entstehen also in beiden Motorhälften gleich grosse und mit gleich grosser Geschwindigkeit entgegengesetzt rotirende Felder. Die beiden Motorhälften in Fig. 67 C verhalten sich also wie zwei gegeneinander geschaltete Zweiphasen-Motoren, andererseits aber auch wie ein Einphasen-Motor, denn die Wirkungen der beiden entgegengesetzten Felder der Nebenwickelungen auf den Anker müssen sich aufheben, und der Anker muss sich genau so verhalten, als wenn die Nebenwickelungen überhaupt nicht vorhanden wären. Da die beiden Motorhälften in Fig. 67 B und C vollständig selbständig bewickelt sind, wollen wir sie von jetzt an als Motor I und Motor II bezeichnen.

Die geschilderte Zerlegung des Einphasen-Motors in zwei einander entgegenwirkende Zweiphasen-Motoren hat den Vortheil, dass man alle magnetischen und elektromagnetischen Wirkungen des Wechselfeldes eines Einphasen-Motors auf die Wirkungen von Drehfeldern reduciren kann, die schon früher ausführlich besprochen worden sind. In Bezug auf alle diese Wirkungen vermag der fingirte Doppel-Motor den Einphasen-Motor vollkommen zu ersetzen. Nur in einer Beziehung ist er von dem wahren verschieden, nämlich darin, dass ein Effektverlust in der Nebenwickelung bei dem wahren Motor nicht stattfindet, weil eine solche garnicht vorhanden ist. Bis auf die Arbeitsbilanz und die Aufstellung des Wirkungsgrades kann also der fingirte Motor zur Aufstellung der Theorie des Einphasen-Motors benutzt werden. Wir beginnen nun diese Theorie für den laufenden Anker zu entwickeln und vernachlässigen dabei der Einfachheit wegen zunächst die magnetische Streuung.

Wir nehmen an, der Anker rotire im Sinne der Felddrehung des Motors I mit der absoluten Winkelgeschwindigkeit ω_2. Die Felder beider Motoren selbst mögen mit der absoluten Geschwindigkeit ω_1 rotiren. Dann ist wieder die relative Geschwindigkeit des Drehfeldes I gegen den Anker $(\omega_1 - \omega_2)$, die des Feldes II $(\omega_1 + \omega_2)$. Die relative Geschwindigkeit $(\omega_1 - \omega_2)$ bildet zugleich die Schlüpfung des ganzen Einphasen-Motors. Alle weiteren Besprechungen sollen nun zunächst zur Voraussetzung haben, dass beide Motoren unabhängig von der Schlüpfung mit derselben constanten Spannung E_p gespeist würden. Nachdem dies geschehen ist, wollen wir auf die Frage eingehen, was geschieht, wenn ihnen, wie im vorliegenden Falle, nicht gleiche Spannung sondern wegen der Hintereinander- bezw. Gegenschaltung gleiche Stromstärke zugeführt wird.

Mit gleicher Spannung gespeist, muss der Motor II mit der relativen Geschwindigkeit $(\omega_1 + \omega_2)$ von Anker gegen Feld analog unserm Ergebniss für Drehstrom-Motoren einen weit grösseren Strom aufnehmen, als der Motor I mit der Geschwindigkeit $(\omega_1 - \omega_2)$. Um dies klar zu übersehen, betrachten wir wieder Fig. 47, welche $k_1 n_1 J_1$ als Funktion von $k_2 J_2 n_2$ darstellt. Nach Gl. 13 S. 16 ist dabei der Ankerstrom

$$J_2 = \frac{N p}{w\, 2 \sqrt{2}} (\omega_1 - \omega_2)$$

und daher

$$k_2 J_2 n_2 = \frac{k_2 N p\, n_2}{w\, 2 \sqrt{2}} (\omega_1 - \omega_2).$$

Wird in diesen Gleichungen $(\omega_1 - \omega_2)$ durch $(\omega_1 + \omega_2)$ ersetzt, so gelten sie für Motor II, womit die obige Behauptung bewiesen ist, dass J_2 bei Motor II wesentlich grösser ist als bei Motor I.

In den beiden letzten Gleichungen sind p, n_2, w als Konstruktionsdaten des Motors, k_2 als Proportionalitätsfaktor zwischen Amperewindungen und Feldstärke und N wegen der unveränderlichen Primärspannung konstant. Bezeichnen wir den konstanten Faktor von $\omega_1 - \omega_2$ mit c, und ersetzen wir $\omega_1 - \omega_2$ durch σ, um dafür beliebig die Schlüpfung beider Motoren $\omega_1 - \omega_2$ oder $\omega_1 + \omega_2$ setzen zu können, so wird

$$k_2\, n_2\, J_2 = c\, \sigma.$$

Fig. 47 stellt also zugleich auch $k_1\, n_1\, J_1$ als Funktion der Schlüpfung σ dar.

Fig. 68 giebt Fig. 47 noch einmal wieder mit dem einzigen Unterschiede, dass $k_2\, n_2\, J_2$ durch $c\, \sigma$ ersetzt ist. Aus ihr folgt, dass

$$(k_1\, n_1\, J_1)^2 = (k_1\, n_1\, J_0)^2 + c^2\, \sigma^2$$

ist. Setzt man hierin für σ nach einander die Schlüpfungen $\omega_1 - \omega_2$ und $\omega_1 + \omega_2$ der beiden Motoren ein und nennt man deren Primärströme $J_1{}^I$ und $J_1{}^{II}$, so erhält man

$$(k_1\, n_1\, J_1{}^I)^2 = (k_1\, n_1\, J_0)^2 + c^2\, (\omega_1 - \omega_2)^2 \quad \ldots \quad (2)$$

und

$$(k_1\, n_1\, J_1{}^{II})^2 = (k_1\, n_1\, J_0)^2 + c^2\, (\omega_1 + \omega_2)^2 \quad \ldots \quad (3)$$

Nach dieser Ableitung kann man das Verhältniss zusammengehöriger, d. h. bei gleicher Geschwindigkeit ω_2 auftretender Werthe von $J_1{}^I$ und $J_1{}^{II}$ in Fig. 68 in folgender Weise leicht übersehen. Für den stillstehenden Anker, wofür $\omega_2 = 0$ und $\sigma = \omega_1$, ist $c\, \sigma = c\, \omega_1$. Nimmt man an, dieser Werth würde durch die Strecke $\overline{A B}$ dargestellt, so ist $\overline{O B}$ der dazu gehörige Werth von $k_1\, n_1\, J_1{}^I = k_1\, n_1\, J_1{}^{II}$. Dabei hat $J_1{}^I = J_1{}^{II}$ die besondere Bedeutung desjenigen Stromes, den die beiden Motoren stillstehend bei voller Spannung aufnehmen, also die Bedeutung des Anlaufstromes. Man bezeichnet diesen Strom wohl auch als Kurzschlussstrom. Wir setzen dafür J_k, also

$$\overline{O B} = k_1\, n_1\, J_k\,.$$

Hat der Anker die Geschwindigkeit ω_2, so braucht man nur $c\, \omega_2 = \overline{B C} = \overline{B D}$ von B aus nach oben und unten aufzutragen; dann ist $\overline{A C} = c\, (\omega_1 - \omega_2)$ und $\overline{A D} = c\, (\omega_1 + \omega_2)$ und daher $\overline{O C} = k_1\, n_1\, J_1{}^I$ und $\overline{O D} = k_1\, n_1\, J_1{}^{II}$. Die Strahlen $\overline{O C}$ und $\overline{O D}$ verhalten sich also direkt wie die Stromstärken J^I und J^{II}.

Eine ganz entsprechende Konstruktion lässt sich natürlich für beliebige Ankergeschwindigkeiten ausführen. Strahlen von O nach

Punkten von $c\,\sigma$, die gleiche Entfernung von B haben, geben immer zusammengehörige Stromstärken J^I und J^{II} nach Grösse und Phase. Für synchronen Lauf des Ankers ist $\omega_2 = \omega_1$, also $\overline{AC} = 0$ und $\overline{AD} = 2\,\overline{AB}$.

Dividirt man die Gleichungen 2 und 3 durch einander und den gewonnenen Bruch noch oben und unten durch $c^2\,\omega_1{}^2$, so erhält man

$$\frac{J_1{}^{II2}}{J_1{}^{I2}} = \frac{\left(\dfrac{k_1\,J_0\,n_1}{c\,\omega_1}\right)^2 + \left(1 + \dfrac{\omega_2}{\omega_1}\right)^2}{\left(\dfrac{k_1\,J_0\,n_1}{c\,\omega_1}\right)^2 + \left(1 - \dfrac{\omega_2}{\omega_1}\right)^2}.$$

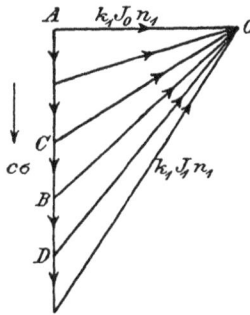

Fig. 68.

Wir setzen, der einfacheren Schreibweise wegen, darin

$$\frac{k_1\,J_0\,n_1}{c\,\omega_1} = \lambda,$$

also

$$\frac{J_1{}^{II2}}{J_1{}^{I2}} = \frac{\lambda^2 + \left(1 + \dfrac{\omega_2}{\omega_1}\right)^2}{\lambda^2 + \left(1 - \dfrac{\omega_2}{\omega_1}\right)^2} \quad \cdots \cdots \quad (4)$$

und stellen fest, dass bei dieser Bedeutung

$$\lambda = \frac{\overline{OA}}{\overline{AB}}$$

ist.

Ueber die Grössenordnung dieses Gliedes erhält man am leichtesten ein Urtheil, wenn man statt seiner zunächst das Verhältniss

$$\frac{\overline{OA}}{\overline{OB}} = \frac{J_0}{J_k} = z$$

betrachtet. Die Beziehung zwischen diesen Grössen und der gesuchten ergiebt sich leicht aus der Gleichung

$$\frac{1}{z^2} = \frac{\overline{OB}^2}{\overline{OA}^2} = \frac{\overline{OA}^2 + \overline{AB}^2}{\overline{OA}^2} = 1 + \frac{\overline{AB}^2}{\overline{OA}^2} = 1 + \frac{1}{\lambda^2},$$

woraus folgt

$$\lambda^2 = \frac{z^2}{1-z^2}. \qquad \ldots \ldots \ldots (5)$$

Das Verhältniss $z = J_0 : J_k$ ist wegen der principiell gleichen
Wirkungsweise des Zweiphasen-Motors dasselbe wie bei Drehstrom-
Motoren. Von letzteren ist auf Seite 129 gesagt worden, dass bei
Kurzschlussankern J_k etwa dreimal so gross ist, wie der Strom bei
normaler Belastung J_n. J_n aber ist nach Seite 104 wiederum etwa
dreimal so gross als der Leerlaufstrom, so dass man für Motoren mit
Kurzschlussankern, welche auf Anlauf ohne Anlasswiderstand be-
rechnet sind,

$$\frac{J_0}{J_k} = \frac{1}{9} \text{ und } \frac{J_0^2}{J_k^2} = \frac{1}{81}$$

setzen kann. Bei Motoren, welche mit Anlasswiderständen angelassen werden, welche also nicht auf möglichst kleinen Kurzschlussstrom berechnet zu werden brauchen, liegt $\frac{J_0}{J_k}$ etwa zwischen $\frac{1}{12}$
und $\frac{1}{20}$, also $\frac{J_0^2}{J_k^2}$ zwischen $\frac{1}{144}$ und $\frac{1}{400}$. Bei streuungslosen
Motoren endlich, wie sie jetzt betrachtet werden sollen, wird $\frac{J_0^2}{J_k^2}$
etwa gleich $\frac{1}{3000}$.

Zu den Werthen

$$\left(\frac{J_0}{J_k}\right)^2 = z^2 = \frac{1}{81}, \frac{1}{144}, \frac{1}{400} \text{ und } \frac{1}{3000}$$

gehören nach Gl. 5 die Werthe

$$\lambda^2 = \left(\frac{k_1 J_0 n_1}{c \omega_1}\right)^2 = \frac{1}{80}, \frac{1}{143}, \frac{1}{399} \text{ und } \frac{1}{2999}.$$

Dieses Ergebniss lehrt, dass λ^2 in Gl. 4 im Zähler stets vernachlässigt werden kann, da das zweite Glied desselben bei allen

Ankergeschwindigkeiten ω_2 grösser als 1 ist; im Nenner dagegen spielt λ^2 besonders bei kleinen Schlüpfungen, wo also ω_2 nicht viel von ω_1 abweicht, eine nicht unbedeutende Rolle. Bei 5 % Schlüpfung z. B., wo

$$1 - \frac{\omega_2}{\omega_1} = \frac{1}{20} \quad \text{und} \quad \left(1 - \frac{\omega_2}{\omega_1}\right)^2 = \frac{1}{400}$$

ist, würde λ^2 gegenüber dieser Grösse schon nicht mehr verschwinden, bei kleineren Schlüpfungen also noch weniger. Wir haben daher λ^2 als ein Korrekturglied zu betrachten, welches beim laufenden Motor im Zähler der Gl. 4 immer vernachlässigt werden kann, im Nenner dagegen berücksichtigt werden muss. Beim stillstehenden Motor ist es im Zähler und Nenner gleichmässig in Betracht zu ziehen, da Zähler und Nenner hierbei einander gleich werden. Wir schreiben schliesslich

$$\frac{J_1{}^{II2}}{J_1{}^{I2}} = \frac{\lambda^2 \cdot \omega_1{}^2 + (\omega_1 + \omega_2)^2}{\lambda^2 \cdot \omega_1{}^2 + (\omega_1 - \omega_2)^2}$$

und behalten uns vor, $\lambda^2 \cdot \omega_1{}^2$ beim laufenden Motor im Zähler des Bruches wegzulassen.

Die vorangehenden Betrachtungen sind ausgeführt worden unter der Annahme einer beliebigen Spannung E_p für beide Motoren. Voraussetzung war nur, dass E_p für beide Motoren gleich gross war. Für die weiteren Schlussfolgerungen ist es werthvoll, festzustellen, wie die obigen Ergebnisse von dem absoluten Werthe E_p der Motorspannung beeinflusst werden. Wir untersuchen zu diesem Zwecke, wie sich bei einem beliebigen Zweiphasen- oder Drehstrom-Motor bei gegebener Schlüpfung σ die Stromaufnahme mit der Spannung verändert. Am einfachsten wird der Gedankengang, wenn wir z. B. die Wirkung einer Verdoppelung von E_p ins Auge fassen.

Eine Verdoppelung der Betriebsspannung E_p eines Drehstrom-Motors hat zunächst eine Verdoppelung der Leerlaufstromstärke J_0 zur Folge, denn mit E_p verdoppelt sich auch das wirksame Feld N, welches E_p auszubalanciren hat (Gl. 5 b S. 96), und mit N auch J_0, weil J_0 als der einzige vorhandene Strom derjenige ist, welcher N herstellt. In einem belasteten Motor, der bei gegebener Schlüpfung σ zunächst einen Ankerstrom J_2 aufweist, muss sich, wenn σ unverändert bleibt, auch J_2 mit E_p verdoppeln, da die Verdoppelung des wirksamen Feldes N nach Gl. 13 S. 16 eine Verdoppelung des von N inducirten Stromes unmittelbar zur Folge hat. Nach Fig. 47, welche

11*

den Zusammenhang zwischen J_0, J_2 und J_1 darstellt, muss schliesslich eine Verdoppelung der beiden Katheten $k_1\,n_1\,J_0$ und $k_2\,n_2\,J_2$ irgend eines der rechtwinkligen Dreiecke, auch eine Verdoppelung der Hypotenuse $k_1\,n_1\,J_1$ nach sich ziehen.

Hiernach ist bei gegebener Schlüpfung die Stromaufnahme der Spannung proportional, also

$$E_p = \varrho\,J_1, \quad . \quad . \quad . \quad . \quad . \quad . \quad . \quad (6)$$

wobei ϱ ein konstanter Proportionalitätsfaktor ist. Der Zusatz „bei gegebener Schlüpfung" muss scharf betont werden, denn wenn die Schlüpfung σ sich ändert, so ändert sich für ein gegebenes unveränderliches E_p nach Fig. 68 auch J_1 und mithin auch ϱ. Ein bestimmter Werth von ϱ gilt also nur für ein ganz bestimmtes σ und kann für dieses als charakteristisch angesehen werden. Da ϱ eine Beziehung zwischen Spannung und Strom giebt, wie der Widerstand im Ohm'schen Gesetz, so kann ϱ auch als der scheinbare Widerstand des Motors bezeichnet werden.

Im vorliegenden Falle haben die beiden fingirten Zweiphasen-Motoren wegen der verschiedenen Schlüpfungen verschiedene scheinbare Widerstände. Nennt man diese ϱ^I und ϱ^{II}, so müssen für sie, da nach unserer Annahme beide Motoren zunächst mit derselben Spannung E_p gespeist werden sollen, die Beziehungen gelten:

$$E_p = J_1{}^I . \varrho^I$$

und

$$E_p = J_1{}^{II} . \varrho^{II}.$$

Diese scheinbaren Widerstände verhalten sich also umgekehrt wie die Stromaufnahmen der Motoren, und man erhält

$$\frac{\varrho^{I\,2}}{\varrho^{II\,2}} = \frac{\lambda^2 . \omega_1{}^2 + (\omega_1 + \omega_2)^2}{\lambda^2 . \omega_1{}^2 + (\omega_1 - \omega_2)^2} .$$

Wenn diese Gleichung auch unter der Annahme gleicher Spannung für beide Motoren ausgerechnet ist, so gilt sie doch auch unabhängig von dieser Betriebsbedingung für zwei scheinbare Widerstände ϱ^I und ϱ^{II} bei den Schlüpfungen $\omega_1 - \omega_2$ und $\omega_1 + \omega_2$, denn ϱ^I und ϱ^{II} sind nach Obigem selbständige, jedem der beiden gleichen Motoren eigenthümliche Widerstandsgrössen, die allein durch die Schlüpfung bestimmt sind.

Wir können daher die bisher gemachte, dem Betrieb des Einphasen-Motors aber nicht entsprechende Voraussetzung, dass beide

Zweiphasen - Motoren gleiche Spannung aufnähmen, jetzt fallen lassen, und sie durch die richtige, aus den Reihenschaltungen in Fig. 67 B und C hervorgehende Bedingung ersetzen, dass die Stromstärke in beiden die gleiche ist.

Nennen wir die gemeinsame Stromstärke J_1, so muss nach Gl. 6 der Motor mit dem scheinbaren Widerstand ϱ^I die Spannung verbrauchen:

$$E_p{}^I = J_1 \cdot \varrho^I$$

und der Motor mit dem scheinbaren Widerstand ϱ^{II} die Spannung

$$E_p{}^{II} = J_1 \cdot \varrho^{II}.$$

Demnach verhalten sich

$$\frac{E_p{}^I}{E_p{}^{II}} = \frac{\varrho^I}{\varrho^{II}}$$

und

$$\frac{E_p{}^{I2}}{E_p{}^{II2}} = \frac{\lambda^2 \cdot \omega_1{}^2 + (\omega_1 + \omega_2)^2}{\lambda^2 \cdot \omega_1{}^2 + (\omega_1 - \omega_2)^2}.$$

In demselben Verhältniss wie die Spannungen müssen nach Gl. 5 a S. 96 auch die Polstärken der Drehfelder N^I und N^{II} beider Motoren stehen, da sie die Spannungen bei gleicher Drehgeschwindigkeit v gegen die primären Gehäuse auszubalanciren haben. Es ist also auch

$$\frac{N^{I2}}{N^{II2}} = \frac{\lambda^2 \cdot \omega_1{}^2 + (\omega_1 + \omega_2)^2}{\lambda^2 \cdot \omega_1{}^2 + (\omega_1 - \omega_2)^2} \quad \dots \dots \quad (7)$$

N^I und N^{II} bedeuten dabei die Gesammtfelder beider Motoren einschliesslich der Ankerfelder, denn diese Gesammtfelder sind es, welche die Ausbalancirung der Spannungen besorgen. N^I, das Feld des Motors I, rotirt nach S. 159 im Sinne der Ankerdrehung, N^{II}, das Feld des Motors II, im entgegengesetzten Sinne.

Wenn wir bedenken, dass $\lambda^2 \cdot \omega_1{}^2$ im Zähler vernachlässigt werden darf, und wenn wir dieses Glied unter dem Vorbehalt späterer Korrektur zunächst auch noch im Nenner vernachlässigen, so erhalten wir daraus für die Felder beider Motoren die einfache Beziehung:

$$\frac{N^I}{N^{II}} = \frac{\omega_1 + \omega_2}{\omega_1 - \omega_2} \quad \dots \dots \quad (8)$$

Nach Gl. 7 verhalten sich also die Felder beider Motoren bei der Ankergeschwindigkeit ω_2 wie die Strahlen $\overline{OD} : \overline{OC}$ in Fig. 68;

nach Gl. 8, bei der $\lambda\,\omega_1$, oder $\overline{AO}$ vernachlässigt ist, verhalten sie sich wie $\overline{AD} : \overline{AC}$, wobei nach S. 160 $\overline{AB} = c\,\omega_1$ und $\overline{BC} = \overline{BD}$ $= c\,\omega_2$ ist. Denken wir uns den Maassstab für diese Strecken so gewählt, dass $\overline{AC}$ und $\overline{AD}$ die beiden Felder N^{II} und N^{I} direkt darstellen, so bedeutet $\overline{AB}$ offenbar das Feld N^{0}, welches beide Motoren gleichzeitig annehmen, wenn der Anker stillsteht, also $\omega_2 = 0$ ist. Bei einer beliebigen Ankergeschwindigkeit ω_2 verhalten sich also

$$\frac{N^{I}}{N^{0}} = \frac{\overline{AD}}{\overline{AB}} = \frac{\omega_1 + \omega_2}{\omega_1}$$

und

$$\frac{N^{II}}{N^{0}} = \frac{\overline{AC}}{\overline{AB}} = \frac{\omega_1 - \omega_2}{\omega_1},$$

also ist

$$N^{I} = N^{0}\left(1 + \frac{\omega_2}{\omega_1}\right) \quad \cdots \cdots \quad (9)$$

und

$$N^{II} = N^{0}\left(1 - \frac{\omega_2}{\omega_1}\right) \quad \cdots \cdots \quad (10)$$

Aus diesen Gleichungen ergiebt sich das am Eingange dieses Abschnittes geschilderte Verhalten des Einphasen-Motors unmittelbar. Solange der Anker stillsteht, sind die beiden entgegengesetzt rotirenden Drehfelder einander gleich, und ihre Wirkungen heben sich auf; der Anker kann also nicht von selbst anlaufen. Sobald er aber künstlich eine geringe Anfangsgeschwindigkeit ω_2 in einem beliebigen Drehungssinne erhält, nimmt das in gleichem Sinne rotirende Drehfeld N^{I} zu, das entgegengesetzt rotirende N^{II} dagegen ab. Das erstere überwiegt also und ertheilt dem Anker im Sinne seiner eigenen Rotation eine Beschleunigung, wenn die Differenz der Zugkräfte beider Felder, oder die überwiegende Zugkraft im Sinne der Bewegung grösser ist, als die bremsende Kraft, welche der Anker etwa durch Belastung erfährt.

Die Gl. 9 u. 10 ermöglichen aber nicht nur eine Erklärung des Verhaltens des Einphasen-Motors, sondern bei geringer Umformung auch einen einfachen Vergleich mit den Eigenschaften des Zweiphasen-Motors. Das Feld N^{0}, welches die beiden gegeneinander geschalteten Motoren in Fig. 67 C bei stillstehendem Anker führen, weisen sie offenbar auch bei der Schaltung in Fig. 67 B, also bei der Zweiphasen-Motor-Schaltung bei stillstehendem Anker auf, denn in beiden Fällen verzehrt jeder Motor die Hälfte der Gesammtspannung E_p und führt daher ein Feld, welches $E_p/2$ ausbalancirt.   Da dieses Feld N^O im Falle der Schaltung in Fig. 67 B bei beiden Motoren im gleichen Sinne rotirt, derart, dass die Feldvertheilungskurven sich in jedem Augenblicke decken, so ist in beiden Motoren zur Ausbalancirung der ganzen Spannung E_p zusammen ein Feld $2\,N^O$ vorhanden, welches auch bestehen bleibt, wenn die beiden Motoren zu einem einzigen Zweiphasen-Motor (Fig. 67 A) vereinigt werden, und welches wir mit N bezeichnen. Drücken wir in Gl. 9 u. 10 N^O durch dieses Gesammtfeld aus, so erhalten wir für die beiden Felder des Einphasen-Motors die Ausdrücke

$$N^I = \frac{N}{2}\left(1 + \frac{\omega_2}{\omega_1}\right) \quad \cdots \cdots \quad (11)$$

und

$$N^{II} = \frac{N}{2}\left(1 - \frac{\omega_2}{\omega_1}\right) \quad \cdots \cdots \quad (12)$$

Diese beiden Gleichungen sind zum unmittelbaren Vergleich des Verhaltens des Einphasen- und Zweiphasen-Motors geeignet, denn N bedeutet darin nicht nur das Drehfeld des Zweiphasen-Motors bei stillstehendem, sondern auch für den mit irgend einer Belastung laufenden Anker, denn beim Zweiphasen-Motor muss, wie beim Drehstrom-Motor, die Polstärke des rotirenden Feldes zur Ausbalancirung der konstanten Spannung unter allen Umständen konstant sein.   Die Gl. 11 und 12 setzen also die beiden Drehfelder des Einphasen-Motors zu dem constanten Drehfelde des mit gleicher Spannung gespeisten Zweiphasen-Motors in eine sehr einfache Beziehung. Um in die Betriebseigenschaften des Einphasen-Motors einen klaren Einblick zu gewinnen, brauchen wir jetzt nur die Felder N^I und N^{II} statt des Feldes N in die früher abgeleiteten Formeln für die Drehfeld-Motoren einzusetzen.

Wir beginnen die Betrachtung am Besten mit den mechanischen Eigenschaften des Einphasen-Motors, da deren Ableitung sich unmittelbar an das Vorangehende anknüpft und lassen die Besprechung der elektrischen Eigenschaften erst später folgen. In jedem dieser beiden Abschnitte soll aber derselbe Gedankengang innegehalten werden, wie bei den Drehstrom-Motoren.

Die mechanischen Betriebseigenschaften.

Zusammenhang zwischen Drehmoment und Schlüpfung. Man erhält das Drehmoment D_e des Einphasen-Motors als Differenz der Drehmomente beider rotirenden Felder:

$$D_e = D^I - D^{II}.$$

Aus Gl. 15 S. 16 für das Drehmoment eines rotirenden Feldes auf einen Kurzschlussanker erhält man, für N die Werthe N^I und N^{II} und für die Schlüpfung die Werthe $(\omega_1 - \omega_2)$ und $(\omega_1 + \omega_2)$ einsetzend,

$$D^I = \frac{N^{I2} \cdot p^2 \cdot n}{8 \cdot w} \cdot (\omega_1 - \omega_2)$$

$$D^{II} = \frac{N^{II2} \cdot p^2 \cdot n}{8 \cdot w} \cdot (\omega_1 + \omega_2).$$

Hieraus folgt, indem man für N^I und N^{II} die Gl. 11 u. 12 benutzt, ω_1 herauszieht und schliesslich der Kürze wegen

$$\delta = \frac{\omega_2}{\omega_1}$$

setzt:

$$D_e = D^I - D^{II} = \frac{N^2 \cdot p^2 \cdot \omega_1 \cdot n}{16 \cdot w} \cdot (1 - \delta^2) \cdot \delta \quad . \quad . \quad (13)$$

Hierin ist N, wie oben ausgeführt wurde, bei konstanter primärer Spannung konstant; p, w und n sind Konstruktionsdaten des Motors, und ω_1, die Winkelgeschwindigkeit der beiden Drehfelder gegen die primäre Wickelung des Einphasenmotors, ist ebenfalls unveränderlich. Die Abhängigkeit des Drehmomentes von der Ankergeschwindigkeit ω_2 ist also nur durch das Produkt $(1 - \delta^2) \cdot \delta$ bestimmt, worin δ der Grösse ω_2 proportional ist und bei dem synchronen Laufe des Ankers gleich 1 wird.

In Fig. 69 ist dieses Produkt durch die stark gezeichnete Kurve als Funktion von δ dargestellt; um die Entstehung dieser Kurve deutlicher zu zeigen, sind auch die Kurven für δ und $1 - \delta^2$ als Funktionen von δ hinzugefügt. Da bei $\delta = 0$ und $\delta = 1$ nach Gl. 13 $D_e = 0$ wird, so muss die Drehmomentkurve D_e zwischen den genannten Werthen von δ einen Maximalwerth haben; dieser liegt bei $\delta = 0,577$.

Die Kurve für D_e lehrt auch den Anlaufsvorgang in einfacher Weise übersehen. Da bei $\omega_2 = 0$, $D_e = 0$ ist, so erfährt der Anker

beim Stillstande, wie oben wiederholt festgestellt wurde, noch keine
Zugkraft; erst wenn ihm künstlich eine geringe Anfangsgeschwindigkeit ertheilt worden ist, übt er ein Drehmoment aus. Die Anfangsgeschwindigkeit, die man ihm geben muss, damit er selbständig
weiter läuft, richtet sich nach der Belastung, die er beim Anlaufe
„durchzuziehen" hat. Ist zum Durchziehen dieser Last z. B. das
Drehmoment $D_e = a$ nothwendig, so muss (Fig. 69) die künstlich
zu gebende Anlaufsgeschwindigkeit mindestens gleich $\overline{OA}$ sein; je
mehr sie über $\overline{OA}$ hinausgeht, desto sicherer läuft der Anker natür-

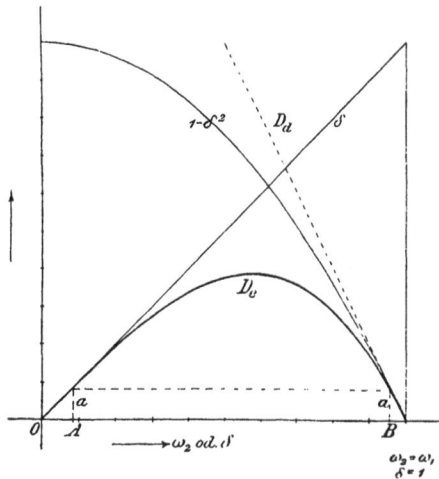

Fig. 69.

lich weiter. Hat der Anker selbständige Triebkraft gewonnen, so
steigern nach Fig. 69 Tourenzahl und Triebkraft sich gegenseitig,
bis die letztere ihren Maximalwerth erreicht hat; von da nimmt
zwar die Geschwindigkeit noch weiter zu, aber die Beschleunigung
wird geringer. Bleibt die Belastung während des Anlaufes unveränderlich und gleich a, so läuft sich der Motor schliesslich auf eine
Geschwindigkeit $\omega_2 = \overline{OB}$ ein, bei der wieder $D_e = a$ ist. Wir
ziehen aus diesem Verhalten vor Allem die praktische Schlussfolgerung, dass man, um mit geringer Anfangsgeschwindigkeit auszukommen, den Motor so wenig wie möglich belastet anlaufen lassen
soll. Es ist heute darum allgemein üblich, Einphasen-Motoren nur
ganz leer anzulassen.

Das geschilderte Verhalten des Einphasen-Motors beim Anlauf ist viel ungünstiger als das des Drehstrom-Motors, welcher gar keines künstlichen Andrehens bedarf, sondern von selbst mit sehr grosser Zugkraft angeht. Auch das Auftreten eines Maximalwerthes für die Zugkraft beim streuungslosen Einphasen-Motor ist ein Nachtheil; denn der Motor fällt, über diesen Grenzwerth hinaus belastet, aus dem Tritt. Beim streuungslosen Drehfeld-Motor besteht ein solcher Grenzwerth nicht, das Drehmoment ist nach Gl. 15 S. 16

$$D_d = \frac{N^2 p^2 n}{8 w} (\omega_1 - \omega_2), \quad . \quad . \quad . \quad . \quad . \quad (14)$$

steigt also vom synchronen Laufe bis zum Stillstande proportional der Schlüpfung gleichmässig an.

Freilich setzt die Streuung auch schon der Belastungsfähigkeit der Drehstrom - Motoren eine Grenze. Die Ueberlegenheit des streuungslosen Drehstrom-Motors gegenüber dem streuungslosen Einphasen-Motor zeigt aber, dass auch der mit Streuung behaftete Mehrphasen-Motor wesentlich höhere Ueberlastung vertragen wird, ohne aus dem Tritt zu fallen, als der entsprechende Einphasen-Motor; denn die Streuung kann bei beiden Typen natürlich nur im gleichen Sinne wirken.

Um in das Wesen und die innere Ursache des Unterschiedes von D_e und D_d möglichst tief einzudringen, wollen wir noch einmal einen Blick auf die Grundgleichungen 11 und 12 werfen, welche das Verhalten des Einphasen-Motors beherrschen. Beim synchronen Laufe ($\omega_2 = \omega_1$) ist darnach

$$N^I = N \quad \text{und} \quad N^{II} = 0,$$

beim Anlaufe dagegen ist

$$N^I = N^{II} = \frac{N}{2}.$$

Beim synchronen Laufe zeigt der Einphasen-Motor also ein einfaches, reines Drehfeld N, genau wie der mit gleicher Spannung gespeiste Zweiphasen-Motor; beim Anlaufe dagegen sind zwei entgegengesetzt rotirende Drehfelder $\frac{N}{2}$ vorhanden, welche sich nach Fig. 66 zu einem feststehenden Wechselfelde vom Höchstwerthe N vereinigen. Der Motor schafft sich also, trotzdem er keine zweite Wickelung besitzt wie der Zweiphasen-Motor, beim synchronen Laufe doch ein Drehfeld. Während der Zweiphasen-Motor aber vermöge seiner zweiten Wickelung beim Betriebe mit konstanter Spannung dieses Drehfeld bei allen Belastungen unveränderlich aufrecht zu erhalten vermag, ist der Einphasen-Motor dazu nicht im Stande. Das den Anker mit sich ziehende Drehfeld nimmt vielmehr immer mehr ab zu Gunsten eines sich bildenden entgegengesetzt rotirenden Feldes, welches den Anker bremst und mit der Schlüpfung immer mehr zunimmt, bis es schliesslich, dem ziehenden Felde gleich geworden, beim Stillstande des Ankers den Anker vollständig kraftlos macht.

Der Motor kann sich beim synchronen Laufe ein reines Drehfeld N natürlich nur dadurch schaffen, dass er zu dem feststehenden Wechselfelde, welches die vorhandene eine primäre Wickelung nur erzeugen kann, noch auf irgend eine Weise ein zweites gleich grosses, aber um eine Vierteltheilung räumlich und eine Viertelperiode zeitlich dagegen verschobenes Wechselfeld herstellt. Da der Strom in der primären Wickelung die Ursache dieses zweiten Feldes nicht sein kann, so müssen die Ankerströme es sein, welche dieses Feld hervorbringen. Das genannte Feld des Ankers besteht in voller Stärke aber nur beim synchronen Laufe, beim Stillstande dagegen ist es null, denn beim Stillstande besteht nur ein feststehendes Wechselfeld vom Höchstwerthe N. Die Bildung dieses zweiten, nur bei synchronem Laufe dem Hauptfelde völlig gleichen, bei zunehmender Schlüpfung aber immer mehr verlöschenden Wechselfeldes kann also ebenfalls als das Wesen der Wirkungsweise des Einphasen-Motors angesehen werden. Es ist offenbar, dass mit diesem zweiten Felde, ohne welches ein Drehfeld und daher auch ein Drehmoment überhaupt nicht möglich ist, auch die Zugkraft gegenüber dem reinen Drehfeld-Motor nachlassen muss. Diese Betrachtungsweise führt also zu denselben Konsequenzen wie die frühere. Sie lässt sich natürlich auch als selbständige Theorie ausbilden, wenn man von vornherein von der Betrachtung des Ankers ausgeht.

Wie sich unter diesen Umständen die Drehmomente von Einphasen- und Zweiphasen-Motor verhalten, ergiebt sich leicht aus Folgendem: Setzt man in der Gleichung für D_d auch $\frac{\omega_2}{\omega_1} = \delta$ ein, so erhält man das Drehmoment des Drehfeld-Motors in der Form

$$D_d = \frac{N^2 \cdot p^2 \cdot n \cdot \omega_1}{8 \cdot w} \cdot (1 - \delta) \quad \ldots \ldots \quad (15)$$

Das durch diese Gleichung gegebene Drehmoment kann man auch in Fig. 69 leicht darstellen, wenn man aus Gl. 13 und 15 entnimmt, dass D_d dem Ausdruck $2 \cdot (1 - \delta)$ mit demselben Proportionalitätsfaktor

proportional ist wie D_e dem Ausdrucke $(1 - \delta^2) . \delta$. Zeichnet man
also die Funktion $2 . (1 - \delta)$ in Gestalt der gestrichelten Kurve in
Fig. 69 ein, so ergiebt ein Vergleich der Kurven D_d und D_e unmittelbar ein Bild für die Grösse der Drehmomente bei gleicher
Schlüpfung oder für die Schlüpfung bei gleichen Drehmomenten.
Man sieht, dass bei gleicher Schlüpfung im Einphasen-Motor immer
eine wesentlich kleinere Zugkraft entsteht als im Drehfeld-Motor.
Nach Gl. 13 und 15 ist das Verhältniss aus beiden Drehmomenten

$$\frac{D_e}{D_d} = \frac{(1 - \delta^2) . \delta}{2 (1 - \delta)} = \frac{(1 + \delta) . \delta}{2}$$

Für eine Schlüpfung z. B. von 5%, wie sie der Normalbelastung
entspricht, wird $\delta = 0,95$ und $D_e = 0,926 D_d$, ist also das Drehmoment des Einphasen-Motors um $7^1/_2 \%$ geringer. Um gleiche Drehmomente zu geben, muss, wie erwähnt, der Einphasen-Motor eine
grössere Schlüpfung annehmen, und damit steigt auch, wie wir sehen
werden, der Effektverlust im Anker.

Genau genommen läuft der Anker des Einphasen-Motors auch
leer nicht einmal ganz synchron mit dem Magnetfelde, denn die
Thatsache, dass hierfür $N^I = N$ und $N^{II} = 0$, also wirklich ein
reiner Drehfeld-Motor vorhanden ist, wurde abgeleitet aus Gl. 11
und 12, also schliesslich aus Gl. 8, welche voraussetzt, dass $\lambda^2 . \omega_1^2$
in Gl. 7 vernachlässigt werden kann. Wir haben aber früher ge-
sehen, dass $\lambda^2 . \omega_1^2$ bei kleinen Schlüpfungen im Nenner nicht vernachlässigt werden darf, sodass N^{II} gegenüber N^I grösser ist, als
bisher angenommen wurde, also auch bei Leerlauf in Wirklichkeit
nicht null wird. Auch bei Leerlauf ist demnach, genau genommen,
schon ein schwaches, der Ankerdrehung entgegenwirkendes Feld
vorhanden, welches eine Schlüpfung und dadurch Energieverlust im
Anker hervorruft. Auch dieses Verhalten ist ungünstiger, als beim
Drehfeld-Motor; die Streuung kann offenbar an dem Sinne dieser
Verschiedenheit nichts ändern.

Wir stellen am Ende dieser allgemeinen Betrachtungen noch
fest, dass, da der Einphasen-Motor schliesslich nur durch Drehfelder
wirkt, seine Ankerwickelung genau so ausgeführt werden kann wie
bei Drehstrom-Motoren. Man kann also auch bei Einphasen-Motoren
Kurzschlusswickelungen, Käfigwickelungen und Dreiphasenwickelungen
mit Schleifringen verwenden.

Umsteuerung, Bremsung und Kraftrückgabe.

Eine Umsteuerung ist, wie früher schon angegeben wurde, bei Einphasen-Motoren auf elektrischem Wege nicht möglich, denn eine Vertauschung der beiden Zuleitungen ändert nichts an der Existenz eines feststehenden Wechselfeldes, welches in der angegebenen Weise in zwei entgegengesetzt rotirende Drehfelder zerlegt werden kann und unter allen Umständen in demjenigen Sinne weiter treibend wirkt, in welchem der Anker schon läuft.

Eine Bremsung kann durch Abschalten der primären Wickelung vom Netz und durch Kurzschliessung derselben ebenfalls nicht erreicht werden, denn sobald der Motor vom Netz entfernt ist, hört das Wechselfeld und infolgedessen auch der Strom im Anker und in der primären Wickelung auf. Gegenstrom ist gleichfalls nicht zum Bremsen zu verwenden, da der Motor bei einer Vertauschung der Zuleitungen auch wieder von einem Wechselstrom gespeist wird, der genau so wirkt, wie der erste.

Eine Kraftrückgabe aber an das Netz ist, wie bei Drehfeld-Motoren, möglich. Wenn der Anker künstlich schneller gedreht wird, als dem Synchronlaufe entspricht, also bei $\delta > 1$, wird $1 - \delta^2$ negativ und δ bleibt positiv, das ganze auf den Anker wirkende Drehmoment wird also negativ. Dies bedeutet, dass der Anker getrieben werden muss, statt selbst treibend zu wirken; die zu seinem mechanischen Antriebe aufzuwendende Arbeitsleistung liefert er dabei als Generator in das Netz zurück, wie ein Drehstrom-Motor. Aus Fig. 69 entnimmt man leicht, dass $(1 - \delta^2)$ bei einem über 1 hinausgehenden δ im negativen Sinne sehr schnell steigt, sodass schon bei geringem Uebersynchronismus beträchtliche Arbeitsleistungen auf das Netz übertragen werden können. Die Leistung erreicht dabei, so lange keine Streuung vorhanden ist, auch keinen Maximalwerth, und steigt mit ω_2 kontinuirlich weiter.

Um eine Kraftrückgabe bei Rückwärtsdrehung zu bewirken, ist eine Vertauschung der Zuleitungen wiederum nicht nöthig, nur muss natürlich auch bei dieser Bewegung Uebersynchronismus vorhanden sein. Der schnell abwärtsgehende Kettenhaken eines Krahns oder der rasch zu Thal fahrende Wagen einer Bergbahn würden also beim Betrieb durch asynchrone Einphasen-Motoren ohne weiteres Kraft in das Netz zurückgeben. Die Kraftrückgabe bei der Umkehr der Bewegung würde hierbei sogar eine werthvolle automatische Sicherung gegen zu schnelles Abwärtsfahren bedeuten.

Die Regulirung der Tourenzahl.

Eine stufenweise vor sich gehende Aenderung der Tourenzahl kann man bei Einphasen-Motoren durch Aenderung der Polzahl mit Hülfe einer Umschaltung der primären Wickelung in genau derselben Weise hervorbringen, wie bei Drehstrom-Motoren; denn hier wie dort rücken die Drehfelder gegenüber der primären Wickelung während einer Periode des Wechselstroms um eine Theilung, also um den p. Theil des Umfanges weiter, eine Verdoppelung der Polzahl muss also auch bei Einphasen-Motoren eine Halbirung der Umfangsgeschwindigkeiten der Magnetfelder und daher auch der Geschwindigkeit des Ankers zur Folge haben. Des umständlichen Schaltverfahrens wegen wird diese Methode aber auch hier für die Normaltypen nicht benutzt.

Eine Zuschaltung von Widerständen zur Ankerwickelung bringt auch bei Einphasen-Motoren eine Verringerung der Tourenzahl hervor, jedoch nicht in der Weise, dass, wie bei Drehfeld-Motoren, mit dem Ankerwiderstande auch die Schlüpfung im gleichen Verhältniss vervielfacht würde. Bei der Betrachtung der Gl. 13 für das Drehmoment des Einphasen-Motors erkennen wir, dass z. B. bei einer Verdoppelung des Widerstandes w der Motor sich zur Entwickelung der alten Zugkraft so einlaufen muss, dass auch $(1 - \delta^2) \cdot \delta$ den doppelten Werth annimmt. Nach Fig. 69 hat aber eine Verdoppelung von $(1 - \delta^2) \cdot \delta$ durchaus nicht eine Verdoppelung von $(\omega_1 - \omega_2)$ zur Folge, da die Kurve für $(1 - \delta^2) \cdot \delta$ vom Punkte des Synchronlaufes an nicht geradlinig steigt. Wenn der Ausdruck $(1 - \delta^2) \cdot \delta$ durch eine Verdoppelung über seinen Maximalwerth hinausgebracht wird, so ist eine entsprechende Einstellung der Tourenzahl überhaupt nicht möglich; der Anker ist dann bei Einschaltung des doppelten Widerstandes nicht mehr imstande, das gewünschte Drehmoment zu entwickeln, er fällt also aus dem Tritt und bleibt stehen. Während dieser Grenzwerth bei geringen Belastungen und Schlüpfungen erst bei ziemlich starker Erhöhung des Widerstandes erreicht wird, kann er bei grösseren Belastungen schon bei kleinerer Vergrösserung des Widerstandes auftreten. Da also die Wirkung einer und derselben Veränderung des Widerstandes auf die Regulirung sehr beträchtlich von dem Grade der Belastung des Motors abhängt, und daher immer die Gefahr vorliegt, dass der Motor aus dem Tritt fällt, so ist eine Tourenregulirung auf dem geschilderten Wege praktisch überhaupt nicht ausführbar, wird auch niemals verwendet. Andere Mittel zu einer allmählichen Aenderung der Tourenzahl sind aber nicht vorhanden.

Die Anlassvorrichtungen.

Da ein Einphasen-Motor, an ein Vertheilungsnetz gelegt, nicht von selbst anläuft, so müssen Vorrichtungen ersonnen werden, welche dem Anker erst eine Anfangsgeschwindigkeit geben. Man verfährt heutzutage allgemein so, dass man für den Anlauf im primären Gehäuse noch eine zweite Wickelung, gegen die erste um eine Vierteltheilung versetzt, anbringt und durch diese nach dem Princip der Zweiphasen-Motoren einen Strom von möglichst genau einer Viertelperiode Phasenverschiebung gegen den Hauptstrom hindurchschickt. Man lässt den Einphasen-Motor also als Zweiphasen-Motor anlaufen und schaltet die Hülfswickelung dann wieder aus. Demgemäss behält alles Gültigkeit, was früher über die Mittel zur Verminderung der Anlaufsstromstärke bei Drehfeld-Motoren gesagt worden ist. Man verwendet kurzgeschlossene Anker mit Wickelungen wie in Fig. 59 und 60 nur für kleine Motorleistungen, für grössere Motoren dagegen in drei Phasen gewickelte Schleifringanker.

In Fig. 64 und 65 lassen sich die nicht mit den Kreisbögen ⟲ versehenen, bisher noch unbenutzten Wickelungen, da sie um eine Vierteltheilung gegen die Hauptwickelung versetzt sind, ohne weiteres zur Führung dieses Hülfsstromes verwenden. Freilich wäre es sehr unzweckmässig, den Hülfsstrom durch besondere, nur zum Anlassen des Motors benutzte Leitungen dem Motor zuzuführen, da dann jeder Grund zur Verwendung der ungünstiger arbeitenden Einphasen-Motoren wegfiele, und offenbar auch für den Betrieb am besten Zweiphasen- oder Drehstrom benutzt werden würde. Um dem Einphasen-Motor sein Hauptcharakteristikum, dass zu seiner Speisung im Betriebe nur zwei Leitungen gehören, auch für den Anlauf zu belassen, ist es nöthig, auf Mittel zu sinnen, den um eine Viertelperiode zu verschiebenden Strom der Hülfswickelung aus demselben Vertheilungsnetze zu entnehmen, welches auch zur Speisung der Hauptwickelung benutzt wird.

Wie früher für Drehstrom-Motoren bewiesen worden ist, nimmt auch bei Zweiphasen-Motoren die Phasenverschiebung zwischen Strom und Spannung in jeder Wickelung mit wachsender Schlüpfung und Stromaufnahme ab und ist daher bei Anlauf nur gering. Würde

der Einphasen-Motor durch Speisung seiner Hülfswickelung mit einem
besonderen um eine Viertelperiode verschobenen Strom zu einem
Zweiphasen-Motor gemacht, so würde auch bei ihm die Phasenverschiebung zwischen Spannung und Strom bei Anlauf in beiden
Wickelungen klein werden.   Wir dürfen daher für die zunächst
allein vorhandene Hauptwickelung voraussetzen, dass ihr Strom beim
Anlauf nur wenig in der Phase gegen die Netzspannung verzögert
ist, und müssen den Strom in der Hülfswickelung so einzurichten
suchen, dass bei ihm die Verzögerung gegen die gemeinsame
Spannung die geringe Verzögerung in der Hauptwickelung möglichst
um eine Viertelperiode übertrifft.   Als Mittel dazu dient gewöhnlich
eine der Hülfswickelung vorgeschaltete sogenannte Induktionsspule.
In Fig. 70 ist die auf diese Weise sich ergebende Gesammtanlass-
schaltung dargestellt. H und N bedeuten Haupt- und Nebenspule
des Motors und S die ausserhalb des Motors angebrachte Induktionsspule. Zur Einschaltung des Motors dient ein Doppelhebel, dem
Nebenkreis ist aber noch ein besonderer Hebel vorgeschaltet, welcher
die Hülfswickelung nach dem Anlassen auszuschalten gestattet.

Man versteht unter Induktionsspule eine Spule, welche um einen
Kern von sehr gutem weichen Eisen gewickelt und dadurch imstande ist, mit wenig Strom eine grosse Kraftlinienzahl in diesem
Kerne zu erzeugen.   Die Wirkungsweise solcher Spule ist folgende:
Wenn der sie durchfliessende Strom, wie im vorliegenden Falle, ein
Wechselstrom ist, so erzeugt er auch im Eisenkerne ein Wechselfeld d. h. ein Bündel von Kraftlinien, deren Zahl und Richtung wie
die Stärke des Wechselstromes sich periodisch ändert und zwar
sekundlich um $\dfrac{dN}{dt}$, wenn wir annehmen, dass in der Zeit dt
immer eine Zahl von dN Kraftlinien hinzukommt.   Die Erfahrung
lehrt nun, dass dadurch eine elektromotorische Kraft e_t in der Spule
inducirt wird, welche die Grösse hat

$$e_t = - \frac{n \cdot dN}{dt},$$

wenn unter n die Windungszahl der Spule verstanden wird.   Diese
E.M.K. kommt zur Netzspannung hinzu, und der Strom in der Hülfsspule wird daher nach dem Ohm'schen Gesetz:

$$Ep_t + e_t = Ep_t - \frac{n \cdot dN}{dt} = J_t \cdot w.$$

Nehmen wir an, der Wechselstrom in der Hülfsspule ändere sich sinusartig nach dem Gesetze

$$J_t = J_{max} \cdot \sin \omega\, t,$$

die Sättigung des Eisens wäre gering, wie es zur Herstellung grosser Permeabilität nothwendig ist, und die Kraftlinienzahl N_t daher der Amperewindungszahl $n \cdot J_t$ proportional, also

$$N_t = c \cdot n \cdot J_t \,,$$

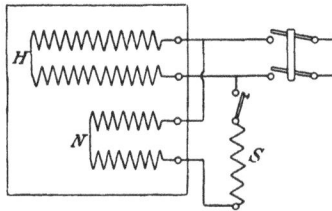

Fig. 70.

so wird

$$e_t = -\frac{n \cdot d\,N}{d\,t} = -c \cdot n^2 \cdot J_{max} \cdot \omega \cdot \cos \omega\, t =$$

$$+ c \cdot n^2 \cdot \omega \cdot J_{max} \cdot \sin \left(\omega t - \frac{\pi}{2} \right).$$

$e_{max} = c\, n^2\, \omega\, J_{max}$ ist daher um $\dfrac{\pi}{2}$ gegen J_{max} zurück, und der Zusammenhang zwischen Ep_{max}, e_{max} und $J_{max}\, w$ ist genau derselbe wie in Fig. 42. In der That erscheint hier e_{max} gegen $J_{max}\, w$ um $\dfrac{\pi}{2}$ nach rechts gedreht, und $J_{max}\, w$ ist die Resultirende aus Ep_{max} und e_{max}. Diese Analogie erklärt sich leicht, denn Fig. 42 in ihrer ursprünglichen Bedeutung basirt auf einem ganz analogen Vorgang, nämlich auf der Induktion, welche jede Phase einer Drehstromwickelung durch die von ihr selbst erzeugte Kraftlinienzahl erfährt.

Man sieht aus dieser Figur, dass man mit Hülfe von Induktionsspulen sehr grosse Phasenverzögerung der Stromstärke J gegenüber der Spannung E_p hervorbringen kann, wenn man ihre Konstruktion so einrichtet, dass sie grosse elektromotorische Kräfte in sich induciren; freilich kann man dabei über Phasenverschiebungen von

$\frac{\pi}{2}$ oder einer Viertelperiode niemals hinauskommen, ja diese nicht
einmal ganz erreichen. Bedenkt man nun, dass auch die Stromstärke in der Hauptspule des Einphasen-Motors gegen die Spannung
ein wenig verzögert ist, so erkennt man, dass eine Phasenverschiebung
von einer vollen Viertelperiode zwischen den Strömen der Haupt-
und Nebenspule nicht erreicht werden kann. Der Einphasen-Motor
läuft daher nur als unvollkommener Zweiphasen-Motor an.

In Fig. 71 ist der Hauptstrom J_H um den Winkel φ_H und der
Hülfsstrom J_N um den grossen Winkel φ_N gegen die Spannung ver-

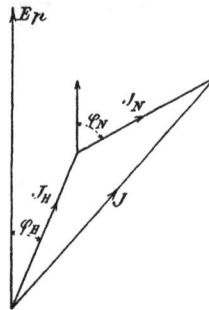

Fig. 71.

zögert gezeichnet. Die Resultirende aus beiden giebt den Gesammtstrom J, welcher vom Netze dem Motor beim Anlaufen zuzuführen
ist. Man sieht, dass dieser Strom durch zwei Eigenschaften charakterisirt ist, dass er nämlich erstens als Summe der beiden Zweigströme beträchtliche Grösse und zweitens bedeutende Phasenverschiebung gegenüber der Spannung hat. Bei modernen Einphasen-
Motoren beträgt die Stromstärke schon bei unbelastetem Anlauf
bei kleineren Typen etwa das Zweifache, bei grösseren das anderthalbfache der normalen Betriebsstromstärke des vollbelasteten Motors.
Bei dieser sehr ungünstigen Sachlage ist es natürlich zweckmässig,
das Anlaufen unter Last, wenn irgend möglich, zu vermeiden. Man
lässt die Motoren daher beim Anlauf gewöhnlich auf Leerscheiben
arbeiten und legt den Riemen erst auf die Arbeitsscheibe, wenn der
Motor die volle Tourenzahl angenommen hat, und die Anlassvorrichtung wieder ausgeschaltet worden ist, oder man benutzt
automatische Centrifugalkuppelungen, welche das Einschalten nach
der Herstellung einer bestimmten Tourenzahl selbstthätig ausführen.

Obgleich der Anker, nachdem er eine gewisse Tourenzahl erreicht hat, auch ohne Hülfsphase weitere Beschleunigung erfahren würde, nutzt man die einmal vorhandene Anlassvorrichtung dennoch bis zur Herstellung der normalen Tourenzahl aus, weil die letztere dadurch schneller erreicht werden kann, und schaltet erst dann die Hülfsphase ab. Die Einhaltung dieser Regel ist um so wünschenswerther, als die Geschwindigkeit, bei welcher das einfache Wechselfeld allein die weitere Beschleunigung geben könnte, von den mechanischen Widerständen abhängt, die der Anlauf erfährt, und daher bei zu frühem Abschalten der Anlassvorrichtung der Anlauf überhaupt missglücken kann.

Die hohe Anlaufstromstärke ist natürlich auf die Motoren selbst nicht mehr von Einfluss als bei Drehstrom-Motoren, da sie sich auf die beiden Wickelungen vertheilt, und daher kaum zu starke Erwärmung zur Folge haben kann. Wohl aber ist die plötzliche Entnahme grosser Ströme, wie wir früher (S. 129) gesehen haben, für die Centrale sehr ungünstig. Ganz besonders unvortheilhaft ist hierbei auch noch die Phasenverzögerung der Anlaufstromstärke gegen die Spannung (Fig. 71) aus Gründen, die wir im Abschnitt IX bei Betrachtung der Wechselstromgeneratoren kennen lernen werden.

Die elektrischen Betriebseigenschaften.

Wir denken uns wieder den einfachen Einphasen-Motor durch die beiden gegeneinander geschalteten Zweiphasen-Motoren mit gemeinsamem Anker ersetzt und betrachten zunächst

Die Ankerstromwärme.

Der Energieverlust in der Wickelung des Kurzschlussankers eines einfachen Drehfeld-Motors ist nach Gl. 14 S. 16

$$Q = \frac{p^2 \cdot n}{8 \cdot w} \cdot N^2 (\omega_1 - \omega_2)^2.$$

Setzt man für N nacheinander die Polstärken N^I und N^{II} der beiden fingirten Motoren entsprechend Gl. 11 u. 12 ein, setzt man ferner für die Schlüpfung bei N^I den Werth $(\omega_1 - \omega_2)$ und bei N^{II} den Werth $(\omega_1 + \omega_2)$, und bezeichnet man wieder $\frac{\omega_2}{\omega_1}$ mit δ, so erhält man die Grössen Q^I und Q^{II} für den Effektverbrauch der

12*

von den Feldern der beiden Motoren inducirten Ankerströme und schliesslich als ihre Summe den gesammten Effektverbrauch des Einphasenankers:

$$Q_e = \frac{p^2 \cdot \omega_1{}^2 \cdot n}{16 \cdot w} \cdot N^2 \cdot (1 - \delta^2)^2 \qquad \ldots \quad (16)$$

Dem steht gegenüber der oben angegebene Effektverlust im Anker des Drehfeld-Motors, wenn man für $\frac{\omega_2}{\omega_1}$ ebenfalls δ einführt, als

$$Q_d = \frac{p^2 \cdot \omega_1{}^2 \cdot n}{8 \cdot w} \cdot N^2 \cdot (1 - \delta)^2. \qquad \ldots \quad (17)$$

Das Verhältniss aus beiden ist also

$$\frac{Q_e}{Q_d} = \frac{(1 + \delta)^2}{2}.$$

Nimmt man als Schlüpfung bei normaler Belastung wieder 5 % an, setzt man also $\delta = 0,95$, so erhält man

$$\frac{Q_e}{Q_d} = 1,90.$$

Bei gleicher Schlüpfung ist also der Effektverlust im Anker des Einphasen-Motors fast doppelt so gross wie bei dem Drehfeld-Motor.

Interessant ist es auch, die Drehmomente bei gleicher Ankerstromwärme zu betrachten. Zu diesem Zwecke rechnen wir zunächst die Schlüpfung aus, welche bei beiden Motorarten bei gleichem Effektverlust im Anker eintritt. Dabei möge δ für den Einphasen-Motor mit δ_e und für den Drehfeld-Motor mit δ_d bezeichnet werden. Wenn dann $Q_e = Q_d$ ist, so wird nach Gl. 16 u. 17.

$$\frac{(1 - \delta_e{}^2)^2}{2} = (1 - \delta_d)^2.$$

Setzt man für den Drehfeld-Motor bei normaler Belastung $\delta_d = 0,95$, so ergiebt sich aus obiger Gleichung

$$\delta_e = 0,964;$$

in der That darf der Einphasen-Motor nur weniger Schlüpfung haben, um gleichen Ankerverlust aufzuweisen, da er bei gleicher Schlüpfung einen grösseren Verlust zeigt. Wenn man schliesslich diese Werthe von δ_e und δ_d in die Gleichungen 13 u. 15 für D_e und D_d einführt, so erhält man

$$\frac{D_e}{D_d} = \frac{\delta_e \cdot (1 - \delta_e)^2}{2 \cdot (1 - \delta_d)} = 0,677.$$

Für das Verhältniss der mechanischen Arbeitsleistungen A_e und A_d findet man endlich

$$\frac{A_e}{A_d} = \frac{D_e \cdot \delta_e}{D_d \cdot \delta_d} = 0,677 \, \frac{0,964}{0,950} = 0,684.$$

Bei gleichem Effektverlust im Anker sind also Zugkraft und mechanische Leistung beim Einphasen-Motor nur annähernd zwei Drittel mal so gross wie beim Drehfeld-Motor. Wenn sich auch für die primären Effektverluste ein ähnliches Resultat ergiebt, so ist also auch der Wirkungsgrad des Einphasen-Motors bei gleicher Leistung wesentlich geringer als der des Mehrphasen-Motors.

Die primäre Stromstärke.

Vergleicht man die Leerlaufströme der beiden in gleichsinniger Reihenschaltung und in Gegenschaltung mit einander verbundenen Zweiphasen-Motoren in Fig. 67 B und 67 C, so findet man, dass der Leerlaufstrom bei ersteren gerade halb so gross ist, wie bei letzteren, wenn beide Motorpaare mit gleicher Gesammtspannung E_p gespeist werden. In der That, bezeichnet man das Drehfeld des ungetheilten Zweiphasen-Motors (Fig. 67 A), wie oben mit N, so hat jeder Einzel-Motor in Fig. 67 B ein Feld $N^I = N^{II} = \frac{N}{2}$ herzustellen, in Fig. 67 C dagegen ist bei Leerlauf $N^I = N$ und $N^{II} = 0$. Die Spannungen sind also bei beiden Schaltungen entsprechend $E_p{}^I = E_p{}^{II} = \frac{E_p}{2}$ und $E_p{}^I = E_p$ und $E_p{}^{II} = 0$. Während demnach bei der gleichsinnigen Reihenschaltung jeder Motor die halbe Netzspannung absorbirt, verzehrt bei der Gegenschaltung bei Leerlauf Motor I die ganze Spannung und Motor II führt die Spannung null; bei der Gegenschaltung ist also Motor II dem Motor I vorgeschaltet, wie ein kurzgeschlossener Widerstand. In Fig. 67 B fliesst daher durch beide Motoren ein Strom, welcher das Feld $\frac{N}{2}$ herstellt und der Spannung $\frac{E_p}{2}$ das Gleichgewicht hält; in Fig. 67 C dagegen fliesst durch Motor I ein Strom, welcher N erzeugt und E_p das Gleichgewicht hält, und durch den „kurzgeschlossenen" Motor II, welcher zu I in Reihe liegt, muss natürlich derselbe Strom fliessen. Die Ströme in Fig. 67 B verhalten sich also zu denen in Fig. 67 C wie $\dfrac{N}{2} : N = 1 : 2$. Ebenso verhalten sich auch die Leerlaufströme des ungetheilten Zweiphasen- und Einphasen-Motors.

Die doppelte Stromstärke muss dem Einphasen-Motor aber nicht nur bei Leerlauf, sondern auch bei allen den Belastungen zugeführt werden, welche einer gleichen Effektaufnahme aus dem Netze entsprechen. Da nämlich die Effektaufnahme einer beliebigen Wickelung, welche von einem Strome J mit dem Leistungsfaktor F bei der Spannung E_p gespeist wird, $A = E_p \cdot J \cdot F$ ist, so ergiebt sich, wenn wir die für den Zweiphasen-Motor in Betracht kommenden Grössen durch den Index z und die für den Einphasen-Motor in Frage kommenden mit dem Index e bezeichnen, für die beiden Wickelungen des Zweiphasen-Motors zusammen

$$2 A_z = 2 E_p \cdot J_z \cdot F_z.$$

Beim Einphasen-Motor dagegen, wo nur eine Wickelung vorhanden, die Nebenwickelung aber nur fingirt ist, wird

$$A_e = E_p \cdot J_e \cdot F_e.$$

Vergleichen wir die beiden Motoren unter der Voraussetzung, dass nicht diese wahren, sondern die scheinbaren Effektaufnahmen $2 E_p \cdot J_z$ und $E_p \cdot J_e$ einander gleich seien, so ergiebt sich hieraus die Gleichung

$$2 E_p \cdot J_z = E_p \cdot J_e$$

und für die Ströme die Beziehung

$$J_e = 2 \cdot J_z.$$

Da in Wirklichkeit die Bedingung $F_e = F_z$ annähernd erfüllt ist, so gilt die Beziehung $J_e = 2 J_z$ auch bei gleichen wahren Effektaufnahmen.

Denken wir uns den Einphasen-Motor nicht aus dem Zweiphasen-Motor, sondern in der früher geschilderten Weise aus dem Drehstrom-Motor abgeleitet, indem wir den letzteren in Sternschaltung schalten und eine Zuleitung unterbrechen, so ergiebt sich das Folgende: Bezeichnen wir die Spannung zwischen zwei Zuleitungen wieder mit E_p, so ist E_p auch die Klemmenspannung an den Enden der Wickelung des aus dem Drehstrom-Motor geschaffenen Einphasen-Motors, nicht aber die Phasen- oder Wickelungsspannung des Drehstrom-Motors selbst. Die letztere ist $\dfrac{E_p}{\sqrt{3}}$. Die Leistung in den drei Wickelungen des Drehstrom-Motors ist also zusammen

$$3 A_d = 3 \cdot \frac{E_p}{\sqrt{3}} \cdot J_d \cdot F_d,$$

und daher ist der Strom

$$J_e = \sqrt{3} \cdot J_d.$$

Effektaufnahme und Wirkungsgrad.

In dem Einphasen-Motor treten analog dem Verhalten des Drehstrom-Motors ausser den schon oben betrachteten Verlusten Q_e in der Ankerwickelung und $J_e^2 w_1$ in der primären Wickelung noch der Verlust $\mathfrak{E}$ durch die Ummagnetisirungsarbeit und die bei allen Belastungen annähernd konstanten Verluste L durch Lagerreibung etc. auf. Für eine Nutzleistung A_n ergiebt sich daher eine Effektaufnahme

$$A = J_e^2 \cdot w_1 + Q_e + \mathfrak{E} + L + A_n, \quad \ldots \quad (18)$$

wenn der Widerstand der primären Wickelung mit w_1 bezeichnet wird. Wir wollen die Verluste jetzt einzeln betrachten und mit denen des Zweiphasen-Motors vergleichen.

Von dem Ankerverluste Q_e ist schon nachgewiesen worden, dass er beim Einphasen-Motor etwa zweimal so gross ist, wie beim Zweiphasen-Motor. Der Verlust $J_e^2 \cdot w_1$ in der primären Wickelung des Einphasen-Motors hat, wenn man J_e durch $2 J_z$ ersetzt, den Werth $J_e^2 \cdot w_1 = 4 \cdot J_z^2 \cdot w_1$. Beim Zweiphasen-Motor ist der Verlust in jeder Phase $J_z^2 \cdot w_1$, in beiden Phasen zusammen also $2 \cdot J_z^2 \cdot w_1$. Auch der primäre Verlust ist daher beim Einphasen-Motor doppelt so gross wie beim Zweiphasen-Motor. Der Verlust durch die Ummagnetisirungsarbeit des primären Eisens kann bei beiden annähernd gleich gesetzt werden, da die Summe beider Felder des Einphasen-Motors nach Gl. 11 u. 12

$$N^I + N^{II} = N,$$

also gleich dem Felde des Zweiphasen-Motors ist, und alle Felder mit gleicher Geschwindigkeit gegen das primäre Gehäuse rotiren. Der Effektverlust im Ankereisen wird aber beim Einphasen-Motor grösser, da dieser für gleiches Drehmoment einer grösseren Schlüpfung bedarf, und das gegen den Anker laufende Feld N^{II} vollends eine sehr grosse Schlüpfung gegenüber dem Anker hat. Die mechanische Verlustarbeit L endlich kann bei gleichem Bau beider Typen als gleich angesehen werden.

Wir finden also als Ergebniss: Für den Einphasen-Motor gleiche mechanische und etwas grössere magnetische Verluste, aber doppelt so grossen Verlust durch Stromwärme in den Kupferwickelungen als beim Zweiphasen-Motor. Der Einphasen-Motor bedarf also bei gleicher Leistung einer wesentlich höheren Energiezufuhr, und sein Wirkungsgrad ist daher wesentlich geringer. Der Charakter der Wirkungsgradkurve aber bleibt wegen der Analogie der Gl. 18 und der Gl. 12 S. 108 genau derselbe wie der in Fig. 51 dargestellte Wirkungsgrad.

Auch für den Drehstrom-Motor ergiebt sich ähnliches. Wenn wir ihn wieder dadurch zum Einphasen-Motor machen, dass wir eine seiner Phasen ausschalten, so enthält die Wickelung des Einphasen-Motors die Windungen zweier Phasen des Drehstrom-Motors. Bezeichnen wir den Widerstand einer Phase des letzteren mit w_1, so ist also der Widerstand der primären Wickelung des Einphasen-Motors $2\,w_1$, die primären Kupferverluste sind daher: Für den Drehstrom-Motor $3 . J_d{}^2 . w_1$ und für den Einphasen-Motor $J_e{}^2 . 2 . w_1$. Das Verhältniss beider ist also, wenn man die oben gewonnene Beziehung $J_e = \sqrt{3} . J_d$ einsetzt:

$$\frac{J_e{}^2 . 2\,w_1}{3 . J_d{}^2 . w_1} = \frac{3\,J_d{}^2 . 2 . w_1}{3 . J_d{}^2 . w_1} = 2.$$

Der Effektverlust in der primären Wickelung des Einphasen-Motors ist also auch doppelt so gross, wie der des Drehstrom-Motors.

Der Leistungsfaktor.

Stellt man die Bilanzgleichungen des Ein- und Zweiphasen-Motors:

$$F_e\,E_p\,J_e = J_e{}^2\,w_1 + Q_e + \mathfrak{E}_e + L + A_n$$

und

$$2\,F_z\,E_p\,J_z = 2\,J_z{}^2 w_1 + Q_z + \mathfrak{E}_z + L + A_n$$

einander gegenüber und bedenkt man, dass bei gleicher Nutzleistung A_n

$\mathfrak{E}_e$ fast genau gleich ist $\mathfrak{E}_z$

Q_e ungefähr doppelt so gross ist wie Q_z

und

$J_e{}^2 w_1$ ungefähr doppelt so gross ist wie $J_z{}^2 w_1$, so sieht man, weil diese Glieder sämmtlich klein sind gegenüber A_n, dass

$$F_e \, E_p \, J_e \text{ etwas grösser ist als } 2 \, F_z \, E_p \, J_z.$$

Da ferner

$$J_e \text{ ungefähr gleich } 2 \, J_z \text{ ist,}$$

so ist also

$$F_e \text{ grösser als } F_z.$$

Dieser Unterschied zu Gunsten des Leistungsfaktors F_e des Einphasen-Motors liegt nach dem obigen Gedankengange an den grösseren Werthen der Effektverluste in den Kupferwickelungen. Dass durch Vergrösserung dieses Verlustes ganz allgemein der Leistungsfaktor erhöht werden kann, ist schon auf S. 115 für Drehstrom-Motoren nachgewiesen worden. Auch den Leistungsfaktor des Zweiphasen-Motors F_z könnte man daher leicht auf die Grösse von F_e bringen, wenn man die Widerstände der Wickelungen so gross machte, dass der Verlust in ihnen ohne Veränderung der Stromstärken ebenso gross würde, wie beim Einphasen-Motor.

Diese Verbesserung des Leistungsfaktors würde aber durch eine Verschlechterung des Wirkungsgrades erkauft werden, welcher auf denjenigen des Einphasen-Motors herabsänke. Der Zweiphasen-Motor würde wegen seiner dünneren Kupferquerschnitte dann aber kleiner und leichter werden können. Umgekehrt könnte man auch durch eine Vergrösserung der Kupferquerschnitte des Einphasen-Motors dessen Wirkungsgrad auf denjenigen des Zweiphasen-Motors heben, würde dabei dann aber den Leistungsfaktor auf den des Zweiphasen-Motors herabdrücken, und der Motor würde grösser, schwerer und theurer.

Ergänzung: Bei den bisherigen Betrachtungen ist die magnetische Streuung noch ausser Acht gelassen worden. Es ist klar, dass diese beim Einphasen-Motor auf die Zugkraft ebenfalls verkleinernd wirken muss. Die von stärkeren Strömen durchflossenen Windungen des Einphasen-Motors werden sich nach Fig. 54 mit einer grösseren Kraftlinienzahl umgeben müssen, als diejenigen des Zweiphasen-Motors. Die Streulinienzahl muss sich verdoppeln, da die primäre Stromstärke verdoppelt ist. Wenn sie beim Zweiphasen-Motor 10 bis 15 % beträgt, so muss sie beim Einphasen-Motor 20 bis 30 % erreichen. Von dem die primäre Spannung ausbalancirenden

Gesammtfelde kann demnach nur ein kleinerer Theil als Nutzfeld in den Anker gehen und dort Zugkraft entwickeln; die Zugkraft wird also beim Einphasen-Motor durch die Streuung in höherem Maasse herabgedrückt, als beim Zweiphasen-Motor. Nimmt man diesen Einfluss zusammen mit den früher für den streuungslosen Motor angeführten Einflüssen, welche das Drehmoment des Einphasen-Motors herabdrücken, so kommt man beim Einphasen-Motor nur auf etwa 60 bis 70 % der Leistung des Zweiphasen-Motors. Natürlich hindert dies nicht, auch Einphasen-Motoren von jeder beliebigen Leistung und von gutem Wirkungsgrade herzustellen; sie werden aber stets an Materialverbrauch, Gewicht und Preis Mehrphasen-Motoren von wesentlich höherer Leistung gleichkommen.

Zur Erleichterung der Uebersicht folgt hier noch eine

Zusammenstellung
der Betriebseigenschaften des asynchronen Einphasen-Motors.

Für den Vergleich wird aufmerksam gemacht auf die entsprechende Zusammenstellung für den asynchronen Drehstrom-Motor auf S. 146.

Anlauf: Der Anker läuft nicht von selbst an. Zum Anlauf ist eine Hülfsspule nöthig, welche im Betriebe wieder ausgeschaltet wird. Auch bei leerem Anlassen ist der Anlaufstrom schon 1 bis 2 mal so gross wie der normale Strom des voll belasteten Motors. Kurzschlussanker können nur bei sehr kleinen Typen verwendet werden.

Lauf: Leerlaufstrom und Leerlaufsarbeit sind etwas grösser als bei asynchronen Drehstrom-Motoren. Der Leerlaufstrom beträgt etwa die Hälfte, die Effektaufnahme bei Leerlauf etwa 8 bis 15 % derjenigen bei voller Belastung. Die Belastungsgrenze ist gegeben durch dieselben Faktoren wie beim asynchronen Drehstrom-Motor. Der Einphasen-Motor fällt aber leichter aus dem Tritt. Für gleiche normale Leistung ist der Einphasen-Motor wesentlich grösser, schwerer und theurer als der Drehstrom-Motor.

Die Tourenzahl nimmt bei steigender Belastung langsam ab, von Leerlauf bis zu voller Belastung um etwa 5 %. Eine Beseitigung dieses Tourenabfalles oder Tourenerhöhung sind nicht möglich. Im Gegensatz zum Drehstrom-Motor kann auch eine Tourenerniedrigung

durch Zuschalten von Widerständen zum Anker hier nicht ausgeführt werden.   Jede allmähliche Tourenänderung ist also ausgeschlossen. Stufenweise vor sich gehende Aenderung der Tourenzahl
kann man aber durch Umschaltung der primären Wickelung erreichen wie beim Drehstrom-Motor.

Umsteuerung kann nur geschehen durch Abstellen und Wiederanlassen unter Umschaltung der Hülfsspule; eine mechanische Umsteuerung der vom Motor getriebenen Maschine ist aber vorzuziehen.
Bei Uebersynchronismus wirkt der Einphasen-Motor als Generator
wie der Drehstrom-Motor.

VIII. Synchronmotoren.

Allgemeine Wirkungsweise.

Der Kommutator eines Gleichstrom-Motors hat die Aufgabe, den zufliessenden Strom so zu lenken, dass er in den Drähten, welche vor entgegengesetzten Polen liegen, im entgegengesetzten Sinne fliesst, und dass er beim Uebergang von einem Pol zum anderen während der Drehung in der neutralen Achse seine Richtung umkehrt. Die erste Bedingung lässt sich ohne Anwendung eines Kommutators einfach durch entsprechende Verbindung der Windungen untereinander erfüllen, und auch der zweiten kann man, ohne einen Kommutator zu benutzen, dadurch gerecht werden, dass man statt des Gleichstromes einen Wechselstrom in die Windungen schickt, der immer dann seine Richtung umkehrt, wenn eine Windung durch die neutrale Achse von einem Pol zum andern übergeht. Bei der in Fig. 24 dargestellten Maschine z. B. sind die Drähte der vier Spulenseiten entsprechend der ersten Bedingung vom Strome durchflossen; während einer Umdrehung geht jede Spulenseite an vier Polen vorüber. Macht diese Maschine also als Motor in der Minute u und in der Sekunde daher $\frac{u}{60}$ Umdrehungen, so muss ihr Strom in der Sekunde $4 \cdot \frac{u}{60}$ mal seine Richtung ändern oder $2 \cdot \frac{u}{60}$ Perioden durchlaufen. Allgemein braucht ein Motor von p Polpaaren einen Wechselstrom von einer sekundlichen Periodenzahl von

$$\nu = \frac{p \cdot u}{60} \cdot \quad \ldots \quad \ldots \quad \ldots \quad (1)$$

Nach den auf S. 56 an Fig. 24 gegebenen Darlegungen stellt diese Figur einen einfachen einphasigen Wechselstromgenerator dar, welcher bei u minutlichen Touren auch einen Wechselstrom mit der sekundlichen Wechselzahl von obiger Grösse erzeugt. Man kann also einen jeden Wechselstromgenerator auch als Wechselstrom-Motor benutzen, wenn man ihm einen Strom von derjenigen Periodenzahl zuführt, die er selbst bei der gleichen Umdrehungszahl erzeugen würde. Die Stromzuführung zum rotirenden Anker hat dabei natürlich durch geschlossene Schleifringe (Fig. 3) zu geschehen, wie die Stromabnahme am Generator. Ist die normale elektrische Leistung des Generators A_e, so ist dies auch der normale elektrische Effekt, welcher der Maschine als Motor zugeführt werden darf. Ist η der gesammte Wirkungsgrad des Generators d. h. das Verhältniss der elektrischen Nutzleistung zu dem mechanischen zum Antrieb aufzuwendenden Effekte, entsprechend dem Effektverluste in der Ankerwickelung und den mechanischen Verlusten in den Lagern etc., so ist auch die normale Bremsleistung A_b des Motors in demselben Verhältniss kleiner als die zugeführte Leistung A_e. Man erhält also $A_b = \eta \cdot A_e$.

Einem solchen Motor haften drei Eigenthümlichkeiten an: Erstens: Er kann nur mit einer ganz bestimmten Tourenzahl u laufen, welche der Periodenzahl des zugeführten Wechselstromes nach Gl. 1 entspricht. Er muss diese Tourenzahl auch bei allen Belastungen behalten, denn, wenn der Uebergang der Spulenseiten von einem Pol zum anderen in anderem Tempo vor sich geht als der Wechsel der Stromrichtung, so ändert sich die Richtung der Zugkraft periodisch, und der bald nach links, bald nach rechts gezogene Anker fällt aus dem Tritt und bleibt stehen. Eine Schlüpfung kann also niemals eintreten. Der Motor läuft stets synchron mit dem ihn speisenden Wechselstrom und heisst deshalb Synchronmotor. Zweitens: Der Synchronmotor kann nicht von selbst auch nur leer anlaufen, denn er entwickelt nach dem oben Gesagten nur beim synchronen Lauf Zugkraft; er muss also beim Anlassen durch äussere Kraft künstlich erst auf den synchronen Lauf gebracht werden. Drittens: Das Magnetkreuz des Synchronmotors muss wie dasjenige eines Wechselstromgenerators durch Gleichstrom erregt werden, wozu es einer besonderen Stromquelle bedarf, die ausser der Wechselstromquelle vorhanden sein muss.

Die absolut konstante Tourenzahl des Synchronmotors bei jeder Belastung kann unter manchen Betriebsverhältnissen ein Vortheil sein; beim Vergleich mit den asynchronen Drehstrom- und Einphasen-Motoren ist aber zu bedenken, dass die letzteren gewöhnlich auch nur Schlüpfungen bis 5 % zwischen Leerlauf und voller Belastung auf-

weisen, was für viele Betriebe gleichgültig ist. In Bezug auf den
Anlauf sind die Synchronmotoren den von selbst und mit grosser
Zugkraft anlaufenden Drehstrom-Motoren sehr unterlegen, den asynchronen Einphasen-Motoren, welche nur leer und in elektrisch sehr
ungünstiger Weise anlaufen, dagegen weniger. Die Nothwendigkeit
einer besonderen Gleichstromquelle für die Erregung führt aber zu
einer Komplikation der Einrichtung, welche den Synchronmotor weit
hinter alle anderen Motoren zurückstellt. Wollte man ausser dem
Wechselstromnetze zur Speisung der Motoranker noch ein besonderes
Gleichstromnetz für die Speisung der Erregerwickelungen installiren,
so würde die Vertheilungsanlage dadurch sehr beträchtlich vertheuert
werden. Die Erzeugung des Gleichstromes am Standorte des Motors
kann sich offenbar auch nur bei sehr grossen Motoren lohnen, die
durch ihre Grösse so theuer sind, dass das Hinzufügen der kleinen
Gleichstrommaschine mit ihrem Antriebsmotor, der z. B. ein asynchroner Wechselstrom - Motor sein kann, die Anlagekosten nicht
wesentlich erhöht.

Mit Rücksicht auf die Kosten der Erregermaschine und der für
das Anlassen nothwendigen Vorrichtungen verwendet man den Synchronmotor in der That fast ausschliesslich zur Uebertragung höherer
Leistungen, wobei er so gross wird, dass die beiden Hülfsmaschinen
die Anlagekosten nicht bis zur Unwirthschaftlichkeit steigern. Man
benutzt ihn meist auch nur dann, wenn die absolut konstante Tourenzahl von besonderem Werthe ist. So wird der Synchronmotor vielfach in Kraftanlagen zur Unterstützung der vorhandenen Dampfmaschinen verwendet, wenn es an Raum zur Aufstellung neuer
Maschinen und Kessel fehlt. In neuerer Zeit ist z. B. vielfach auch
die Leistungsfähigkeit von Gleichstromcentralen, welche auf engen
Grundstücken in der Mitte einer Stadt gelegen sind, dadurch erhöht
worden, dass man neue, direkt mit Synchronmotoren gekuppelte
Gleichstrommaschinen aufstellte, und die Synchronmotoren von ausserhalb der Stadt gelegenen Centralen mit hochgespanntem Wechselstrom, also durch dünnere und billigere Leitungen speist, als es bei
direkter Zuführung des „niedervoltigen“ Gleichstroms möglich wäre.
Maschinenaggregate, bestehend aus Synchronmotoren und damit ge-
kuppelten Gleichstrommaschinen, sind als „Umformer“ von Wechselstrom in Gleichstrom auch sonst von sehr grosser Bedeutung in allen
Fällen, wo die Grösse der zu überwindenden Entfernung die Vertheilung der elektrischen Energie in Form von hochgespannten Wechsel-

strömen nothwendig macht, bestimmte Verwendungsgebiete wie z. B. elektrische Bahnen aber doch zur Anwendung von Gleichstrom zwingen. Man errichtet in solchen Fällen an einzelnen Stellen im Innern der Städte sogenannte Unterstationen, welche die geschilderten Umformer enthalten, und den zugeführten hochgespannten Wechselstrom in niedrig gespannten Gleichstrom verwandeln und wie selbständige Centralen das Gleichstromnetz dann damit speisen. Mit der Spannung kann man bei Synchronmotoren, da sie keinen Kommutator enthalten, und an den geschlossenen Schleifringen keine Funken entstehen können, ebenso wie bei den Asynchronmotoren mit Leichtigkeit auf mehrere 1000 Volt hinaufgehen, sodass also auch die Synchronmotoren den Vortheil der Kraftübertragung mit hoher Spannung in allen Fällen auszunutzen gestatten.

Ganz analog wie den einfachen Wechselstromgenerator kann man auch den Drehstromgenerator zum Synchronmotor machen, indem man seinem Anker einen Drehstrom von derselben Periodenzahl zuführt, welche er selbst bei gleicher Tourenzahl entwickeln würde; die Magnetwickelungen sind beim Motor wie beim Generator wieder mit Gleichstrom zu speisen. Da der Drehstromanker als ein dreifach bewickelter Wechselstromanker betrachtet werden kann, so liegt es nahe, die Wirkungsweise des Drehstrom-Synchronmotors direkt aus derjenigen des oben besprochenen Einphasen-Synchronmotors abzuleiten, indem die Kräfte, welche alle drei Wickelungen erfahren, addirt werden.

Einfacher ist es aber, sogleich von der wandernden Stromvertheilungskurve auszugehen, welche nach den Betrachtungen an Fig. 23 ein feststehender Drehstromanker aufzuweisen hat, und zu verfolgen, welche Kraftwirkung ein Magnetpol unter dem Einfluss dieser Stromvertheilung erfährt. Um Fig. 23 als Grundlage benutzen zu können, knüpfen wir also die Betrachtungen an einen Drehstrom-Synchronmotor mit feststehendem Anker und drehbarem Magnetkreuze wie in Fig. 26.

Fig. 72 stellt Fig. 23 A noch einmal dar. Wie an der Hand der Fig. 23 bewiesen ist, wandert die Stromkurve bei dem in der Abwickelung gezeichneten Drehstromanker mit gleichförmiger Geschwindigkeit nach rechts und nimmt dabei abwechselnd die Gestalt der Fig. 23 A und 23 B und entsprechende Zwischenformen an. Wir wollen zunächst von dieser Gestaltsveränderung noch absehen und nur die gleichförmige Bewegung der Kurve von A betrachten. Wir

nehmen an, dass gerade unter der Mitte eines positiven Abtheils
der Vertheilungskurve ein Südpol gelegen sei, wie er in Fig. 72 ganz
links durch einen starken Strich mit der Bezeichnung S angedeutet
ist; die übrigen mit S bezeichneten Striche betrachten wir jedoch
noch nicht. Der genannte Südpol erfährt dann nach der Fingerregel für die elektromagnetischen Kräfte (S. 92) eine Zugkraft nach
rechts, da der Strom in den über ihm gelegenen Leitern in die
Papierebene einfliesst[1]). Eine gleichgrosse und gleichgerichtete Kraft
erfahren auch der zweite Südpol, welcher ebenfalls unter einem
positiven Abtheil der Stromstärke gelegen ist, und die Nordpole,
welche unter negativen Abtheilen liegen[2]). Die gesammte Zugkraft

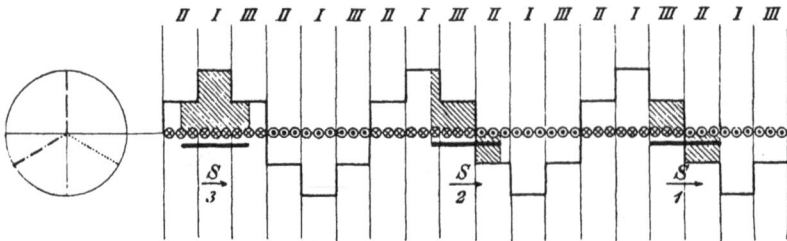

Fig. 72.

auf die vier Pole der Fig. 26 wirkt also in der Drehrichtung der
Stromvertheilungskurve, ist also gleich dem vierfachen Werthe der
Einzelzugkraft. Bringt man daher das Magnetgestell künstlich auf die
Geschwindigkeit des synchronen Laufes und wirft man dem Motor dann
eine Bremslast gleich der soeben berechneten totalen Zugkraft auf,
so vermag er mit derselben Geschwindigkeit weiter zu laufen und

---

[1]) Der Südpol ist dadurch charakterisirt, dass die Kraftlinien von
dem Anker in ihn eintreten, während sie aus dem Nordpol austreten. Die
Richtung der Kraftlinien geht also in der Abwickelung vertikal von oben
nach unten. Legt man den Mittelfinger der rechten Hand in diese Richtung, den Zeigefinger in die Richtung des Leiterstroms, also senkrecht zur
Papierebene, so giebt der vertikal auf beide gestellte Daumen die Richtung der Kraft an, welche die Ankerwindungen von den Magnetpolen erfahren. Die Magnetpole erfahren also von den Ankerwindungen eine umgekehrt gerichtete Kraft.

[2]) Diese Pole sind in Fig. 72 nicht dargestellt, die beiden anderen
dort gezeichneten Pole haben eine andere Bedeutung, auf die wir noch
zurückkommen.

die Bremslast dabei durchzuziehen, also bei konstanter Geschwindigkeit Arbeit zu leisten. Von selbst anlaufen kann aber auch dieser
Motor nicht, denn so lange das Magnetkreuz noch stillsteht, jagt
die Stromvertheilungskurve mit solcher Geschwindigkeit an den
Magnetpolen vorüber, dass die abwechselnd nach rechts und links
wirkenden Zugkräfte eine Bewegung nicht hervorzubringen vermögen.
Der Drehstrom-Motor theilt also die oben erwähnten drei wichtigsten
allgemeinen Betriebseigenschaften des Einphasen-Synchronmotors und
damit auch des letzteren Verwendungsgebiet. Da die Stromvertheilungskurve des Drehstrom-Motors während einer Periode um
eine Theilung oder um den p ten Theil des Ankerumfanges weiterrückt, rückt sie bei ν Perioden sekundlich um $\dfrac{\nu}{p}$ Ankerumfänge
weiter; der Motor macht also minutlich $u = \dfrac{\nu \cdot 60}{p}$ Touren, was mit
Gl. 1 übereinstimmt. Da der Dreiphasen-Synchronmotor also bei
gleicher Periodenzahl der Wechselströme und gleicher Polzahl dieselbe Tourenzahl hat, wie der Einphasen-Synchronmotor, so muss
ein synchroner Drehstrom-Motor ruhig weiterlaufen, wenn man
ihn ähnlich, wie es früher (S. 148) für den asynchronen Motor betrachtet wurde, durch Unterbrechung einer der drei Zuleitungen
zum Einphasen-Synchronmotor macht.

Verhalten bei verschiedener Belastung.

Wir haben bisher für den Einphasen-Synchronmotor angenommen, dass analog dem Gleichstrom-Motor der in den Anker ge-
leitete Wechselstrom immer gerade in d e m Augenblicke sein Zeichen
umkehren müsse, wo die Mitten der Spulenseiten des Ankers durch die
neutralen Achsen hindurchgehen. Wir werden aber sogleich sehen, dass
diese Annahme fallen gelassen werden kann. Um diese für die
Betriebseigenschaften bedeutungsvolle Thatsache zu erkennen, wollen
wir der Einfachheit wegen nicht eine ganze Spule, sondern eine einzige Windung betrachten, welche im Felde f e s t s t e h e n d e r Magnetpole synchron rotire und nach einander mit verschiedenen Wechselströmen gespeist werde, die zwar sämmtlich an Grösse gleich
wären, aber bei v e r s c h i e d e n e n S t e l l u n g e n der Windung im Magnetfelde ihre Nullwerthe annähmen oder, anders gesprochen, Phasenverschiebung gegeneinander hätten.

In Fig. 73 möge die ausgezogene Sinuskurve wieder die Vertheilungskurve für die radialen magnetischen Kräfte des feststehenden Magnetgestells angeben; *I* und *II* mögen zwei verschiedene
Stellungen der Windung bedeuten, bei denen die Stromstärke Nullwerthe hat und zu positiven Werthen übergeht, wenn die Windung
nacheinander mit zwei verschiedenen Wechselströmen gespeist wird.
Die Werthe der Stromstärke, welche dann bei den übrigen Stellungen
der Windung vorhanden sind, mögen durch die gestrichelte und die
strichpunktirte Kurve dargestellt sein. Nur wenn sich die Stromstärke
nach der gestrichelten Kurve (*I*) verändert, ist die obige Bedingung

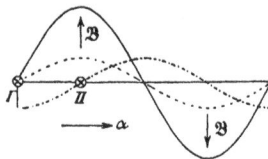

Fig. 73.

erfüllt, dass die Stromstärke ihr Zeichen umkehrt, wenn die Windung
durch die neutrale Achse geht; bei einer Veränderung nach der
strichpunktirten Kurve (*II*) und in allen Zwischenfällen aber nicht
mehr. Die beiden von der gestrichelten und der strichpunktirten
Kurve dargestellten Wechselströme mögen selbst auch als Strom *I*
und Strom *II* bezeichnet werden.

Vertheilt sich das magnetische Feld nach dem Gesetze $\mathfrak{B}_r =$
$\mathfrak{B}_{max} . \sin \alpha$, so gehorcht Strom *I* ebenfalls dem Gesetze

$$J_t^{I} = J_{max} . \sin \alpha,$$

Strom *II* dagegen wird

$$J_t^{II} = J_{max} . \sin (\alpha - 90^{\circ}),$$

da alle charakteristischen Werthe bei grösserem α auftreten. Erreicht ein beliebiger Strom den Nullwerth an einer Stelle, die
gegenüber Stellung *I* um δ nach rechts gedreht erscheint, so ist
endlich

$$J_t = J_{max} . \sin (\alpha - \delta).$$

Im letzteren allgemeinsten Falle hat die Zugkraft, welche die Windung
erfährt, an einer beliebigen Stelle α nach einer Gleichung auf S. 17
die Grösse:

$$Z_r = \mathfrak{B}_r J_t\, l = \mathfrak{B}_{max} . J_{max} . l . \sin \alpha . \sin (\alpha - \delta),$$

und die mittlere Zugkraft an allen Stellen des Feldes ist

$$Z = M(Z_r) = \mathfrak{B}_{max} . J_{max} . l . M[\sin \alpha . \sin (\alpha - \delta)].$$

Der Mittelwerth aus den Produkten der beiden Sinus ist schon einmal auf S. 82 u. 83 bei der Betrachtung der Gl. 7 abgeleitet worden; wenn in der letzteren freilich auch ωt statt α und φ statt δ steht, so wird doch dadurch an dem Ergebniss der Ableitung nichts geändert. Damals wurde als Mittelwerth gefunden $\frac{1}{2} . \cos \varphi$, sodass man jetzt als mittleren Werth der Zugkraft erhält

$$Z = \frac{\mathfrak{B}_{max} . J_{max} . l}{2} . \cos \delta. \quad . \quad . \quad . \quad . \quad . \quad (2)$$

Diese Gleichung lehrt, dass bei ein und demselben Felde $\mathfrak{B}_{max}$ und bei ein und derselben Stromstärke J_{max} die Zugkraft des Synchronmotors doch von der Phase des in den Anker geschickten Stromes abhängt. Bei $\delta = 90^0$ d. h. beim Wechselstrom II ist die Zugkraft null; in der That zeigt Fig. 73, dass gleiche Werthe der Stromstärke hierbei nacheinander bei gleichen aber entgegengesetzten Werthen der Feldstärke auftreten. In Fig. 36 ist die Produktkurve aus $\sin \alpha$ und $\sin (\alpha - 90^0)$, deren Ordinaten der bei $\delta = 90^0$ auftretenden Zugkraft proportional sind, als Kurve III schon einmal gezeichnet, sodass Fig. 36 auch den zeitlichen Verlauf der Zugkraft Z_r für diesen Werth von δ darstellt. Man sieht deutlich, wie Z_r hierbei zwischen gleich grossen positiven und negativen Maximalwerthen auf- und niederwogt, und die gesammte Kraft auf den bald nach rechts, bald nach links gezogenen Anker null werden muss. Für einen beliebigen Werth von δ giebt Kurve III in Fig. 35 schon den Verlauf des Produktes aus $\sin \alpha$ und $\sin (\alpha - \delta)$. Die Funktionen $\sin \alpha$ und $\sin (\alpha - \delta)$ selbst sind in dieser Figur durch die Kurven I und II dargestellt. Man sieht deutlich, dass bei beliebigem δ die Zugkraft auch zwischen positiven und negativen Werthen hin- und herschwankt, dass aber die positiven Werthe überwiegen, sodass sich doch eine resultirende Zugkraft einstellt. Bei $\delta = 0$ endlich verläuft die Zugkraft wie in Fig. 7a, welche $\sin^2 \alpha$ darstellt; hier ist die Zugkraft immer positiv, schwankt aber auch zwischen Maximal- und Nullwerthen auf und nieder. Der letztere Fall ist derjenige, welcher bei a-synchronen Motoren immer auftritt, weil hier der inducirte Strom J_t immer proportional $\mathfrak{B}_r$ ist und gegen $\mathfrak{B}_r$ keine Phasenverschiebung haben kann.

13*

Das Ergebniss dieser Betrachtungen ist also, dass man bei einem synchronen Einphasenmotor mit einem gegebenen Magnetfelde und gegebener Ankerstromstärke jede Zugkraft von Null bis zu einem bestimmten Maximalwerthe erreichen kann. Ueber diese Grenze hinaus darf der Motor aber nicht belastet werden, sonst fällt er aus dem Tritt und bleibt stehen. Im praktischen Betriebe richtet sich die Zugkraft natürlich nicht nach der Phase des Ankerstromes, sondern die Phase nach der Zugkraft. Muss der laufende Anker eine bestimmte Last durchziehen, so muss er sich von selbst so einlaufen, dass er immer zur richtigen Zeit an der richtigen Stelle des Feldes steht, entsprechend der Phasenverschiebung δ, die für die verlangte Zugkraft sich aus Gl. 2 ergiebt. Da sich in Fig. 73 nach der Fingerregel die Ankerwindung im feststehenden Magnetfelde nach rechts zu bewegen hat, und andererseits δ nach Gl. 2 mit wachsender Zugkraft des Motors abnimmt, so rückt der Anker also im mag-netischen Felde um so mehr zurück, je grösser seine Belastung wird. Zum Unterschiede von den Asynchronmotoren, wo die stei-gende Zugkraft durch immer grösseres Zurückbleiben der Geschwin-digkeit des Ankers erreicht wird, bleibt also beim Synchronmotor wohl die Geschwindigkeit konstant, der Anker nimmt aber im Augen-blicke der Nullwerthe seiner Stromstärke je nach der Belastung verschiedene Stellungen ein, derart, dass sein Standort mit wachsender Zugkraft immer weiter rückwärts rückt.

Sind, wie es praktisch der Fall ist, mehrere zu einer Spulen-seite hintereinander geschaltete Windungen statt einer einzigen Win-dung vorhanden, so ändert dies an dem geschilderten Verhalten nichts, die Zugkraft wird vielmehr genau so, als wenn das ganze Feld im Verhältniss des Spulenfaktors f reducirt wäre. Bei n Anker-windungen wird also schliesslich

$$Z = \frac{f \cdot \mathfrak{B}_{max} \cdot J_{max} \cdot l \cdot n}{2} \cdot \cos \delta \ . \ . \ . \ . \ . \ (3)$$

Der geschilderte fortwährende Wechsel von Grösse und Richtung der Zugkraft hat beim einphasigen Synchronmotor offenbar zur Folge, dass sich über die reine Rotationsbewegung noch pendelnde Be-wegungen lagern, deren Schwingungsgesetze ausser von der ver-änderlichen Zugkraft des Motors auch abhängen von der Verände-rung, welche die bremsende Kraft der etwa vom Motor anzutrei-benden Maschine gleichzeitig mit den Geschwindigkeitsschwankungen erfährt und ausserdem bestimmt sind durch die Trägheit der gesammten sich mit dem Anker bewegenden Massen. Was die Trägheit angeht, so ergiebt sich aus den Grundprincipien der Mechanik von vornherein, dass ihre Vergrösserung eine Verminderung der Schwingungsamplituden zur Folge haben muss, sodass ein leerlaufender Motor im Allgemeinen stärker pendeln wird, als einer, der eine Arbeitsmaschine mit mehr oder weniger grossen Massen treibt. Andererseits ist es möglich, dass eine Arbeitsmaschine, deren Kraftverbrauch während des Kreisprocesses periodisch schwankt, dem Motor selbst eine pendelnde Bewegung zu geben sucht. Wenn die Schwingungsdauern beider Pendelungen übereinstimmen, beide Schwingungen also, wie man nach dem bekannten akustischen Analogon sagen kann, in „Resonanz" sind, so kann es kommen, dass sich die Kräfte, welche die Pendelungen hervorrufen, fortwährend addiren, und ein weit stärkeres Pendeln die Folge ist, wie in der Akustik die Resonanz auch eine Verstärkung der Schwingungsintensitäten, also eine Erhöhung der Tonstärken hervorbringt. Die Schwingungsamplituden können dabei im extremen Falle so gross werden, dass der Anker in Lagen δ hineinkommt, bei denen er die momentan nothwendige Zugkraft nicht mehr ausüben kann. Unter diesen Umständen kann der Motor aus dem Tritt fallen und stehen bleiben. Solche Fälle sind beobachtet worden, ihre speciellere Betrachtung aber geht über das Ziel dieses Buches hinaus.

Aehnlich wie der einphasige verhält sich bei wechselnden Belastungen auch der Drehstrom-Synchronmotor. In Fig. 72 sieht man einen Südpol in drei verschiedenen Lagen vor den feststehenden Ankerwindungen stehen, die von rechts nach links gezählt als Lagen 1, 2, 3 bezeichnet werden mögen. Für jede von diesen ist der Mittelwerth der Stromstärke in allen vor den Polen liegenden Windungen proportional dem Inhalt der darüberliegenden (positiven) minus den Inhalt der darunterliegenden (negativen) schraffirten Fläche. Wie man sieht, ist die mittlere Stromstärke in Lage 1 null, und in der That werden die drei rechten Windungen von gleich grossen und entgegengesetzt gerichteten Strömen durchflossen wie die drei linken; in der Lage 2 hat die mittlere Stromstärke einen bestimmten positiven Werth, in der Lage 3 endlich erreicht der positive Werth sein Maximum. Wenn nun auch die mittlere Zugkraft nicht der mittleren Stromstärke, sondern dem mittleren Produkt aus Stromstärke und magnetischer Feldstärke proportional ist, so übersieht man doch sofort, dass die

Zugkraft bei Lage 1 null sein und bei Lage 3 den Maximalwerth
haben muss, denn bei Lage 1 vertheilt sich auch das Magnetfeld
der dargestellten Wickelung symmetrisch gegen die Trennungslinie
zwischen den Strömen beider Richtungen oder den Nullwerth der
Stromvertheilungskurve, und bei Lage 3 symmetrisch gegen den
Maximalwerth der Stromvertheilungskurve.   Das Magnetgestell
wird sich also im Synchronmotor bei steigender Belastung von
Lage 1 allmählich in der Richtung nach Lage 3 verschieben; da
der Magnetpol selbst nach der Feststellung auf Seite 192 nach
rechts gedreht wird, so stellt sich also das Magnetgestell, wie der
Anker des einphasigen Synchronmotors mit wachsender Belastung
immer mehr rückwärts.   Es möge noch besonders hervorgehoben
werden, dass das Magnetkreuz zwischen Leerlauf und voller Belastung natürlich nicht von Lage 1 in die gezeichnete Lage 3
übergeht, sondern nur in die der Lage 3 entsprechende Nachbarlage
von Lage 1, welche um $1\frac{1}{2}$ Spulenseiten von Lage 1 links gelegen
ist. Zwischen Leerlauf und voller Belastung liegt also der vierte
Theil der Theilung, genau wie es für einphasige Motoren in Fig. 73
gefunden wurde.

  Zur Untersuchung der Frage, ob auch synchrone Dreiphasen-
motoren bei der Rotation pendeln, betrachten wir der Einfachheit
wegen einen Motor mit feststehendem zweipoligen Magnetgestell und
drehbarem Anker.   Die Vertheilung des mit dem Spulenfaktor reducirten Magnetfeldes gehorche wieder wie oben (Fig. 73) beim
Einphasen-Motor dem Gesetze

$$\mathfrak{B}_r = \mathfrak{B}_{max} . \sin \alpha.$$

Die Ankerwickelung des neuen Motors besteht aus drei Phasen mit je
zwei Spulenseiten, im ganzen also aus sechs Spulenseiten.   Wir
nehmen an, der Strom in einer der Phasen verändere sich nach
dem Gesetze

$$J_t = J_{max} . \sin (\alpha - \delta);$$

dann ist die darauf ausgeübte Zugkraft, entsprechend dem Einphasen-
Motor

$$Z_1 = f . \mathfrak{B}_{max} . J_{max} . l . n_2 . \sin \alpha . \sin (\alpha - \delta),$$

wenn mit n_2 die Drahtzahl einer Phase bezeichnet wird.

  In einem Augenblicke, wo die erste Spulenseite der Phase 1
über dem Winkel α liegt, ist die erste Spulenseite der Phase 2 über

dem Winkel $\alpha + 120^0$ gelegen und steht daher in einem Feld $\mathfrak{B}_{max} . \sin (\alpha + 120^0)$, ihr Strom ist ebenfalls um eine Drittelperiode gegen den Strom der Phase 1 verschoben und gehorcht dem Gesetze $J_{max} . \sin (\alpha + 120^0 - \delta)$, und die Zugkraft der ganzen zweiten Phase wird daher

$$Z_2 = f . \mathfrak{B}_{max} . J_{max} . l . n_2 . \sin (\alpha + 120^0) . \sin (\alpha + 120^0 - \delta),$$

da alle Phasen gleiche Windungszahl n_2 haben. Für die dritte Phase erhält man endlich aus denselben Gründen

$$Z_3 = f . \mathfrak{B}_{max} . J_{max} . l . n_2 . \sin (\alpha + 240^0) . \sin (\alpha + 240^0 - \delta).$$

Die gesammte Zugkraft des Ankers wird also schliesslich

$$Z_r = Z_1 + Z_2 + Z_3.$$

Die Addition der Sinusglieder ergiebt $^3/_2 . \cos \delta$, und man erhält daher für Z_r den einfachen Ausdruck:

$$Z_r = 3 . \frac{f . \mathfrak{B}_{max} . J_{max} . l . n_2}{2} . \cos \delta. \quad \cdots \quad (4)$$

Die Gesammtzugkraft ist demnach unabhängig von α, also konstant. Sie entspricht genau dem Mittelwerthe der Zugkraft des einphasigen Synchronmotors (Gl. 3), wenn man bedenkt, dass $3\,n_2$ als die gesammte den Anker bedeckende Windungszahl dieselbe Bedeutung hat, wie in jener Formel n. Beide Zugkräfte unterscheiden sich nur durch die Grösse des Spulenfaktors f, welcher nach S. 62 für die Drehstromwickelung $f = 0,955$ und für die Einphasenwickeluug $f = 0,637$ ist. Bei gleicher Konstruktion und magnetischer und elektrischer Beanspruchung verhalten sich also die Zugkräfte und Leistungen des Drei- und Einphasen-Synchronmotors wie $3:2$, genau wie dies auf S. 62 für die entsprechenden Generatoren nachgewiesen worden ist.

Die Unabhängigkeit der Zugkraft Z_r von α zeigt, dass das Drehmoment des Motors bei allen Stellungen des Ankers gegenüber dem Magnetgestell dasselbe ist. Ein Grund zum Pendeln liegt also beim Drehstrom-Synchronmotor selbst nicht vor, ein Pendeln kann höchstens durch eine an den Motor angehängte, mit mangelhaften Schwungmassen ausgerüstete Arbeitsmaschine erzeugt werden. Der $\cos \delta$ der Gl. 4 bedeutet für die erste der drei Wickelungen dasselbe, was er bei Gl. 3 für die ganze Ankerwickelung des Motors bedeutet. Wie oben an Gl. 3 bewiesen wurde, so besagt die Proportionalität der Zugkraft mit $\cos \delta$ also auch bei Gl. 4 weiter nichts, als dass der

synchron rotirende Anker durch ein Ansteigen der Belastung einen
Ruck rückwärts bekommt, dann aber synchron weiter läuft und zu
bestimmten Zeiten eine gegen die frühere etwas zurückliegende
Stellung einnimmt. Das Abnehmen von $\delta = 90^0$ auf $\delta = 0$ beim
Ansteigen der Belastung von null auf den Maximalwerth bedeutet
wieder, wie früher, ein Zurückbleiben um eine Vierteltheilung.

Bei asynchronen Drehfeld-Motoren mit Schleifringanker ist
der in jedem Augenblicke in jeder Wicklung inducirte Strom der
mit dem Spulenfaktor reducirten Feldstärke proportional (wie bei
der gestrichelten Kurve in Fig. 73). δ ist also gleich null, und die
Zugkraft wird daher nach Gl. 4

$$Z_r = 3 \cdot \frac{f \cdot \mathfrak{B}_{max} \cdot J_{max} \cdot l \cdot n_2}{2} \ ^1).$$

Sie ist ebenfalls unabhängig von der momentanen Stellung des
Ankers. Ein Pendeln findet also auch bei diesem Motor nicht statt.
Dasselbe gilt auch für Kurzschlussanker.

Bei allen vorangehenden Betrachtungen ist die Voraussetzung
gemacht worden, dass die Stromstärke im Motoranker bei allen
Belastungen konstant bleibe. Dies ist aber in Wirklichkeit nicht der
Fall, denn auch die Synchronmotoren werden im praktischen Betriebe
nicht mit konstanter Stromstärke, sondern mit konstanter Spannung
gespeist. Um die Eigenschaften des Synchronmotors bei dieser Betriebsweise zu studiren, stellen wir zunächst die Bedingungsgleichung
für die Ausbalancirung der konstanten Spannung auf und beschränken

---

[1]) Diese Zugkraft führt in der That zu dem früher berechneten Drehmomente von asynchronen Drehfeld-Motoren, denn setzt man nach Gl. 12
S. 15 und Gl. 7 S. 13

$$\mathfrak{B}_{max} = \frac{N p}{2\, l\, r} \quad \text{und} \quad J = \frac{J_{max}}{\sqrt{2}}$$

und schliesslich die gesammte auf dem Anker befindliche Drahtzahl
$n = 3\, n_2$, so erhält man

$$D = Z_r\, r = \frac{f N p J n}{2 \sqrt{2}}$$

in Uebereinstimmung mit Gl. 26 S. 128 für das Drehmoment des Phasenankers, oder, wenn man bei unendlich kleiner Breite der Spulenseiten N
statt fN setzt, auch mit Gl. 16 S. 16 für das Drehmoment des Kurzschlussankers.

uns dabei auf die Betrachtung des Drehstrom-Motors, da dieser grössere praktische Bedeutung hat.

Für den asynchronen Drehstrom-Motor ist diese Gleichung nach S. 90

$$Ep_t + e_t = J_t \cdot w,$$

wobei Ep_t ein Momentanwerth der primären Spannung in einer Phase vom Widerstande w, J_t die dadurch erzeugte Stromstärke in dieser Phase und e_t die elektromotorische Kraft ist, welche das von der Primärwicklung und der Ankerwickelung zusammen erzeugte Drehfeld in der primären Wickelung inducirt. Bei Leerlauf, wo nur der Primärstrom J_t, aber noch kein Ankerstrom vorhanden ist, wurde der Zusammenhang zwischen E_p, e und Jw graphisch dargestellt durch die Fig. 42, bei der Jw in der That als Resultirende von E_p und e erscheint. Die wesentlichste in diesem Diagramm zum Ausdruck kommende Beziehung zwischen den elektromotorischen Kräften und Spannungen war die, dass e_{max} in der Phase um eine Viertelperiode $= 90^0$ zurück war gegenüber Jw, und dass Jw verschwindend klein war gegenüber E_p und e, und daher e fast genau E_p entgegenwirkte oder E_p ausbalancirte.

Dieses Ergebniss lässt sich ohne Weiteres auf das, wie wir annehmen wollen, feststehende Gehäuse des Synchronmotors (Fig. 26) übertragen. Da dieses genau so gebaut und bewickelt ist, wie das primäre Gehäuse eines asynchronen Drehstrom-Motors, so muss es auch, mit Drehstrom gespeist, ein Drehfeld erzeugen, wie es der primäre Strom des asynchronen Motors allein herstellt. Die von diesem Felde inducirte elektromotorische Kraft muss sich also ebenso verhalten, wie die im primären Gehäuse eines asynchronen Drehstrom-Motors inducirte E.M.K., wenn wie bei Leerlauf (Fig. 42) nur Primärstrom aber noch kein Ankerstrom vorhanden ist. Wir bezeichnen diese E.M.K. jetzt mit e'_t. An die Stelle des Ankerfeldes des asynchronen Motors tritt beim Synchronmotor das Feld des rotirenden Magnetkreuzes. Dieses inducirt natürlich im Anker ebenfalls eine elektromotorische Kraft, welche mit E_t bezeichnet werden möge. Zu Ep_t sind jetzt also e'_t und E_t algebraisch zu addiren, und es ergiebt sich daher:

$$Ep_t + e'_t + E_t = J_t \cdot w.$$

Zur exakten Auseinanderhaltung der beiden Begriffe e'_t und E_t mögen diese noch einmal scharf definirt werden: e'_t ist eine

elektromotorische Kraft, welche durch das Drehfeld, das die Gehäusewickelung erzeugt, in dieser Wickelung selbst inducirt wird. Dieses
Feld und daher auch e'_t ist dem Gehäusestrome J_t proportional.
e'_t ist ferner immer um 90° gegen J_t in der Phase zurück, wie
oben an der Hand von Fig. 42 für leerlaufende Drehfeld-Motoren
nachgewiesen wurde. Die jetzt mit e'_t bezeichnete E.M.K. ist dort
mit e_t bezeichnet; e_t für Leerlauf und e'_t sind identisch, denn beide
werden nur durch die in der primären Wickelung erzeugten Ströme
bezw. deren Felder hergestellt. Die elektromotorische Kraft E_t, welche
von den rotirenden Magnetschenkeln inducirt wird, ist konstant, solange die Erregerstromstärke und daher die Magnetisirung der Schenkel
konstant bleibt. Ihre Phase aber kann sich aus den Stellungen des
Magnetkreuzes gegenüber der Ankerwickelung erst durch eine besondere Untersuchung ergeben. Wir wollen die Phase von E_t jetzt
festzustellen suchen.

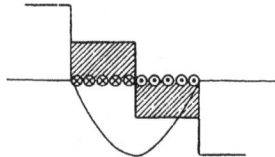

Fig. 74.

In Fig. 72 stellt Lage 1 des Südpols die relative Lage desselben gegen die Kurve der Stromvertheilung während der Rotation
bei leerlaufendem Motor dar. Die Kraftlinien des Südpols müssen
aus dem Gehäuse aus- und in den Pol eintreten, die magnetische
Kraft dieses Poles muss sich also nach der Form einer abwärts gerichteten halben Sinuskurve wie in Fig. 74 über die Poloberfläche
vertheilen. Dieselben magnetischen Kräfte werden aber auch von
den über dem Pol liegenden Windungen erzeugt, da diese zusammen
eine Spule bilden, die von oben gesehen im Sinne des Uhrzeigers
vom Strom durchflossen wird. Für den Leerlauf des Synchronmotors fallen also die Drehfelder der Ankerwickelung und der
Magnetschenkel aufeinander, die von beiden inducirten elektromotorischen Kräfte e'_t und E_t müssen also gleiche Phase haben und im
Diagramm auf einer Geraden liegen. Fig. 75a stellt die Beziehung
von Ep_t, e'_t, E_t und $J_t w$ bei Leerlauf unter Berücksichtigung
dieser Thatsache dar. e' steht senkrecht auf $J w$ und nach rechts
gedreht gegenüber dieser Grösse, wie e in Fig. 42. E bildet wegen

der Phasengleichheit von E und e' die Verlängerung von e', und Jw bildet die Resultirende aus sämmtlichen Grössen.

Das Diagramm für den belasteten Motor lässt sich hieraus auf Grund der früher abgeleiteten Thatsache entwickeln, dass mit zunehmender Leistung das Magnetkreuz sich gegen die Stromvertheilungskurve des Gehäuses immer mehr zurückstellt. Infolge dessen muss aber auch die von den Magneten inducirte E.M.K. E_t in der Phase ihrem früheren Werthe nacheilen, der Vektor von E_t muss also im Diagramm gegenüber der alten Stellung nach rechts gedreht werden, da Nacheilung immer durch Rechtsdrehung dargestellt wird. In Fig. 75 b ist das Diagramm der Fig. 75 noch einmal gezeichnet, und die neue Lage von E durch eine gestrichelte Linie angedeutet.

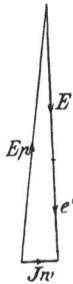 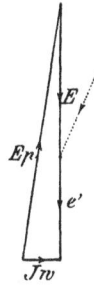

Fig. 75 a.   Fig. 75 b.

Die gewonnenen Diagramme vereinfachen sich praktisch dadurch, dass Jw auch bei Synchronmotoren stets sehr klein ist gegenüber E_p. Ein vom Verfasser untersuchter Motor für 110 Volt hatte z. B. einen Ankerwiderstand $w = 0,0626$ Ohm und nahm bei Leerlauf einen Strom von 5,90 Ampere, bei voller Belastung einen Strom von 40 Ampere auf. Für Leerlauf war also $Jw = 0,369$ Volt und für normale Leistung war $Jw = 2,504$ Volt. Der Winkel zwischen Jw und E_p wäre daher in der Fig. 75a selbst bei $J = 40$ Ampere noch 88^0 42', also fast genau ein rechter. Aus $E_p = 110$ Volt und $Jw = 2,504$ Volt ergiebt sich ein Werth von $e' + E = 109,97$ Volt, der sich von E_p um weniger als 0,03 % unterscheidet[1]). Bei Leer-

---

1) Genau genommen darf Fig. 75a auf den belasteten Motor nicht angewendet werden. Die obige Rechnung giebt aber wenigstens die Grössenordnung der Unterschiede.

lauf (Fig. 75a) fällt also vollends E_p mit $E + e'$ zu einer Geraden
zusammen und man kann Jw mit vollem Rechte ganz vernachlässigen. Diese Abänderung der Fig. 75a scheint aber zunächst
den Nachtheil zur Folge zu haben, dass mit Jw in der Figur auch
die einzige Strecke verloren geht, deren Länge als Maassstab für
die Grösse der Stromstärke J benutzt werden kann. Als Maass für
die Grösse von J kann aber auch e' dienen, welches J proportional
ist und im Diagramm auch nach der Vernachlässigung von Jw enthalten bleibt. Die Phase von J muss in diesem Falle aber immer
durch eine besondere Linie angedeutet werden, welche um 90^0 gegen
e' nach links gedreht zu zeichnen ist. Für Leerlauf ergiebt sich
dabei das in Fig. 76 gezeichnete Diagramm. E_p einerseits und
$E + e'$ andererseits fallen zu einer geraden Linie zusammen, und
die Phase von J ist die gezeichnete. Unter derselben Voraussetzung
bildet Fig. 77 ein Diagramm des belasteten Motors. e' hat die
Lage beibehalten wie in Fig. 75a, E erscheint dagegen nach rechts
gedreht, wie die punktirte Linie in Fig. 75b, und E_p ist so gezogen,
dass

$$E_{pt} + e_t + E_t = J_t\, w = 0$$

ist. E_p, e' und E müssen nach dieser Gleichnng ein in sich ge-
schlossenes Diagramm ohne resultirende Schlusslinie bilden, wie es
in Fig. 77 in der That der Fall ist.

Im Betrieb des steigend belasteten Motors ändert sich nun
Fig. 77 in folgender Weise: Die von aussen zugeführte Klemmenspannung E_p bleibt konstant und ebenso die von den Polen inducirte Kraft E, da die Erregung der Pole unverändert bleiben soll.
E bleibt dabei mit dem Magnetkreuz bei steigender Belastung immer
mehr in der Phase zurück, der Vektor E im Diagramm dreht sich
also gegen das festliegende E_p immer mehr nach rechts, und e' bildet
dabei die dritte Seite des Dreiecks. Um besser zum Ausdruck zu
bringen, dass E_p fest gegeben ist, ist Fig. 77 als Fig. 78 noch einmal gezeichnet, dabei aber E_p vertikal gelegt.

Es ist interessant, festzustellen, wie sich die Leistung des Motors
mit der Lage von E gegen die Vertikale E_p verändert. Die
Leistung A_1 des Drehstroms, welche der Motor aufnimmt, ist in
jeder Phase gleich dem Produkte aus den effektiven Werthen von
Spannung E_p und Strom J und dem Cosinus der Phasenverschiebung
zwischen beiden, d. i. dem Cosinus des Winkels φ in Fig. 78. In
dieser Figur ist $\overline{BC} = E_p \cdot \cos\varphi$ gemacht, indem $\overline{BC}$ parallel

J gezogen und E_p darauf projicirt ist. Da andererseits e' als Maassstab für J dient, oder $J = c \cdot e' = c \cdot \overline{DB}$ gesetzt werden kann, so ist

$$A_1 = E_p \cdot J \cdot \cos \varphi = c \cdot \overline{BC} \cdot \overline{DB},$$

oder die Arbeitsleistung des Wechselstroms in jeder Phase des Motors ist proportional dem Inhalt des Rechtecks $DBCF$. Die Variation der Leistung kann man also erkennen, wenn man die Aenderung des Inhaltes dieses Rechtecks mit der Drehung von E gegen E_p verfolgt.

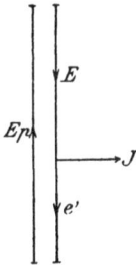

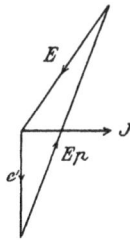

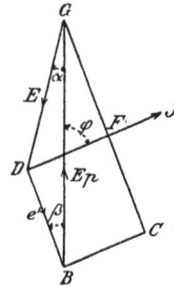

Fig. 76.   Fig. 77.   Fig. 78.

Setzt man den Winkel BGD gleich α und den Winkel DBG gleich β, so wird

$$\overline{BC} = E_p \sin \beta,$$

und, da nach dem Sinussatz für das Dreieck BDG

$$\frac{\sin \beta}{E} = \frac{\sin \alpha}{e'}$$

ist, so erhält man

$$\overline{BC} = E_p \cdot \frac{E}{e'} \cdot \sin \alpha$$

und aus

$$\overline{DB} = e'$$

schliesslich

$$A_1 = c \cdot E_p \cdot E \cdot \sin \alpha \quad . \quad . \quad . \quad . \quad . \quad . \quad . \quad (5)$$

Diese Grösse stellt nun zunächst die Effektaufnahme des Motors pro Phase dar, die Effektaufnahme des ganzen Motors hat also den dreifachen Werth. Wenn man, wie im vorliegenden Falle, den Spannungsverlust $J \cdot w$ in jeder Ankerwickelung vernachlässigt, so wird auch der Effektverlust $J^2 \cdot w$ darin gleich Null, und $3\,A_1$ be-

deutet nicht nur die vom Anker aufgenommene, sondern auch die
auf den Magnetstern übertragene und in mechanische Arbeit umge-
wandelte Leistung. Da c eine aus den Konstruktionsdaten hervorgehende Konstante des Motors ist, und E_p und E im Betriebe ebenfalls konstant gehalten werden, so ist nach Gl. 5 die mechanische Leistung dem Sinus von a proportional; sie steigt also vom Leerlauf, wo
$a = 0$ ist, auf einen Maximalwerth bei $a = 90^0$ an, über den sie nicht
hinausgehen kann. Beim Leerlauf stellt sich das Magnetkreuz gegenüber der Stromvertheilungskurve des Gehäuses so ein, dass E der
primären Spannung direkt entgegenwirkt ($a = 0$); bei maximaler
Leistung dagegen bleibt E um $a = 90^0$ zurück, das Magnetkreuz
dreht sich also um eine Vierteltheilung entgegen der Bewegung.
Allgemein nimmt das Magnetkreuz in der Stromvertheilungskurve
bei jeder Leistung eine besondere Stellung ein, gerade wie es oben
auch für den Betrieb mit konstanter Stromstärke nachgewiesen wurde.

Die sich aus Gl. 5 ergebende Aenderung von 3 A_1 mit a lässt sich
in sehr einfacher Weise graphisch darstellen. In Fig. 79 ist E_p wieder
als Vertikale gezeichnet, und daran tangirend links ein Kreis mit dem
Durchmesser $d = 3\,c\,.\,E_p\,.\,E$. Zieht man von dem Tangirungspunkte
zwischen E_p und diesem Kreise nach links unter verschiedenen Winkeln a
Strahlen, so schneidet der Kreis darauf die Längen $d\,.\,\sin a = 3\,A_1$
ab. Die Längen dieser Strahlen stellen also direkt die Arbeitsleistungen dar. Man sieht deutlich, wie die Leistung des Motors
mit dem Zurückbleiben des Magnetkreuzes immer mehr zunimmt,
oder umgekehrt wie mit wachsender Belastung des Motors das Magnetkreuz sich immer mehr rückwärts einstellen muss. Die Horizontale giebt die Maximalleistung des Motors an, über die hinaus er
nicht belastet werden darf, ohne aus dem Tritt zu fallen.

Gl. 5 lässt noch eine andere sehr werthvolle Schlussfolgerung
zu. Auf Grund ihrer kann die elektrische Effektaufnahme des Motors
auch negativ werden, nämlich dann, wenn a negative Werthe annimmt.
Dies bedeutet, dass, wenn das Magnetkreuz über die der Leerlaufsarbeit des Motors entsprechende Stellung in der Stromvertheilungskurve
des Ankers (Fig. 72) nicht rückwärts, sondern vorwärts gerückt wird,
der Motor nicht mehr elektrische Arbeit aus dem Netze aufnimmt,
sondern elektrische Arbeit in das Netz zurückliefert.

Man sieht dies auch deutlich aus Fig. 80, welche eine Wiederholung der Fig. 78 mit dem Unterschiede bildet, dass a nach rechts
anstatt nach links an E_p angetragen ist. Dadurch kommt auch e'

in eine entsprechend andere Lage und schliesslich auch J, welches immer gegen e' um 90^0 nach links gedreht zu zeichnen ist. Der Winkel φ zwischen E_p und J wird jetzt grösser als 90^0, und die Effektaufnahme $A_1 = E_p \cdot J \cdot \cos\varphi$ daher negativ. Den Sinn dieser Aenderung erkennt man am besten, wenn man sich J auf E_p projicirt, also $J \cdot \cos\varphi$ gebildet denkt. Nach den Betrachtungen auf S. 114 ist $J \cdot \cos\varphi$ der Arbeit leistende Theil, die Wattkomponente, des Stromes. Wir sehen, dass diese in Fig. 78 im Sinne von E_p, in Fig. 80 aber entgegen E_p gerichtet ist. In Fig. 78 fliesst also ein Arbeitsstrom in den Anker in dem Sinne, in welchem er von der

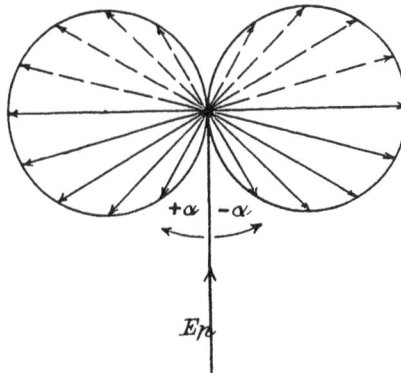

Fig. 79.

Netzspannung E_p hineingedrückt wird; in Fig. 80 dagegen fliesst dieser Strom gegen den Druck der Netzspannung in das Netz hinein, wie wenn in eine Rohrleitung mit Presswasser mittels einer Pumpe neues Wasser mit Ueberdruck hineingepumpt werden müsste. Man sieht deutlich, wie der Motor im letzteren Falle als Generator auf das Netz arbeitet.

Nach Gl. 5 ändert sich die Arbeitsleistung, welche von dem Generator auf das Netz übertragen wird, mit dem Sinus von $(-\alpha)$. Diese Aenderung ist in Fig. 79 durch die Strahlen im rechtsliegenden Kreise dargestellt. Man sieht, dass die Generatorleistung immer mehr zunimmt, je mehr der Magnetstern in der Stromvertheilungskurve vorrückt, dass aber auch diese Leistung einen Maximalwerth erreicht, über den sie bei der gegebenen Erregung E nicht hinausgehen kann.

Die geschilderte Wechselbeziehung zwischen Motor und Generator ist von sehr grosser Bedeutung für das parallele Arbeiten mehrerer Generatoren auf dasselbe Netz. Denkt man sich bei Parallelbetrieb die Leistung des gesammten erzeugten Wechselstroms gleichmässig auf alle Generatoren vertheilt und nun plötzlich die Antriebsmaschine eines der Generatoren durch irgend eine Störung etwas nachlassen, so rückt das Magnetkreuz desselben sofort ein wenig zurück, mit $(-\alpha)$ wird auch die Leistung geringer, und die Antriebsmaschine kann sich erholen. Bleibt die letztere sehr weit zurück, so kann es vorkommen, dass der mit ihr gekuppelte Generator nicht nur

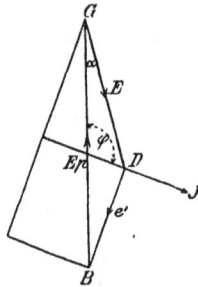

Fig. 80.

völlig entlastet, sondern sogar als Motor nachgezogen wird und dadurch das Nachkommen der Betriebsmaschine unterstützt. Dieses Verhalten gewährleistet einen vollständig stabilen Betrieb parallel geschalteter Wechselstrom-Maschinen, genau wie es im Buche über Gleichstrom-Motoren für Nebenschluss-Maschinen auf S. 103 nachgewiesen worden ist.

Die Stabilität des parallelen Betriebes kann allerdings durch grösseren Ungleichförmigkeitsgrad im Gange der Antriebs-Maschinen wesentlich beeinflusst werden, doch liegt die Besprechung dieser verwickelteren Erscheinungen ausserhalb des Zweckes des vorliegenden Buches.

Verhalten bei verschiedener Erregung.

Bei den bisherigen Betrachtungen ist ein willkürlicher Werth der Erregung der Magnetschenkel oder der von diesen inducirten elektromotorischen Kräfte E angenommen worden. Da der Maschinenwärter die Grösse von E durch Aenderung des Erregerstromes der

Magnetschenkel beliebig einstellen kann, so ist es wichtig, zu untersuchen, welchen Einfluss die Wahl von E auf die Betriebseigenschaften des Motors ausübt, und welche Bestimmungen infolgedessen
über diese Einregulirung zu treffen sind.

Zu diesem Zwecke ist zunächst festzustellen, dass jede Leistung
des Motors bei den verschiedensten Erregungen möglich ist und
dass der Motor bei jeder dieser Erregungen trotz der gleichen
Leistung eine andere Stromstärke aufnimmt. Wir erkennen dies
leicht, wenn wir wieder Fig. 78 betrachten, E_p beibehalten, E ver-
verändern und dabei doch den Inhalt des Rechteckes $DBCF$ unverändert zu lassen suchen. Betrachten wir $\overline{DB}$ als Basis dieses
Rechtecks, so sehen wir, dass das Dreieck DBG gleiche Basis und
gleiche Höhe mit dem genannten Rechteck hat, also den halben Flächen-

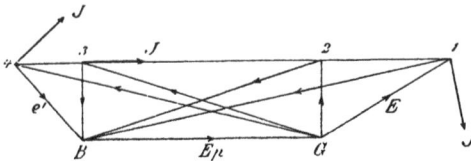

Fig. 81.

inhalt aufweisen muss, wie dieses. Die Bedingung der Konstanz des
Inhaltes unseres Rechteckes kommt also auf die Bedingung eines
konstanten Inhaltes des Dreiecks DBG hinaus. Die letztere Bedingung ist immer erfüllt, solange Basis und Höhe gleiche Werthe
behalten. Wir wählen jetzt E_p als Basis, legen in Fig. 81 E_p horizontal, denken uns zunächst über E_p wieder das Dreieck DBG auf-
gezeichnet und nun durch Punkt D, der nicht noch einmal besonders angegeben ist, parallel zu E_p eine Gerade 1, 2, 3, 4 gelegt.
Alle Dreiecke, die E_p als Basis und ihre Spitze in dieser Geraden
haben, müssen dann offenbar den gewünschten Flächeninhalt be-
sitzen.

In Fig. 81 ist eine ganze Reihe von solchen Dreiecken gezeichnet[1]); die von dem rechten Endpunkte G von E_p ausgehenden Seiten
bilden dabei die Erregung E, und die vom linken Ende B ausgehenden bilden die dazugehörigen elektromotorischen Kräfte e',

---

[1]) Der Deutlichkeit wegen haben diese Dreiecke eine grössere Höhe
erhalten als $\triangle BGD$ in Fig. 80.

welche als Maass für die Grösse der Stromstärke J im Anker dienen können. Die Phase von J ist in der Figur für drei Werthe von e' durch Strahlen angedeutet, welche, wie in Fig. 78, gegen e' um 90^0 nach links gedreht und mit J bezeichnet sind.

    Wir betrachten zunächst nur die Grösse von J und die gleichzeitig auftretende Grösse von E. Wenn wir die Dreiecke nach einander in der Reihenfolge der Spitzen 1, 2, 3 und 4 anschauen, so sehen wir, dass von 1 auf 2 zunächst E und J bezw. e' gleichzeitig abnehmen, dass E bei 2 einen Minimalwerth erreicht und von 2 auf 3 wieder wächst, während J noch abnimmt, dass J bei 3 einen Maximalwerth hat, und dass schliesslich von 3 nach 4 und darüber hinaus E und J gleichzeitig ansteigen. Der in Fig. 81 dargestellte Zusammenhang zwischen J und E ist in Fig. 82 noch einmal in orthogonalen Koordinaten in etwas grösserem Maassstabe aufgezeichnet. Von besonderem Interesse sind an dieser Kurve natürlich die Minimalwerthe von E und J.

    Da die Kurve der Fig. 82 für eine ganz bestimmte Leistung des Motors gilt, so bedeutet zunächst die Existenz eines Minimalwerthes von E, dass mit der Erregung der Feldmagnete eine bestimmte Grenze nicht unterschritten werden darf, wenn der Motor nicht aus dem Tritt fallen und stehen bleiben soll. Um festzustellen, wie dieser Mindestwerth sich mit der Leistung ändert, soll untersucht werden, wie sich das Diagramm der Fig. 81 für andere Leistungen gestalten würde. In Fig. 78 ist ein Maass für die Leistung gegeben durch den Flächeninhalt des Rechtecks $DBCF$ oder des Dreiecks DBG, dem der Inhalt der Dreiecke in Fig. 81 gleich ist[1]). Da die Fläche der letzteren wegen der gemeinsamen Grundlinie E_p auch allein durch die Höhe d. h. durch den Abstand zwischen E_p und der darüber liegenden Parallelen gemessen werden kann, so würde sich aus Fig. 81 z. B. eine Figur für die doppelte Leistung ergeben, wenn man die Parallele im doppelten Abstande über E_p zöge. Damit würde aber auch die Grösse $E_{min} = \overline{G\,2}$ die doppelte Länge erhalten. Dies bedeutet also, dass der Minimalwerth der Erregung, welcher nöthig ist, proportional mit der Leistung steigen muss. Praktisch wird man natürlich mit diesem Minimalwerthe wegen der Labilität des Betriebszustandes niemals arbeiten.

---

[1]) S. Anmerkung auf S. 209.

Für den praktischen Betrieb am günstigsten ist vielmehr der Minimalwerth der Stromaufnahme J_{min}, weil diese den geringsten Werth der Verluste $J^2 . w$ in Ankerwickelung und Fernleitung zum Motor nach sich zieht. Die Erregung E, welche diesem Werthe der Stromaufnahme entspricht, ist es, auf die der Maschinenwärter einzureguliren hat. Aus denselben Gründen wie bei E_{min} ergiebt sich auch, dass J_{min} der Leistung des Motors proportional ist. Dieses Ergebniss gilt indess nur für J_{min}, nicht aber für andere Werthe von J, denn nur $\overline{B\,3} = e'_{min}$, welches auch J_{min} darstellt, vervielfacht sich mit dem Abstande der Parallelen zu E_p, nicht aber $\overline{B\,2}$ oder $\overline{B\,4}$.

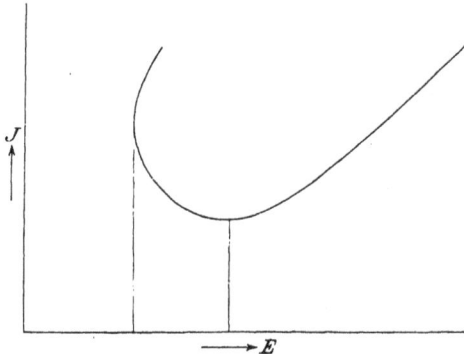

Fig. 82.

In der Proportionalität zwischen günstigster Stromaufnahme und Leistung liegt ein grosser Vorzug des Synchronmotors gegenüber dem asynchronen, da für den letzteren, wie in Fig. 50 dargestellt wurde, schon bei Leerlauf fast die Hälfte desjenigen Stromes aufzuwenden ist, der bei maximaler Belastung nothwendig wird. Freilich kann dieser Vorzug beim Synchronmotor nur dann praktisch ausgenutzt werden, wenn nicht für jede Leistung eine wesentlich verschiedene Erregung zur Herstellung der minimalen Stromaufnahme nöthig ist; denn, wären die nothwendigen E verschieden, so könnte bei starken Belastungsschwankungen auch bei sorgsamster Wartung des Motors die Minimalstromstärke nicht innegehalten werden. Wir müssen daher die Frage untersuchen, ob E mit der Leistung sehr stark verändert werden muss, wenn J_{min} dauernd erhalten bleiben soll.

Nach Fig. 81 scheint es allerdings, als wenn eine Aenderung von $\overline{B\,3}$ auch eine beträchtliche Aenderung von $\overline{G\,3}$ involvirte. Bei den praktisch auftretenden Grössenordnungen von E_p und E ist das

14*

aber nicht der Fall. Um dies zu erkennen, kehren wir zurück zu
dem auf S. 203 betrachteten Zahlenbeispiel eines leerlaufenden
Motors, bei dem $J = 5{,}90$ Ampere, $w = 0{,}0626$ Ohm, $J w =$
$0{,}369$ Volt, $e' = 6{,}83$ Volt und $E_p = 110$ Volt war. Bei diesem
Motor ist der Normalstrom etwa 40 Ampere, hierfür also $J w =$
$2{,}504$ Volt und e', welches J proportional ist, $= 46{,}31$ Volt. Für
$\overline{G\,3} = E$ ergiebt sich nach Fig. 81 bei $\overline{B\,G} = E_p = 110$ Volt bei
Leerlauf, wo $e' = 6{,}83$ Volt ist, $E = 110{,}2$ Volt, und bei normaler
Belastung, wo $e' = 46{,}31$ Volt, $E = 119{,}3$ Volt. Die Erregung bei
voller Belastung braucht also nur um etwa 8 % grösser zu sein, als
bei Leerlauf, sodass also bei einer Erregung auf J_{min} für mittlere Belastung die geringste Stromaufnahme für alle Leistungen des Motors
annähernd gesichert ist[1]).

Die Phase von J ist in Fig. 81 bei 1 und 4 durch die gegen
e' um 90^0 nach links gedrehten Strahlen J angedeutet. Man sieht
deutlich, dass J bei 1 gegen E_p nach rechts, bei 4 dagegen nach
links gedreht erscheint. Daraus folgt, dass zwischen 1 und 4 ein
Punkt liegen muss, bei dem J mit E_p parallel und gleich gerichtet
ist. Wir erkennen leicht, dass dies bei Punkt 3 der Fall ist, wo
e' senkrecht auf E_p steht, und J seinen Minimalwerth hat. In der
That folgt auch schon aus der Gleichung für die Leistung des
Wechselstromes in jeder Phase

$$A_1 = E_p \,.\, J \,.\, \cos \varphi,$$

---

[1]) Es darf nicht Wunder nehmen, dass für den Leerlauf mit günstigster
Erregung $e' = \overline{B\,3}$ senkrecht auf E_p steht, während in Fig. 76 angenommen
wurde, dass e' und E_p bei Leerlauf gleiche Richtung haben. Fig. 81
kann den absoluten Leerlauf nicht darstellen, weil für diesen bei günstigster Erregung $J = 0$ ist, also E_p und ihre Parallele 1, 2, 3, 4 zusammenfallen. Man kann diesem Grenzfalle aber immer näher kommen, indem
man der Parallelen zunächst einen endlichen Abstand giebt und sie dann
immer mehr an E_p heranrücken lässt; die Linien e' und E, welche nicht
senkrecht auf E_p stehen, sondern nach links und rechts gegen die Horizontale geneigt sind, werden dabei offenbar schliesslich mit E_p zusammenfallen, sodass bei beliebiger Erregung Fig. 76 als Grenzfall für den Leerlauf erscheint. Im Falle günstigster Erregung auf e'_{min} und J_{min} würden,
da nach Obigem diese beiden Grössen der Leistung des Motors proportional sind, bei absolutem Leerlauf e' und J_{min} null werden. E fiele daher mit E_p zusammen, ein Grenzfall, zu dem sowohl Fig. 76 wie 81 bei
$e' = 0$ übergehen.

dass der Strom J für gegebene Leistung A_1 bei gegebener Spannung
den niedrigsten Werth erreicht, wenn der Leistungsfaktor cos φ seinen
Höchstwerth annimmt. Dieser Höchstwerth aber ist 1, und φ dabei
gleich 0^0.

Der Minimalwerth der Stromaufnahme bildet also einen Grenzwerth zwischen einer Phasenverzögerung und einer Phasenvoreilung
des Stromes gegen die Spannung. Bei geringerer Erregung E (d. h.
rechts von Punkt 3) ist der Strom in der Phase zurück, bei höheren
Erregungen dagegen (links von Punkt 3) ist die Stromstärke in der
Phase voraus gegen E_p. Auch in dieser Eigenschaft unterscheidet
sich der Synchronmotor von dem Asynchronmotor, denn von dem
letzteren haben wir gesehen, dass sein Strom stets in der Phase
zurück ist, gegenüber der Spannung, und dass es keine Mittel giebt,
absolute Phasengleichheit d. h. den Leistungsfaktor 1 herzustellen.
Beim Synchronmotor, wo man stets mit dem Leistungsfaktor 1 arbeiten kann, fallen also die auf S. 114 geschilderten Nachtheile geringerer Leistungsfaktoren weg. Auch aus diesem Grunde ist also
die Erregung, welche J_{min} herstellt, als die normale anzusehen; bei
grösseren oder geringeren Erregungen pflegt man den Motor als über-
oder untererregt zu bezeichnen.

Ganz ähnlich wie der Synchronmotor verhält sich auch der
Generator bei verschiedener Erregung, wenn er auf ein Netz mit
konstanter Spannung arbeitet. Analog wie Fig. 81 aus Fig. 78 ist
Fig. 83 aus Fig. 80 abgeleitet. In dieser Figur ist der bisher E_p
genannte Werth der Netzspannung mit E_{p_n} bezeichnet. Die Netzspannung tritt, wenn ein Generatorstrom in ein Vertheilungsnetz
hineingeschickt wird, als Gegendruck auf, wie der Druck in einer
Presswasserleitung, in welche Wasser hineingepumpt werden soll.
Diese Gegenspannung E_{p_n} muss durch die Generatorspannung E_{p_g}
überwunden werden, damit Strom in das Netz eintreten kann, wie
der Druck der Pumpe beim Eintritt des Wassers den Druck in der
Wasserleitung zu überwinden hat. Nach dem Princip der Gleichheit
von Wirkung und Gegenwirkung ist dabei E_{p_g} ebenso gross, aber
entgegengesetzt gerichtet wie E_{p_u}. Mit dieser Bedeutung ist die
treibende Spannung E_{p_g} in Fig. 83 durch entgegengesetzte Pfeilrichtung wie E_{p_n} angedeutet. Wir beziehen unsere Betrachtung auf
E_{p_g}, da E_{p_g} die eigentliche von unserem Generator gelieferte Spannung ist.

Bei der Betrachtung der Fig. 83 sehen wir, dass auch beim

Generator für eine bestimmte Erregung $E = \overline{G\,2}$ ein Minimalwerth der Stromstärke entsprechend $\overline{B\,2} = e'$ existirt, dass aber umgekehrt wie beim Motor bei stärkeren Erregungen (Punkt 1) der Strom gegenüber Ep_g in der Phase zurück, bei geringerer Erregung aber in der Phase voraus ist. Bei minimaler Stromstärke besteht wieder Phasengleichheit zwischen Ep_g und J.

Selbstverständlich kann man bei Generatoren, welche ein Vertheilungsnetz speisen, nur dann Phasengleichheit zwischen Spannung und Strom herstellen, wenn auch die Konsumstellen diese Phasengleichheit verlangen. Hängen z. B. an einem Vertheilungsnetze nur asynchrone Drehstrom- oder Wechselstrom-Motoren, bei denen die Stromstärke stets gegenüber der Spannung in der Phase verzögert ist, so

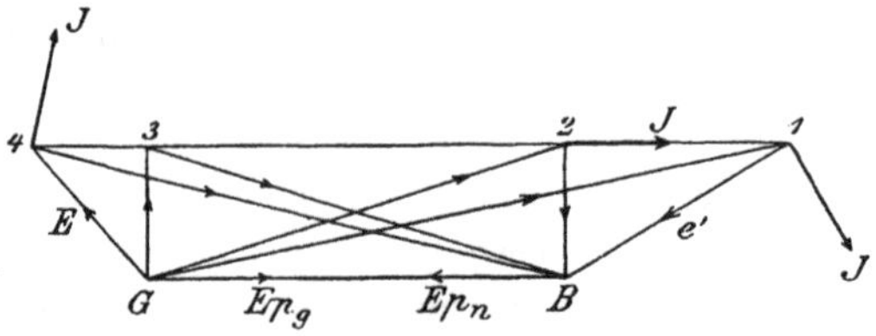

Fig. 83.

müssen auch die Generatoren einen gegen die Spannung verzögerten Strom liefern. Es ist besonders darauf aufmerksam zu machen, dass dies auch möglich ist, ohne dass alle Generatoren einen Strom von gleicher Phasenverzögerung erzeugen. Es ist sogar möglich, wenn mehrere Generatoren zusammen eine Anlage speisen, welche einen verzögerten Strom braucht, dass einige derselben sogar eine Voreilung der Stromstärke gegenüber der Spannung haben, wenn die anderen nur eine desto grössere Verzögerung erhalten. In Fig. 84 ist dies für zwei Generatoren dargestellt, welche zusammen einen Strom J in das Netz hineinliefern sollen, der um den Winkel φ gegen die als Richtlinie gezeichnete Spannung verzögert ist. Wenn dabei die Maschine I den Strom J^I und die Maschine II den Strom J^{II} liefert, so hat der resultirende Strom in der That die gewünschte Grösse J. Dabei ist J^I in der Phase voraus gegen Ep_g, Maschine I ist also nach Fig. 83 untererregt, J^{II} dagegen ist in der Phase zurück, die Maschine II also um so stärker übererregt. Eine solche Speisung des Netzes hat, da $J^I + J^{II} > J$ ist, den Nachtheil, dass die einzelnen Maschinen stärkeren Strom liefern als nöthig ist. Man soll, um dies zu vermeiden, alle Maschinen möglichst so stark erregen, dass sie einzeln einen Strom von gleicher Phasenverschiebung geben, wie sie der gesammte vom Netze entnommene Strom verlangt. Sind die zusammen arbeitenden Maschinen einander gleich, so gehört dazu eine gleiche Erregung aller Maschinen. Ist dies nicht der Fall, so muss der Maschinenwärter alle Maschinen so erregen, dass er die Netzspannung bei der vorhandenen Belastung mit möglichst geringem Strome in allen Maschinen aufrecht erhalten kann.

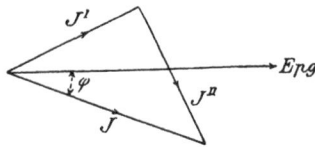

Fig. 84.

Da alle in Fig. 83 dargestellten Erregungen einer gleichen Leistung des Generators entsprechen, so sieht man, dass man bei parallel geschalteten Wechselstrommaschinen mit der Erregung nur die Phase und Grösse der Stromstärke einer jeden von ihnen, nicht aber ihren Antheil an der gesammten Leistung der Anlage reguliren kann. Bei Gleichstrommaschinen dagegen ist Letzteres möglich, wie im Buche über Gleichstrom-Motoren auf S. 103 und 104 dargestellt ist. Die Mittel, welche bei Wechselstrom- und Drehstrommaschinen für die Regulirung der Leistung anzuwenden sind, werden im nächsten Abschnitte erörtert werden.

Das Anlassen und Abstellen.

Es ist schon auf S. 189 darauf aufmerksam gemacht worden, dass der Synchronmotor nicht von selbst angelassen werden kann, sondern erst künstlich auf die dem Synchronismus entsprechende Tourenzahl gebracht werden muss, ehe er mit dem Netze verbunden werden darf. Dazu giebt es verschiedene Mittel: Wenn der Motor zur Unterstützung anderer Kraftmaschinen arbeitet, so können diese zum Antrieb beim Anlassen benutzt werden. Treibt er als Glied eines Umformeraggregats eine Gleichstrom-Nebenschlussmaschine, die parallel mit anderen ein besonderes Vertheilungsnetz zu speisen hat, so kann man die Gleichstromdynamo zunächst als Motor laufen lassen und dadurch den Synchronmotor in Gang setzen. In diesem Falle kann man auch den Gleichstrom des zweiten Vertheilungsnetzes zur Erregung des Synchronmotors benutzen, also eine besondere Erregermaschine entbehren. Ist endlich keine der genannten Bedingungen erfüllt, so ist der Synchronmotor durch einen kleinen Asynchronmotor in Betrieb zu setzen; dieser vermag zwar den Hauptmotor nicht auf völligen Synchronismus zu bringen, die kleine Schlüpfung holt der letztere aber leicht nach, sodass er von selbst in den Tritt kommt.

Sollen beim Anschluss des Synchronmotors an das Vertheilungsnetz starke Stromstösse vermieden werden, so muss dafür Sorge getragen werden, dass seine Spannungskurve mit derjenigen des Netzes im Augenblicke des Einschaltens vollständig kongruent ist. Denkt man sich von einem einphasigen Synchronmotor zunächst eine Klemme an eine der beiden Netzleitungen angeschlossen und die Kongruenz beider Spannungskurven wirklich vorhanden, so besteht zwischen der anderen Klemme und der anderen Netzleitung keine Spannungsdifferenz mehr; im ersten Augenblicke des Anschlusses geht also kein Strom vom Netz zum Anker über, und erst, wenn man den Synchronmotor belastet, nimmt er Strom aus dem Netze auf.

Zur Kongruenz zweier Spannungskurven gehören offenbar ausser gleicher (sinusartiger) Gestalt auch

1. Gleiche Effektivwerthe der Spannung, woraus auch gleiche Maximalwerthe folgen.
2. Gleiche sekundliche Periodenzahl oder gleiche Zeitdauer einer Periode, denn ohne diese würde die eine Spannungskurve gegen die andere längs der Abscisse gedehnt oder zusammengezogen erscheinen.
3. Gleiche Phase, denn, wenn zwei ganz gleiche Spannungskurven gegeneinander verschoben sind, so bestehen doch in jedem Augenblicke Spannungsdifferenzen.

Für die Erfüllung der ersten Bedingung genügt es, ein umschaltbares Voltmeter zu benutzen, welches zunächst an das Netz und dann an den anzuschliessenden, schon unter Erregung laufenden Motor angeschaltet wird. Durch passende Erregung des letzteren auf gleiche Voltmeterangabe werden dann gleiche Effektivwerthe der Spannungen leicht hergestellt. Annähernd gleiche Periodenzahl lässt sich durch Tourenregulirung der Anlassmaschine des Synchronmotors erreichen. Für die Kontrolle der Phasen aber ist die Verwendung eines besonderen Mittels nöthig.

Dieses Hülfsmittel besteht in einer sogenannten Phasenlampe d. h. einer Glühlampe, welche beim Einphasen-Motor zunächst zwischen einen Netzleiter und eine Motorklemme geschaltet wird, nachdem die anderen beiden schon mit einander verbunden sind. Bei absoluter Kongruenz beider Spannungskurven, also bei absoluter in jedem Augenblick bestehender Gleichheit der Spannung an ihren Enden, führt die Lampe natürlich keinen Strom; sie leuchtet aber sogleich auf, wenn diese Kongruenz nicht vorhanden ist, und kann daher gleichzeitig zur Kontrolle der Erfüllung aller drei Bedingungen benutzt werden.

Um die Erscheinungen kennen zu lernen, welche diese Phasenlampe vor der Kongruenz der Spannungskurven zeigt, wollen wir annehmen, dass zwar die erste der oben aufgeführten Bedingungen erfüllt sei, die zweite aber nicht; dann kann auch die dritte nicht erfüllt sein, weil zusammengehörige Werthe beider Kurven wie z. B. Maximalwerthe oder Nullwerthe bei verschiedener Periodenzahl offenbar nicht dauernd gleichzeitig auftreten können.

Unter diesen Umständen zeigt Fig. 85 den Verlauf der Spannungsdifferenz an den Enden der Lampe. Die gestrichelte Kurve möge dabei die zeitliche Veränderung der Netzspannung darstellen, die strichpunktirte Kurve die Veränderung der Motorspannung. Dann bildet in jedem Augenblicke die Differenz der Ordinaten beider Kurven die Spannungsdifferenz an den Klemmen der Phasenlampe. Diese Differenz ist durch die stark ausgezogene Kurve dargestellt. Das Charakteristische der letzteren ist, dass ihre Ordinaten nicht nur schnell mit der Geschwindigkeit der Wechselströme auf- und niedergehen, sondern dass dabei auch die Amplituden langsam anschwellen und wieder abnehmen. Die Phasenlampe wird also, während sie von schnell pulsirenden Wechselströmen durchflossen wird, langsam aufleuchten und wieder dunkel werden; denn ihre Leuchtkraft richtet sich nach der sekundlich entwickelten Wärmemenge, also nach den effektiven Werthen der einzelnen Sinuskurven, welche ihrerseits durch die zu- und wieder abnehmenden Amplituden bestimmt sind. Die Erscheinung steht in vollkommener Analogie mit dem Anschwellen und Absterben des Kombinationstones, welcher entsteht, wenn zwei Stimmgabeln von wenig verschiedener Schwingungszahl gleichzeitig klingen. Nach der Analogie dieser akustischen Erscheinung wollen wir auch von „Schwebungen" der elektrischen Spannung sprechen und den in Fig. 85 dargestellten Vorgang als eine Schwebung bezeichnen.

In Fig. 85 umfasst die gestrichelte Kurve sieben Perioden, die strichpunktirte acht, die resultirende ebenfalls acht. Eine Schwebung tritt also immer auf innerhalb einer Zeit, in welcher die Periodenzahl von Netz und Motor um 1 verschieden ist, und jede Schwebung umfasst dabei so viel Perioden, wie die Periodenzahl des schneller pulsirenden Stromes in dieser Zeit beträgt. Ist die sekundliche Periodenzahl des einen Wechselstromes z. B. ν, die des anderen ν', und $\nu > \nu'$, so treten also $\nu - \nu'$ Schwebungen in der Sekunde auf. Ist die Periodenzahl des Netzes, wie in Deutschland üblich, $\nu = 50$, die des zuzuschaltenden Motors z. B. noch $\nu' = 49$, so bedeutet also eine Schwebung in einer Sekunde einen Unterschied

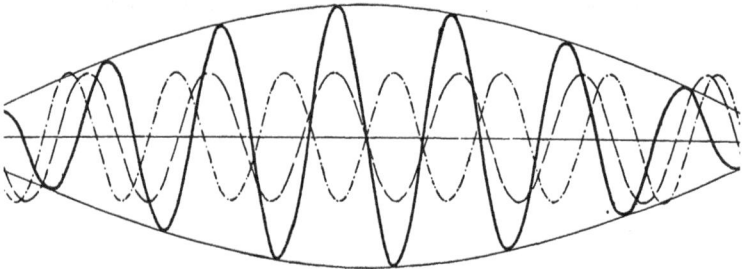

Fig. 85.

der Periodenzahl von 1 auf 50, also von 2 %. Da es meist leicht gelingt, die Dauer einer Schwebung auf 5 Sekunden und mehr zu bringen, so lässt sich also der Unterschied der Periodenzahl auf weniger als $^2/_5$ % herunterdrücken und als solcher erkennen.

Natürlich ist es nie möglich, absolute Gleichheit der Phase und Periodenzahl herzustellen, es muss daher genügen, bei so guter Ueberentstimmung der Grössen, wie oben, die Lampe in dem Augenblicke, wo sie dunkel ist, also keinen Strom führt, kurz zu schliessen. Da die Dunkelheit der Lampe annähernde Spannungsgleichheit der zu verbindenden Klemmen bewiesen hat, so kann beim Schliessen nur ein schwacher Strom in den Motor eintreten; dieser hat, wie Fig. 85 zeigte, die höhere Periodenzahl beider Wechselströme, und der zu schnell oder zu langsam laufende Motor erhält sofort die kleine Beschleunigung oder Verzögerung.

Aus Fig. 85 entnehmen wir noch, dass die höchsten Amplituden der resultirenden Spannung fast, aber nicht ganz, doppelt so gross sind, wie die Amplituden der einzelnen Spannungen, denn die letzteren liegen dort, wo die Kurven sich zum Höchstwerthe der resul-

tirenden Amplitude addiren, nicht über derselben Abscisse. Man
wird trotzdem als Phasenlampen immer Lampen für die doppelte
Maschinenspannung benutzen oder zwei Lampen hintereinander
schalten, um sicher zu sein, dass sie nicht durchbrennen.

Das Anlassen des Drehstrom-Synchronmotors geschieht im
Princip in genau derselben Weise, indem man alle drei Phasen einzeln
so behandelt, wie die eine Phase des Einphasen-Motors. Von den
drei Klemmen des Drehstrom-Motors kann man die eine zunächst
ohne Phasenlampe direkt an den einen der drei Leiter des Vertheilungsnetzes anschliessen, da durch eine Verbindungsleitung ohne
Rückleitung ein Stromaustausch noch nicht stattfinden kann. Die
anderen beiden Klemmen werden dann mit den beiden anderen
Leitern durch je eine oder zwei Phasenlampen verbunden, genau
wie beim Einphasen-Motor. Selbstverständlich ist dabei darauf zu
achten, dass immer die Klemmen derjenigen Wickelungen in Verbindung gesetzt werden, deren Spannungen beide Voreilung oder
beide Verzögerung gegen die zuerst vorhandene Wickelung haben.
Die Herstellung dieser Schaltung ist jedoch nur Sache der ersten
Installation nach der Montage der Maschinen; die Bedienung der
fertigen Anlage ist ebenso einfach wie bei Einphasen-Motoren, denn
die Lampen in beiden Phasen verlöschen gleichzeitig, und der Augenblick völliger Dunkelheit ist zum Kurzschliessen jeder von beiden
nach wie vor zu benutzen.

Beim Abstellen des Synchronmotors ist dieser zunächst zu entlasten, darauf ist der Wechselstrom oder Drehstrom zu unterbrechen,
und erst zuletzt darf der Erregerstrom der Feldmagnete ausgeschaltet
werden. Die Unterbrechung des Erregerstromes vor der Unterbrechung der Wechselströme kann die Entstehung sehr hoher Wechselspannungen in der Erregerwickelung zur Folge haben, und ist dadurch schon häufig zur Ursache sehr schwerer Unglücksfälle geworden.

Die Entstehung von Hochspannung in der Erregerwickelung
beruht z. B. bei synchronen Drehstrom-Motoren (Fig. 26) darauf,
dass durch die Unterbrechung des Erregerstromes die Magnetisirung
der Pole und damit die Zugkraft des Motors aufhört. Das rotirende
Magnetkreuz verlangsamt infolgedessen sofort seine Bewegung, während
das durch die Drehstromwickelung des feststehenden Ankers erzeugte
Drehfeld mit alter Geschwindigkeit weiter läuft, weil die Ankerwickelung nach wie vor mit Drehstrom gespeist wird. Um den Ein-

fluss der Relativbewegung des Ankerfeldes gegen die Wickelungen des Magnetkreuzes zu erkennen, wollen wir einen vierpoligen Motor betrachten, dessen rotirendes Ankerfeld in Fig. 19 dargestellt ist. Diese Figur giebt nach S. 48 die Kraftlinienvertheilung wieder, welche eine Phase der primären Gehäusewickelung eines asynchronen Drehstrom-Motors erzeugt. Wir wissen aber, dass das rotirende Gesammtfeld eine ebensolche Kraftlinienvertheilung aufweist, wie das einzelne feststehende Wechselfeld, da die Vertheilung der radialen Kraftkomponenten in beiden Fällen sinusartig ist, und wir erkennen leicht, dass dieselbe Vertheilung auch von dem feststehenden Anker eines synchronen Drehstrom-Motors hervorgerufen werden muss, da die Bewickelung genau dieselbe ist. Denken wir uns (Fig. 19 u. 26) das vierpolige Magnetkreuz in einem Augenblick so in dem Ankergehäuse stehen, dass zwei Magnetschenkel horizontal und zwei vertikal gerichtet sind, so treten die von oben nach unten gehenden vertikalen Kraftlinien des Ankers in den oberen vertikalen Magnetschenkel ein und kehren durch den rechten und linken Schenkel zum Anker zurück. Auch der untere Magnetschenkel nimmt Ankerkraftlinien auf, die von unten nach oben in ihn einströmen und durch die horizontalen Magnetschenkel ebenfalls in den Anker zurückkehren. Zählen wir die Magnetschenkel vom oberen vertikalen aus rechts herum, so führen also in dem betrachteten Augenblicke Schenkel *I* und *III* Kraftlinien vom Anker zur Achse, Schenkel *II* und *IV* von der Achse zum Anker. Wenn dann das Drehfeld des Ankers dem Magnetkreuz um eine Viertelumdrehung nach rechts vorausgeeilt ist, so führt offenbar Schenkel *II* die Kraftlinien, die vorher Schenkel *I* geführt hat u. s. w., kurz, die Richtung der Kraftlinien hat sich in dem Schenkel umgekehrt, die Zahl der Kraftlinien aber ist dieselbe geblieben. Nach einer weiteren Viertelumdrehung ist die Kraftlinienrichtung in allen Schenkeln wieder dieselbe, wie zuerst, und so ändert sich die Kraftlinienzahl N in allen Schenkeln periodisch zwischen positiven und negativen Maximalwerthen und zwar um so schneller, je grösser die Schlüpfung des zurückbleibenden Magnetkreuzes ist. Bei der Besprechung der Induktionsspulen zum Anlassen von Einphasen-Motoren (S. 176) ist gezeigt worden, dass diese Aenderung der Kraftlinienzahl in der von den Kraftlinien durchströmten Spule eine E.M.K. hervorruft, welche

$$e_l = - n \cdot \frac{d N}{d t}$$

ist, wenn man mit n die durchströmte Windungszahl bezeichnet.
Nach der Bedeutung dieser Formel ist die in der Wickelung des
Magnetkreuzes inducirte E.M.K. gleich der sekundlichen Aenderung
der Kraftlinienzahl, multiplicirt mit der Zahl der Schenkelwindungen.
Da man, um mit möglichst geringem Erregerstrom auszukommen,
die Erregerwickelungen der Synchronmotoren gewöhnlich aus vielen
Windungen dünnen Drahtes bildet, so kann die in den Schenkel-
wickelungen inducirte E.M.K. bei Motoren, deren Anker mit kleinen
Wechselspannungen von einigen 100 Volt gespeist werden, ausser-
·ordentlich grosse Werthe, nämlich viele tausend Volt erreichen. Als
unmittelbare Folge davon kann auftreten ein Durchschlagen der
Erregerwickelung oder der Tod des Wärters, der sie gleichzeitig
an beiden Enden berührt.

Zur Erleichterung der Uebersicht folgt hier noch eine kurze

Zusammenstellung
der Betriebseigenschaften des Synchronmotors.

Der Synchronmotor, dessen Ankerwickelungen mit Wechselstrom
oder Drehstrom gespeist werden, bedarf einer Erregung seiner Magnetschenkel durch Gleichstrom.

Anlauf: Der Motor läuft nicht von selbst an, sondern muss
erst durch Hilfsmaschinen in synchronen Lauf gebracht werden.
Vor dem Anschluss an das Netz sind Spannung, Tourenzahl und
Phase durch Voltmeter und Phasenlampen zu kontrolliren. Beim Abstellen ist der Motor zuerst zu entlasten; dann ist der Wechselstrom
und zum Schluss erst der Erregerstrom zu unterbrechen.

Lauf: Bei Leerlauf und jeder Belastung lässt sich die Stärke
des aufgenommenen Wechselstromes durch Aenderung der Erregung
der Magnetschenkel willkürlich variiren. Bei einer bestimmten Erregung ist die Stromaufnahme des Ankers für jede Belastung ein
Minimum, und der Wechselstrom hat gleiche Phase mit der Spannung. Da beim Stromminimum die Verluste im Anker am kleinsten
sind, und der Wirkungsgrad des Motors am grössten wird, so hat
der Wärter die Erregung stets auf diesen Werth des Ankerstromes
einzureguliren. Er braucht zu diesem Zwecke den Erregerstrom für
verschiedene Belastungen nur wenig oder garnicht zu ändern, da
das Minimum der Stromaufnahme des Ankers bei allen Belastungen
annähernd bei gleicher Erregung erreicht wird. Bei günstigster

Erregung beträgt die Leerlaufstromstärke, wie die Leerlaufsarbeit,
nur 10 bis 5 % derjenigen bei voller Belastung.

Die Grenze der Belastungsfähigkeit des Motors ist gegeben
erstens durch die Erwärmung der Wickelungen und zweitens dadurch,
dass der Motor bei bestimmter Ueberlastung aus dem Tritt fällt und
stehen bleibt.

Die Tourenzahl ist bei allen Belastungen vollkommen unveränderlich. Der Einfluss der Belastung äussert sich nur dadurch,
dass mit ihrem Anstieg der bewegte Theil, Anker oder Magnetkreuz,
im Sinne der Drehung betrachtet, immer mehr rückwärts rückt, so.
dass er sich zwar mit der gleichen Geschwindigkeit weiter dreht,
aber zu gegebenen Zeitpunkten gegenüber dem feststehenden Theile
der Maschine weiter rückwärts steht als früher. Allmähliche Tourenregulirung ist unausführbar.

Zur Umsteuerung muss der Motor abgestellt und im umgekehrten
Sinne wieder künstlich angelassen werden. Beim Drehstrom-Motor
sind dabei nach dem Abstellen zwei der Zuleitungen zum Anker
mit einander zu vertauschen, beim Einphasen-Motor dagegen können
die Zuleitungen unverändert bleiben.

Wird der rotirende Theil durch eine Antriebsmaschine im Sinne
seiner Bewegung nach vorn gedrückt, derart, dass die treibende
Kraft dieser Maschine grösser ist als die bremsende Kraft, die auf
den Motor wirkt, so liefert der Motor als Generator Strom in das
Netz zurück; er läuft dabei synchron weiter, und die auf ihn wirkende treibende Kraft bewirkt nur, dass der bewegte Theil, Anker
oder Magnetkreuz, zu gegebenen Zeitpunkten gegenüber dem feststehenden weiter vorwärts gerückt ist, als früher. Als Generator
vermag er ungefähr ebenso viel elektrische Arbeit zu liefern, wie er
als Motor an mechanischer Arbeit zu leisten vermag. Auf diesem
Zusammenhange zwischen Motor und Stromerzeuger beruht die Mög-
lichkeit, Wechselstrom- und Drehstrom-Generator in Parallelschaltung
zu benutzen.

IX. Parallelschaltung
von Wechselstrom- und Drehstrom-Maschinen.

Der Anschluss einer Wechselstrom- oder Drehstrom-Maschine an das Netz, an dessen Speisung sie sich betheiligen soll, geschieht in genau derselben Weise wie das Einschalten eines Synchronmotors. Man bringt den neu anzuschliessenden Generator mit Hülfe seiner Kraftmaschine auf eine annähernd richtige Tourenzahl, regulirt seine Spannung auf die Netzspannung ein und bewerkstelligt schliesslich die feinere Regulirung der Tourenzahl und Phase mit Hülfe der Phasenlampen. Ist die Maschine im Augenblick des Dunkelbrennens der Lampe angeschlossen worden, so liefert sie zunächst noch keinen Strom in das Netz. Ist der Generator ein Drehstromerzeuger, wie in Fig. 26, so muss das rotirende Magnetkreuz erst gegenüber der rotirenden Stromvertheilungskurve des Ankers nach vorn gedrückt werden, was man bei Antrieb mit Dampfmaschinen durch Vermehrung der Füllung etwa mittels eines verschiebbaren Regulatorgewichtes und bei Turbinen durch Vermehrung der Wassermenge mittels Oeffnens der Einlaufringschütze erreichen kann.

Fig. 86 zeigt die vollständige Schaltung zweier parallel arbeitender Drehstrom-Maschinen. Wir sehen an die dreiphasigen Anker je ein Voltmeter V in verketteter Schaltung angeschlossen. Die Verbindung der drei Ankerwickelungen mit den oben horizontal gezeichneten 3 Leitungen des Netzes geschieht durch je einen dreifachen Hebel, der bei der rechten Maschine schon geschlossen, bei der linken noch offen ist. Parallel zu den beiden äusseren Hebeln dieser Ausschalter liegen die Phasenlampen P, welche die Spannungsdifferenz zwischen Netz und zuzuschaltender Maschine anzeigen, so

lange die Ausschalter noch offen sind, beim Schliessen der letzteren
aber kurzgeschlossen werden. Sind die neutralen Punkte beider
Maschinen, wie in der Figur punktirt angedeutet, miteinander verbunden, so genügt auch eine einzige Phasenlampe. Die Stärke des
in das Netz gelieferten Stromes wird für jede Maschine durch

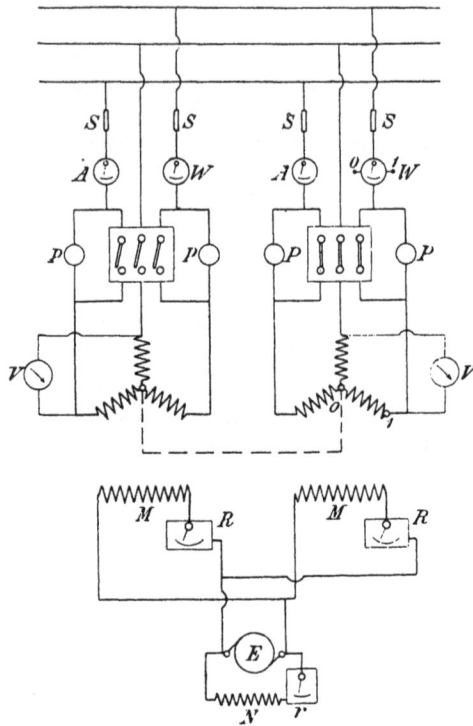

Fig. 86.

das Amperemeter A, die Leistung durch das Wattmeter W gemessen, dessen Hauptwickelung vom Hauptstrome einer Phase
durchflossen wird, während die Nebenwickelung an die Klemmen
der gleichen Ankerphase anzuschliessen ist. Der Anschluss der
Nebenwickelung ist in der Figur nicht gezeichnet; die Klemme 0
des Wattmeters (rechte Maschine) muss mit Klemme 0 des Ankers,
und Klemme 1 muss mit Klemme 1 verbunden werden. Zur Er-

zeugung des Erregerstromes dient die Gleichstrom-Nebenschluss-maschine mit dem Anker E und der Nebenschlusswickelung N, deren Strom durch den Regulator r regulirt werden kann. Die beiden Erregerwickelungen M der Drehstrom-Maschinen sind parallel geschaltet, d. h. sie werden durch 2 Zweigströme der Erreger-maschine gespeist. Jeder von diesen zwei Strömen kann einzeln durch den Regulator R regulirt werden.

Beim Zuschalten einer der Drehstrom-Maschinen zu der schon auf das Netz arbeitenden anderen wird die richtige Erregung und Spannung zunächst durch Regulirung von R hergestellt und dann unter Benutzung der Phasenlampen der dreifache Hebel geschlossen. Es ist hervorzuheben, dass man nach dem Anschlusse durch Aen-derung der Erregung mittels Regulirung von R den Antheil der Maschine an der Gesammtleistung der Anlage nicht regeln kann, wie auf S. 215 nachgewiesen wurde. Bei Gleichstrom-Maschinen ist dies (G. S. 103) möglich und wird auch stets so ausgeführt; bei Wechselstrom- und Drehstrom-Maschinen aber hätte eine Aenderung der Erregung nach den an der oben citirten Stelle gegebenen Dar-legungen nur eine Aenderung der Stromstärke und ihrer Phase, nicht aber eine Aenderung der Leistung zur Folge. Eine Steigerung oder Verminderung der Leistung kann nur durch Aenderung der mittleren Zugkraft der Antriebsmaschine, also bei Dampfmaschine oder Turbine durch Aenderung der Dampf- oder Wasserzufuhr geschehen. Die Erregerregulatoren dienen an den arbeitenden Maschinen nur dazu, die Spannung des ganzen Netzes auf richtiger Höhe zu halten, also eine durch Vergrösserung der Stromlieferung eingetretene Steigerung des Spannungsabfalles durch gleichzeitige Vergrösserung der E.M.K. aller Maschinen wieder auszugleichen. Sind alle Generatoren gleich gross und gleich gebaut, so pflegt man die Kurbeln der Regulir-widerstände R mechanisch miteinander zu kuppeln, sodass die Er-regung aller Maschinen immer in gleichem Maasse verändert wird oder beide Erregerströme durch r gleichzeitig zu reguliren sind.

Beim 'Abstellen einer Maschine ist zunächst durch Verminderung der Füllung oder allmähliches Schliessen der Einlaufringschütze die Leistung zu vermindern, bis das Wattmeter fast auf 0 zeigt. Zeigt dann das Amperemeter noch nicht auf 0, so ist die Erregerkurbel R von den übrigen loszukuppeln, und durch ihre Drehung der Strom auf 0 herabzudrücken. Wenn dies geschehen ist, kann die Maschine durch den dreifachen Ausschalter vom Netze getrennt werden. Auch hier darf die Erregung erst nach den Wechselströmen unterbrochen werden. Nur beim Abstellen der letzten Maschine, im Falle, dass diese dabei noch Strom liefert, thut man gut, zunächst die Erregung zu verkleinern und damit Strom und Spannung auf geringe Werthe zu reduciren, ehe man die Haupthebel unterbricht.

Im Uebrigen sei hier auf alles das verwiesen, was schon im vorangehenden Abschnitte VIII über den Einfluss der Erregung auf Grösse und Phase der Stromstärke und über die erreichbare Maximalleistung bei parallelgeschalteten Wechselstrom- und Drehstrom-Maschinen gesagt worden ist.

Es möge an dieser Stelle nur noch eine Erscheinung besprochen werden, welche praktisch von sehr grosser Wichtigkeit ist, nämlich der Einfluss der sogen. induktiven Belastung eines Wechselstrom- oder Drehstrom-Generators auf dessen Spannung. Es ist eine überall beobachtete Erfahrungsthatsache, dass eine Wechselstrom-Maschine, wenn sie eine Anzahl von Glühlampen speist, bei gleicher Tourenzahl und Erregung eine höhere Spannung zeigt, als wenn sie einen genau gleich grossen Strom in einen asynchronen Motor hineinschickt. Bei näherem Hinblick erklärt sich der Unterschied durch die Thatsache, dass bei Induktions-Motoren die Stromstärke in der Phase zurück ist gegenüber der Spannung, während dies bei Glühlampen nicht der Fall ist, und dass diese Phasenverschiebung die Ankerrückwirkung wesentlich beeinflusst.

Um dies zu erkennen, betrachten wir wieder Fig. 24, welche eine sich nach rechts drehende Wechselstrom-Maschine in dem Augenblicke darstellt, wo die Spulenseiten des Ankers direkt vor den Polen gelegen sind und daher den Maximalwerth der inducirten E.M.K. erfahren. Wir können uns, wie immer, eine Hälfte jeder Spulenseite mit der zugewendeten Hälfte der benachbarten Spulenseite zu einer Spule vereinigt denken, erhalten also im ganzen 4 Spulen, deren Achsen unter 45° gegen die Horizontale und Vertikale geneigt sind. Die Spulen suchen also vor allem längs dieser Achsenrichtungen Kraftlinien zu erzeugen; da die letzteren aber einen ausserordentlich langen Luftweg zu überschreiten hätten, bis sie in das Joch der Maschine gelangten, so können sie nur in ausserordentlich geringer Zahl entstehen. Das Feld des Ankers kann also nur sehr klein sein.

Wenn Stromstärke und E.M.K. gleiche Phase haben, so stellt Fig. 24 auch den Augenblick dar, wo die Stromstärke des Ankers

die höchste Stärke besitzt. Bei Phasenverzögerung der Stromstärke gegenüber der E.M.K. dagegen tritt dieser Augenblick erst
ein, wenn der Anker sich schon weiter nach rechts gedreht hat. In
Fig. 87 ist der Fall dargestellt, wo der Anker von der in Fig. 24
gezeichneten Stellung aus eine Achtelumdrehung zurückgelegt hat.
Wir wollen annehmen, dass die Verzögerung der Stromstärke gegenüber der Spannung so gross sei, dass der Maximalwerth der Stromstärke erst in dieser neuen Ankerlage auftrete. Da bei einem vier-

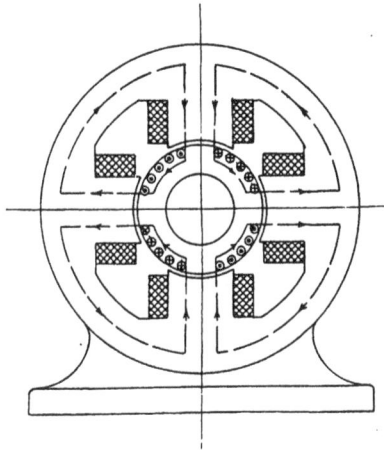

Fig. 87.

poligen Generator eine halbe Umdrehung eine ganze Periode des
Wechselstroms bedeutet, so beträgt die Verzögerung der Stromstärke
gegenüber der Spannung in diesem Falle also eine Viertelperiode.
Bei der neuen Ankerlage nun wird das Feld des Ankers, wie sogleich gezeigt werden wird, grösser als früher.

Die Achsen der Spulen, zu denen man die Spulenseiten in
Fig. 87 kombiniren kann, liegen horizontal und vertikal. Betrachtet
man z. B. die vor dem oberen Pole gelegene Spule, so erkennt man,
dass sie, von unten gesehen, im Sinne des Uhrzeigers vom Strome
durchflossen wird. Ihre Kraftlinien gehen also vertikal von unten
nach oben, also den in der Figur eingezeichneten Kraftlinien der
äusseren Magnetpole entgegen. Im vorliegenden Falle aber haben die

15*

Kraftlinien des Ankers im Gegensatz zu Fig. 24 einen sehr günstigen
Weg zu durchlaufen; sie gelangen aus dem Anker über die schmale
Luftbrücke direkt in einen Magnetschenkel und strömen dann durch
das Joch zum benachbarten Schenkel und wieder durch den kurzen
Luftzwischenraum zum Anker zurück, überall den in der Figur ge-
zeichneten Kraftlinien der äusseren Pole entgegen; sie verlaufen also
fast ausschliesslich im Eisen. Infolge der grossen Permeabilität dieses
Weges wird jede Ankerspule jetzt ein weit kräftigeres Feld erzeugen
als in Fig. 24, und das Feld der äusseren Pole muss jetzt durch das
Ankerfeld beträchtlich verkleinert werden[1]).

Das Ergebniss dieser Betrachtung ist also, dass ein Ankerstrom,
der bei Phasengleichheit mit der E.M.K. so gut wie gar keine Ankerrückwirkung hervorbringt, bei einer Verzögerung der Stromstärke
eine beträchtliche Verkleinerung des Magnetfeldes der Aussenpole
zur Folge hat, die mit der Verzögerung wächst. Eine ganz analoge
Betrachtung würde lehren, dass umgekehrt eine Voreilung der Stromstärke ein Ankerfeld zur Folge hätte, welches im Sinne der äusseren
magnetischen Kräfte wirkte, das Feld der Pole also verstärkte. In
der That würde z. B. eine Voreilung des Stromes um eine Viertelperiode vor der Spannung eine Verschiebung um eine halbe Periode
gegenüber dem in Fig. 87 gezeichneten Zustand bedeuten, sodass
die Stromrichtung im Anker gerade umgekehrt zu zeichnen wäre
wie dort.

Die Verkleinerung der Polstärke N durch die Verzögerung des
Ankerstromes hat nach Gl. 5a S. 96 eine Verringerung der inducirten
E.M.K. zur Folge und daher auch eine geringere Klemmenspannung
E_p der Maschine. Wie weit diese Spannungsreduktion geht, zeigt
Fig. 88, welche für eine moderne Maschine E_p als Funktion der
Phasenverschiebung φ oder vielmehr des Leistungsfaktors $F = \cos \varphi$
darstellt. Bei dem unteren Aste dieser Kurve bedeutet φ eine Verzögerung, bei dem oberen eine Voreilung; die Stromstärke ist für
alle Leistungsfaktoren F konstant und hat den für die Maschine
normalen Werth von 40 Ampere. Man sieht, wie ausserordentlich
E_p mit F schwankt.

Der geringe Leistungsfaktor bei wenig belasteten Asynchronmotoren hat darnach nicht nur einen unverhältnissmässig hohen

[1]) Die Ankerwindungen wirken hier genau so wie die Gegenwindungen
der Gleichstromanker (G. S. 120).

Stromverbrauch bei gegebener Leistung, sondern auch einen sehr
grossen Spannungsabfall in den Generatoren zur Folge, der nur durch
eine weitgehende Nachregulirung beseitigt werden kann.   Wenig
belastete Induktions-Motoren sind aus diesen Gründen sehr un-

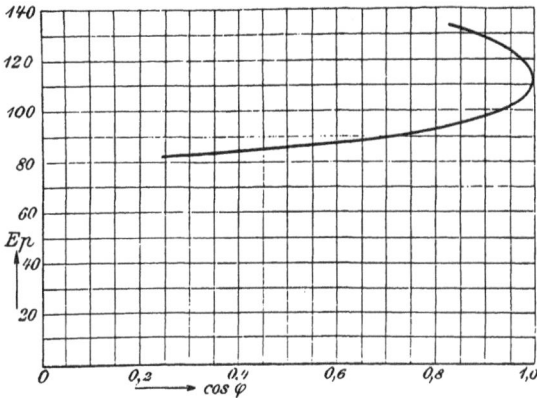

Fig. 88.

günstige Belastungen für ein Elektricitätswerk, und eine möglichst
weitgehende Erhöhung des Leistungsfaktors ist daher eine sehr wichtige Aufgabe der Wechselstromtechnik.

Wenn ausser Asynchronmotoren auch Synchronmotoren am Netze
hängen, so kann man durch Uebererregung der letzteren dem ihnen

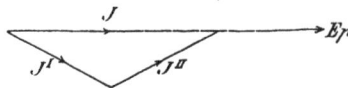

Fig. 89.

zugeführten Strom eine solche Voreilung gegenüber der Spannung
geben, dass die Verzögerung der übrigen Ströme wieder ausgeglichen
wird. Wird in Fig. 89 z. B. die gemeinsame Spannung durch die
horizontale Richtlinie angedeutet, der verzögerte Strom der Asynchronmotoren durch J^I, der Strom des Synchronmotors durch J^{II},
so eilt J^{II} in der Figur in der That so weit vor, dass der resul-

tirende Strom J mit E_p in der Phase zusammenfällt; so verwendet, kann der Synchronmotor also als „Phasenregler“ dienen.   Freilich wird durch die Vergrösserung der Stromaufnahme, welche durch die Uebererregung hervorgerufen wird, der Effektverlust im Synchronmotor gesteigert. Das genannte Mittel wird also nur dort verwendet werden, wo der Motor im Dienste des Elektricitätswerkes selbst arbeitet oder der Konsument aus anderen Gründen an der Erhöhung des Leistungsfaktors interessirt ist.

www.ingramcontent.com/pod-product-compliance
Lightning Source LLC
Chambersburg PA
CBHW022310240326
41458CB00164BA/573